电力视频会议
运维保障实践

国网江苏省电力有限公司信息通信分公司　编

中国电力出版社
CHINA ELECTRIC POWER PRESS

内 容 提 要

《电力视频会议运维保障实践》立足于省内视频会议应用现状和运维需求，建立科学的进阶式培训体系，分为概述、硬视频会议系统运维、软视频会议系统运维、辅助系统运维、视频会议保障、视频会场建设指导和典型故障案例七大部分，可有效支撑省内常态化视频会议运维技能培训，提升各单位视频会议运维保障人员专业技能水平，保障公司开展各类线上视频会议。

本书可作为电网企业通信专业视频会议系统运维保障人员培训教材及运维指导教材使用，亦可作为相关专业人员的工作参考书。

图书在版编目（CIP）数据

电力视频会议运维保障实践 / 国网江苏省电力有限公司信息通信分公司编. -- 北京：中国电力出版社，2025. 4. -- ISBN 978-7-5198-9142-8

Ⅰ. TM73；TN948.63

中国国家版本馆 CIP 数据核字第 2024FB0419 号

出版发行：中国电力出版社
地　　址：北京市东城区北京站西街 19 号（邮政编码 100005）
网　　址：http://www.cepp.sgcc.com.cn
责任编辑：雍志娟
责任校对：黄　蓓　王小鹏
装帧设计：郝晓燕
责任印制：石　雷

印　　刷：三河市万龙印装有限公司
版　　次：2025 年 4 月第一版
印　　次：2025 年 4 月北京第一次印刷
开　　本：710 毫米×1000 毫米　16 开本
印　　张：20.5
字　　数：355 千字
定　　价：140.00 元

序

江苏电力视频会议系统由行政高清视频会议系统、应急高清视频会议系统、资源池高清视频会议系统、公共高清视频会议系统四大视频会议系统组成，部分地市建有市县会议系统。

省公司有行政视频会议室 6 个、应急指挥中心 1 个、业务管控大厅 1 个、资源池会议室 16 个；地市公司有行政会议室 2 个、应急指挥中心 1 个、资源池会议室 1 个；县公司有行政会议室 1 个、应急指挥中心 1 个、资源池会议室 1 个；直属单位有行政会议室 1 个。全省共有 84 家单位，255 个会议室。

随着电网精益化管理，省公司视频会议数量大幅度增长，以 2016、2018、2020 年电视电话会议数量分析为例，2018 年同比 2016 年增长 35.8%，2020 年同比 2018 年增长 22.1%，近年来，会议数量呈现大幅度递增形势。为保证会议系统的正常使用，对设备的运行维护以及会议保障提出了更高的要求。

一方面，根据省公司人资部发布的《通信运维检修工种评价标准》、《通信工程建设工种评价标准》，其中视频会议相关工作任务项包括视频会议辅助检修、视频会议缺陷处理、视频会议故障分析、视频会议设备单机调试、视频会议系统调试方案编制等重点工作任务项，对相关工种岗位人员提出明确技能要求。另一方面，目前省内由于缺乏视频会议培训相关资料，无法开展视频会议系统运维培训，各单位主要以"师带徒"形式进行技能传授，缺乏系统化、科学性的专业技能培训。

本书将针对省内视频会议应用现状和运维需求，建立科学的进阶式培训体系，支撑省内常态化视频会议运维技能培训，提升各单位视频会议运维人员专业技能水平，保障公司开展各类线上视频会议。

前　言

由于缺乏常态化技能实操培训，省内各单位会议保障工程师严重缺员，业务外包依赖性较大，对公司视频会议保障服务、重大外场会议搭建等工作存在较大隐患。据了解，某单位内部能够进行视频会议系统日常运维的主业人员仅2人，另外社会化用工1人、外包人员9人。

目前省内尚未建立完善的视频会议运维培训体系，缺乏相关培训教材、指导书，无法常态化开展视频会议运维技能培训。据调研，各单位视频会议运维主要以"师带徒"形式进行技能传授，缺乏系统化、科学性的专业技能培训。

本丛书将针对省内视频会议应用现状和运维需求，建立科学的进阶式培训体系，支撑省内常态化视频会议运维技能培训，提升各单位视频会议运维人员专业技能水平，保障公司开展各类线上视频会议。

鉴于编制时间和经验水平有限，书中不足之处在所难免，请广大读者批评指正。

目　录

第一章 概　　述

本章为概述，包含视频会议的概念、音视频相关协议技术、视频会议系统架构和视频会议的应用 4 部分内容。第一部分为视频会议的概念，从组成设备、会议模式对视频会议进行入门介绍；第二部分介绍视频会议的常见编解码技术、视频格式及传输协议；第三部分为电力视频会议系统架构，对江苏电力四大视频会议平台的承载网进行介绍；第四部分视频会议的应用简要介绍了视频会议在电力系统发挥的作用。

第一节　视频会议的概念

一、视频会议的基础知识

视频会议系统又称会议电视系统（video conference system），是集语音、图像和数据于一体的一种交互式的多媒体信息业务，是基于通信网络上的一种增值业务，可以通过网络通信实时传输声音、图象和数据，为身处异地的的人们提供了一个虚拟的会议室，满足一起开会的需要。见图 1－1－1。

图 1－1－1　视频会议虚拟会议室图

与传统电话只能听到彼此的声音、不能看到彼此的图像不同，视频会议实现了听到彼此声音的同时也能看到图像，同时还提供会议过程中的电脑桌面进行共享、实现双向传播、互相"面对面"交流的效果。

视频会议可以应用于下列场合：技术交流、教学培训、例行会议、汇报工作、传达精神、军事指挥、现场直播、采访新闻、远程医疗、实时股评等。

二、视频会议的组成设备

根据所使用设备，视频会议分为：硬件视频会议系统和软件视频会议系统。

（1）硬件视频会议系统指基于嵌入式架构的视频会议通信方式，主要采取 H.323 和 SIP（Session Initialization Protocol，会话初始协议）协议标准，通过 DSP（Digital Signal Processing，数字信号处理）+嵌入式设备实现视音频处理、网络通信和各项会议功能，并且依托专用的硬件设备终端来实现远程视频会议的一种形式。设备一般由终端、通信网络、MCU（Multipoint Control Unit，多点控制单元）、GK（Gate Keeper，网守）等设备组成，其中 MCU 部署在机房，负责码流的处理和转发；会议室终端部署在会议室，与摄像头、话筒、电视机等外围设备互联，负责音视频编解码。随着视频会议的数字化应用，MCU 已逐步向服务器架构演进，传统的嵌入式架构市场正在逐渐萎缩。

硬件视频会议系统常用的 MCU 是华为 9 系列和 8 系列 MCU。VP9600 是可灵活分配端口、平滑扩容的全适配 MCU。可平滑扩容至 672 路端口，为当前业界容量最大的全适配 MCU。开放融合，支持 H.320、H.323、SIP、TIP、ISDN，可与微软 Lync、华为 eSpace、IBM Sametime、Skype 等统一通信系统集成。支持多通道多级级联以及 IMS（IP Multimedia Subsystem，IP 多媒体子系统）组网，提供 1080p60 超高清辅流数据共享。

一体化会议使用的 RP200 终端系统，具备便捷的移动性，分为移动、壁挂、固定式三种安装方式，搭配 40、46、55 英寸双屏显示器，主辅流分别显示 1080p 高清晰视频图像，宽频语音（AAC-LD），CD 级音质，虚拟 3D 声场，适用于 6-8 人中型会议室。行政平台、应急平台应用大部分为华为 TEX0 系列、9000 系列等高清会议终端。

会场摄像机常用华为 VPC600、VPC620 等系列，具备视频降噪、环境自适应、三位一体自动调节功能，支持倒装、红外透传和预置位设定。会场麦克风通常是高保真阵列麦克风，支持自动噪声抑制、回波抵消、自动增益控制等功能。

（2）软件视频会议系统是指 MCU 和终端都是利用高性能的 PC 机与服务器结合的软件来实现。软件视频会议系统设备上投入少，维护量小，是"物美价廉"的解决方案。对网络的适应能力非常好，可以穿透防火墙，参加会议的灵活性较好。

三、视频会议模式

根据参会方数不同，视频会议模式分为：点对点会议模式、小容量会议模式、大容量会议模式。

（1）点对点模式：主要用于两点之间交流的应用场景，是最简单的应用模式，与打网络视频电话比较类似，只是视频效果相对更好，其特点是交互性高。这种模式下不需要 MCU（Multi Contol Unit，多点控制单元），可以通过 IP（网际互连协议，Internet Protocol）地址或者 GK 号码方式呼叫，IP 地址直接呼叫可以不用部署 GK。见图 1 - 1 - 2。

图 1 - 1 - 2 点对点模式图

（2）小容量多点会议：是常见的一种模式，参会方数通常有 3 方至几十方，用于小范围沟通。需要有 MCU 参与的星形组网实现多点互联，与会者更多是交互式的沟通方式，不一定有明显的层级关系。见图 1 - 1 - 3。

（3）大容量多点会议：参会方数通常有数十方甚至上千方。一般是跨地域、层级较大的大型会议，需要级联多台 MCU 来保证容量充足，会议更多是上级向下级传达的场景。见图 1 - 1 - 4。

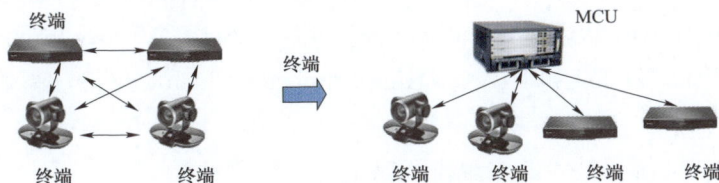

图 1 - 1 - 3 小容量多点会议模式图

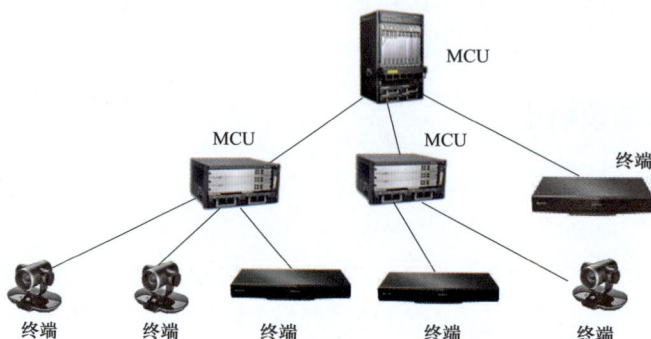

图 1-1-4 大容量多点会议模式图

第二节 音视频相关技术协议

一、音视频编解码技术

音视频编码与解码技术在现代数字媒体领域中扮演着至关重要的角色。随着互联网和移动设备的快速发展，音视频数据的传输和处理变得越来越普遍和重要。理解音视频编码与解码的原理与实践对于开发高质量、高效率的音视频应用程序至关重要。

在数字媒体领域，音频和视频数据以数字形式进行表示和存储。为了实现高效的存储和传输，音视频数据要经过编码压缩。编码过程将原始的音视频数据转换为经过压缩的码流，以减小数据量并提高传输效率。而解码过程则将码后的数据恢复为原始的音视频信号，以便进行播放或进一步处理。音视频码与解码技术的发展便得高质畏的音视频媒体在较低的贷款和存储条件下得以传输和播放。常见的音视频码标准如 MP3（动态影像专家压缩标准音频层面 3，Moving Picture Experts Group Audio Layer Ⅲ）、AAC（Advanced Audio Coding，高级音频编码）、H.264 和 HEVC（High Efficiency Video Coding，高效率视频编码），它们在保证一定的音视频质量的同时，尽可能地减小了数据量。

音频编码与解码技术的实现需要以下几个步骤：

1. 音频采集与处理

在音频编码与解码模块中，首先需要实现音频数据的采集与处理。可以使用合适的音频输入设备进行音频数据的采集，并对采集到的音频数据进行预处理，例如降噪、均衡器调整等。

2. 音频编码算法实现

音频编码是将采集到的音频数据压缩为更小的码流的过程。可以选择适当的音频编码算法，例如 MP3 或 AAC，并实现相应的编码器。

3. 音频解码算法实现

音频解码是将音频编码后的码流解压缩为原始音频数据的过程。需要实现相应的音频解码器，以便将编码后的数据解码为原始的音频。

视频编码与解码技术的实现需要以下几个步骤：

1. 视频采集与处理

在视频编码与解码模块中，需要实现视频数据的采集与处理。可以使用适当的视频输入设备进行视频数据的采集，并对采集到的视频数据进行预处理，例如图像增强、分辨率调整等。

2. 视频编码算法实现

视频编码是将采集到的视频数据压缩为更小的码流的过程。可以选择适当的视频编码算法，例如 H.264 或 HEVC，并实现相应的编码器。

3. 视频解码算法实现

视频解码是将视频编码后的码流解压缩为原始视频数据的过程。我们需要实现相应的视频解码器，以便将编码后的数据解码为原始的视频数据。

二、数据压缩技术

1. 数据压缩概述

数据压缩是一种将数据流或文件转换为较小的、保留其完整性的过程。压缩的最终目的是减少数据的存储空间或减少数据传输所需的带宽。总的来说，数据压缩是一种通过消除不必要的信息来进行数据压缩的技术，从而使数据在本质上不变的情况下变得更小。

数据压缩可以分为有损压缩和无损压缩两种方式。

（1）有损压缩指的是在数据压缩时，部分信息会被舍弃，降低图像、音频、视频等数据的精度，来减少数据的存储空间。

（2）无损压缩是指在数据压缩时，所有数据信息能够准确还原，无任何损失，但相对地，压缩比较小。

在实际应用中，两种压缩方式都有所使用。有损压缩多用于影像、音频等媒体文件，无损压缩多用于文本、代码等传输和存储。

2. 压缩算法的分类

根据压缩算法的不同思路和算法，可以将压缩算法分为两类：基于字典的压缩算法和基于模型的压缩算法。

基于字典的压缩算法也称为字典编码，其核心是将出现过的字符串存入字典中，并将相同字符串的位置存下来，这些位置构成了压缩后的数据。Lempel–Ziv–Welch 算法（LZW）就是基于字典的压缩算法的典型代表。

基于模型的压缩算法也称为统计编码，它基于某些统计规律对原始数据进行编码，不需要依赖先前的字典。代表性算法有 Huffman（哈夫曼）编码和算术编码。

3. 压缩算法的原理

（1）LZW 算法。LZW 算法是一种无损压缩算法，它的核心是利用自适应的字典对输入数据进行编码，以产生少量的字典表间接地表示更多的输入数据。LZW 算法的具体实现如下：

1）初始化字典，为所有单独的字符设置一个代码。

2）从输入数据中读取一个字符作为前缀。

3）读取下一个字符，如果前缀加上这个字符在字典中存在，则将前缀更新为它加上这个字符的位置。

4）如果前缀加上这个字符不存在，则记录这个前缀的代码，并向字典中添加前缀加上这个字符的代码。

5）不断重复步骤 2）–4），直到输入数据全部读取完成。

6）输出所有记录的代码。

（2）Huffman 编码。Huffman 编码是一种根据输入数据出现的频率来生成可变长度的编码的方式。频率越高的字符会被分配短的编码，而低频字符会被分配长的编码。通过这种方式，可以达到更高的压缩效率。Huffman 编码的具体实现如下：

1）读取输入数据，并对字符出现的频率进行统计。

2）根据字符出现的频率，构建一棵 Huffman 编码树。

3）对于每一个叶子节点，其编码等于从根节点到该叶子节点的路径，0 表示向左，1 表示向右。

4）将所有的字符按照 Huffman 编码进行替换。

5）输出 Huffman 编码表示的压缩后的数据。

4. 压缩效率

压缩效率是衡量数据压缩质量的重要指标，通常用压缩比和压缩率两种方式进行衡量。

（1）压缩比是压缩前的原始数据大小和压缩后解压缩后的数据大小的比值，用百分数表示。

（2）压缩率则是压缩后的数据占压缩前的数据的百分比。

三、封装传输技术

1. 数据封装

数据封装（Data Encapsulation），就是把业务数据映射到某个封装协议的净荷中，然后填充对应协议的包头，形成封装协议的数据包，并完成速率适配。对于任何一部视频来说，只有图像，没有声音，肯定是不行的。所以，视频编码后，加上音频编码，要一起进行封装。

音视频封装就是按照一定规则把音视频、字幕等数据组织起来，包含编码类型等公共信息，播放器可以按照这些信息来匹配解码器、同步音视频。

（1）封装格式。封装格式，就是以怎样的方式将视频轨、音频轨、字幕轨等信息组合在一起。说得通俗点，视频轨相当于饭，而音频轨相当于菜，封装格式就是一个碗或者一个锅，是用来盛放饭菜的容器。

封装格式业界也有人称音视频容器，比如我们经常看到的视频后缀名：mp4、（rmvbRealMedia 可变比特率）、avi（Audio Video Interleaved，即音频视频交错格式）、mkv（Matroska 多媒体容器）、mov（QuickTime 封装格式）等就是音视频的容器，它们将音频和视频甚至是字幕一起打包进去，封装成一个文件。

（2）几种封装格式的优缺点。

1）AVI 格式。后缀为.avi，它的英文全称为 Audio Video Interleaved，即音频视频交错格式。它于 1992 年被 Microsoft 公司推出。这种视频格式的优点是图像质量好。由于无损 AVI 可以保存 alpha 通道，经常被我们使用。缺点太多，体积过于庞大，而且更加糟糕的是压缩标准不统一，最普遍的现象就是高版本 Windows 媒体播放器播放不了采用早期编码编辑的 AVI 格式视频，而低版本 Windows 媒体播放器又播放不了采用最新编码编辑的 AVI 格式视频，所以我们在进行一些 AVI 格式的视频播放时常会出现由于视频编码问题而造成的视频不能播放或即使能够播放，但存在不能调节播放进度和播放时只有声音没有图像等一些莫名其妙的问题。

2）DV－AVI 格式。后缀为.avi，DV 的英文全称是 Digital Video Format，是由索尼、松下、JVC 等多家厂商联合提出的一种家用数字视频格式。数字摄像机就是使用这种格式记录视频数据的。它可以通过电脑的 IEEE 1394 端口传输视频数据到电脑，也可以将电脑中编辑好的的视频数据回录到数码摄像机中。这种视频格式的文件扩展名也是 AVI。电视台采用录像带记录模拟信号，通过 EDIUS 由 IEEE 1394 端口采集卡从录像带中采集出来的视频就是这种格式。

3）QuickTime File Format 格式。后缀为.mov，美国 Apple 公司开发的一种视频格式，默认的播放器是苹果的 QuickTime。具有较高的压缩比率和较完美的视频清晰度等特点，并可以保存 alpha 通道。

4）MPEG 格式。文件后缀可以是.mpg.mpeg.mpe.dat.vob.asf.3gp.mp4 等。它的英文全称为 Moving Picture Experts Group，即运动图像专家组格式，该专家组建于 1988 年，专门负责为 CD 建立视频和音频标准，而成员都是为视频、音频及系统领域的技术专家。MPEG 文件格式是运动图像压缩算法的国际标准。MPEG 格式目前有三个压缩标准，分别是 MPEG－1、MPEG－2、和 MPEG－4。MPEG－1、MPEG－2 目前已经使用较少，着重介绍 MPEG－4，其制定于 1998 年，MPEG－4 是为了播放流式媒体的高质量视频而专门设计的，以求使用最少的数据获得最佳的图像质量。目前 MPEG－4 最有吸引力的地方在于它能够保存接近于 DVD 画质的小体积视频文件。

5）WMV 格式。后缀为.wmv.asf，它的英文全称为 Windows Media Video，也是微软推出的一种采用独立编码方式并且可以直接在网上实时观看视频节目的文件压缩格式。WMV 格式的主要优点包括：本地或网络回放，丰富的流间关系以及扩展性等。WMV 格式需要在网站上播放，需要安装 Windows Media Player（简称 WMP），很不方便，现在已经几乎没有网站采用了。

6）Real Video 格式。后缀为.rm.rmvb，Real Networks 公司所制定的音频视频压缩规范称为 Real Media。用户可以使用 RealPlayer 根据不同的网络传输速率制定出不同的压缩比率，从而实现在低速率的网络上进行影像数据实时传送和播放。RMVB 格式：这是一种由 RM 视频格式升级延伸出的新视频格式，当然性能上有很大的提升。RMVB 视频也是有着较明显的优势，一部大小为 700MB 左右的 DVD 影片，如果将其转录成同样品质的 RMVB 格式，其个头最多也就 400MB 左右。大家可能注意到了，以前在网络上下载电影和视频的时候，经常接触到 RMVB 格式，但是随着时代的发展这种格式被越来越多的更优秀的格式替代，著名的人人影视字幕组在 2013 年已经宣布不再压制 RMVB 格式视频。

7）Flash Video 格式。后缀为.flv，由 Adobe Flash 延伸出来的的一种流行网络视频封装格式。随着视频网站的丰富，这个格式已经非常普及。

8）Matroska 格式。后缀为.mkv，是一种新的多媒体封装格式，这个封装格式可把多种不同编码的视频及 16 条或以上不同格式的音频和语言不同的字幕封装到一个 Matroska Media 档内。它也是其中一种开放源代码的多媒体封装格式。Matroska 同时还可以提供非常好的交互功能，而且比 MPEG 的方便、强大。

9）MPEG2－TS 格式。后缀为.ts，Transport Stream（传输流），又称 MTS、TS，是一种传输和存储包含音效、视频与通信协议各种数据的标准格式，用于数字电视广播系统，如 DVB、ATSC、IPTV 等等。MPEG2－TS 定义于 MPEG－2 第一部分，系统（即原来之 ISO/IEC 标准 13818－1 或 ITU－T Rec.H.222.0）。Media Player Classic、VLC 多媒体播放器等软件可以直接播放 MPEG－TS 文件。

2. 音视频传输

数字视频和声音传输属于流媒体传输范畴。模拟视频和声音信号经过捕获设备转换成数字形式后，其数据量是非常惊人的，如果没有采用压缩技术，那么要实现数字视频和声音的网络传输是不可想象的。另一方面，数字视频和声音传输对时间的敏感性很强，实时性要求很高，如果不采用特别的网络传输协议是很难满足要求的。所以，实现数字视频和声音传输的一般做法是：在源端先将数字视频和声音信息进行压缩，然后经由诸如 ATM 这样的有服务质量（即 QoS）保证的网络传输到目的地，再在目的地将之进行解压后显示或回放出来。如果需要在诸如 IP 网络这样的没有 QoS 保证的网络上传输，则至少也得采用实时传输协议（RTP）进行传输。

目前已发展和正在发展的数字视频和音频压缩技术有很多种，不同的压缩技术有不同的侧重点，适应不同的应用。这些压缩技术中有的已经标准化，但还有很多并没有标准化。常用的已经标准化的压缩技术有 MPEG－1、MPEG－2、H.261/H.263 等，正在发展的有 MPEG－4 等。MPEG－1、MPEG－2 适用于高带宽的能够提供高质量低延迟的视频和音频应用，而 H.261、H.263 以及正在发展 MPEG－4 则适用于低带宽的对图象质量的延迟要求不高的应用。

四、格式转换技术

随着硬件支持视频文件分辨率越来越高和高清视频影音的发展，视频格式转换已经成为了热门课题。目前常见的视频格式主要有 AVI、MPEG、MOV、RM 等，视频格式转换根据转码用途不同，可以分成几种常见的转码模式：通过视频格式转换实现网络视频在电脑之外其他硬件设备上的播放，如 RMVB 转 MP4、RMVB 转 3GP、RMVB 转 DVD、FLV 转 MP4、FLV 转 3GP，FLV 转 DVD，通过视频格式转换减小体积，提高保存便利性，如 TS 转 RMVB、TS 转 AVI、TP 转 RMVB、MTS 转 DVD、MTS 转 RMVB 等。视频格式转换的原理是通过视频格式编码规范对视频进行解码，再根据目标格式编码规范重新编码，实现质的变化，但视频播放内容并无不同。视频格式转换的功能主要是将视频文件转换成体积小，清晰度高，便于网络上的传播和满足用户的感官享受。

格式转换编码是将多媒体的一种编码方式处理成为所需的另一种编码格式，对压缩码流 重新编码处理以满足传输通道或解码器进行编码的特殊要求。转码技术是满足多媒体传输时间的关键技术，速率控制在实现高质量视觉视频转换的过程中起到重要作用。通常情况下，大部分编码器速率控制是转码器尽量减少原始图像之间的扭曲和在重建的基础上优化失真图像。编码和解码算法随着格式不同也在不断改进，在满足图像和声音的前提下，通过压缩视频文件和更改视频流，将原始格式转换成需要的格式。

五、视频会议相关的协议体系

1. H.323 协议（ITU－T 国际电信联盟标准化部门制定的适用于视频会议的标准）

1997 年 3 月提出的 H.323，为现有的分组网络 PBN（如 IP 网络）提供多媒体通信标准，是目前应用最广泛的协议。

很多视频会议产品通常会强调自己是支持 H.323 协议的产品。那么用户是否一定要选用支持 H.323 的产品呢？或者说不是 H.323 的我就不买？答案是否定的，因为支持 H.323 的产品只代表它的兼容性更好一点，它可以和符合 H.323 标准的硬件终端互相通信，可以有更好的扩展等。但是，不支持 H.323 协议的产品一样能很好的使用，而有些用户也完全不需要与别的产品互通。

2. SIP 协议

SIP 协议是 IETF（The Internet Engineering Task Force）制定的信令协议，可用来创建、修改以及终结多个参与者参加的多媒体会话进程。参与会话的成员可以通过组播方式、单播连网或者两者结合的形式进行通信。我们大家最常用的 MSN 就是使用的 SIP 协议。H.323 和 SIP 对于用户的区别：对于用户来说，这两个协议本身并不会影响使用效果和使用方式，最大的区别在于，目前市场上分别有一些只支持 H.323 或者只支持 SIP 的硬件终端，那么这两者之间就不能互连互通了，这将产生兼容问题。不过已经有一些同时支持 SIP 和 H.323 的终端产品出现了。

3. 语音常用协议

语音常用协议指在视频会议中通过网络发送语音所使用的实时编码。目前常用的语音编码有：G.711；G.729；G.7231；GSM 等。这些对于用户使用而言并无多大分别，其本质在于压缩的比例和声音的质量。然而由于不同产品在其他方面的差别，所以采用不同的音频编码也可达到同样的声音效果，反之亦然。也有很多厂家的产品使用一些其他标准编码或者自己特有的音频编码。

4. MPEG－4 标准

MPEG 是运动图像专家组（Moving Pictures Experts Group）的英文缩写。这个专家组是由 ISO（国际标准化组织）与 IEC（国际电子委员会）于 1988 年联合成立的，致力于运动图像及其伴音编码的标准化工作。和其他标准相比，MPEG－4 的压缩比更高，节省存储空间，图像质量更好，特别适合在低带宽等条件下传输视频，并能保持图像的质量。基于软件的视频会议系统，基本上都是采用这一技术标准。

5. H.264 标准

它结合了 H.323 协议中的 H.263 协议和 MPEG－4 协议，解决了目前基于软件视频会议 MPEG－4 标准无法与 H.323 协议的终端兼容问题，这使之成为目前最好的视频压缩协议。它的缺点就是占用 CPU 太高。

第三节 视频会议系统架构

一、行政视频会议系统

行政视频会议系统又称行政平台高清会议电视系统，通过双平台（行政网络平台、行政专线平台）覆盖省公司、13 个地市公司、54 个县公司、15 个直属单位。截止到 2023 年 12 月，全省行政专线视频会议终端共有 95 台，行政网络视频会议终端共有 178 台（除去地市资源池终端）。省公司配置 6 个行政会议室，地市公司配置 3 个行政会议室，县公司配置 2 个行政会议室，直属单位配置 1 个行政会议室。

行政视频会议系统网络平台由网络平台终端、网络平台接入交换机、网络平台汇聚交换机和 MCU 等设备组成。市县公司侧网络视频会议终端通过网络平台汇聚交换机连接至市县公司数据通信网 PE 交换机，通过市县数据通信网 VPN 通道与省公司网络平台汇聚交换机互联。省公司网络平台汇聚交换机上联至省网侧 MCU。系统架构如图 1－1－5 所示。

行政视频会议系统专线平台由专线平台终端、专线平台接入交换机、专线平台汇聚交换机和 MCU 等设备组成。市县公司侧专线平台终端通过专线平台汇聚交换机连接至地市公司省干 A 网传输设备，通过省干 A 网传输通道与省公司专线平台汇聚交换机互联。系统架构如图 1－1－6 所示。

二、应急视频会议系统

应急视频会议系统主要承载公司应急指挥视频会商等特殊业务，是应急指挥中心的基础支撑系统。目前，应急视频会议系统通过双平台（应急网络平台、应急专线平台）已覆盖国网系统绝大部分单位，在电网抢险救灾、应急培训演练、公司重大活动、重要保电期间发挥了重要作用。

江苏电力应急视频会议系统覆盖省公司、13 个地市公司、54 个县公司、6 个直属单位，承载于数据通信网 VPN（虚拟专网）通道、省干 B 网和省干 A 网，并分为应急网络平台和应急专线平台。

网络平台由应急网络平台终端、网络平台接入交换机、网络平台汇聚交换机和 MCU 等设备组成。市县公司侧网络视频会议终端通过网络平台汇聚交换机连接至市县公司数据通信网 PE 交换机，通过市县数据通信网 VPN 通道与省公司网络平台汇聚交换机互联。省公司网络平台汇聚交换机上联至省网侧 MCU。系统架构如图 1-1-7 所示。

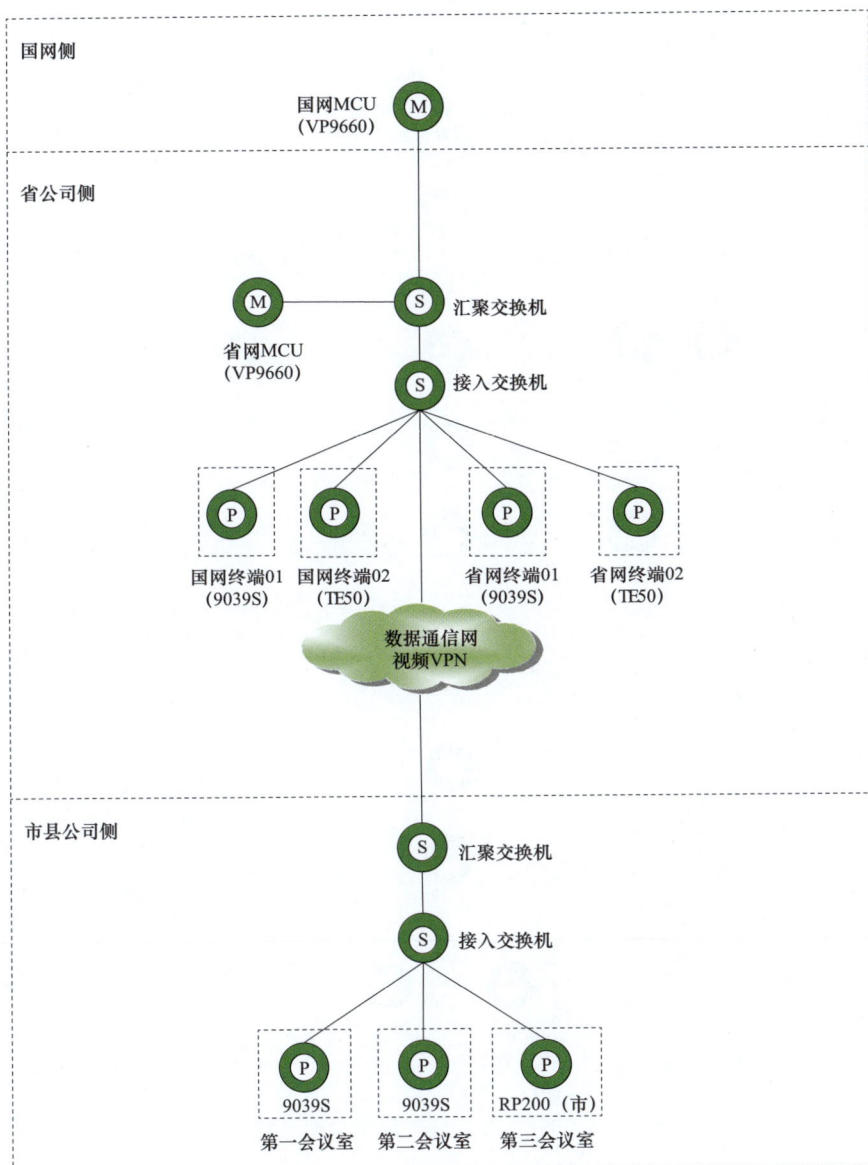

图 1-1-5 行政网络平台架构图（左）

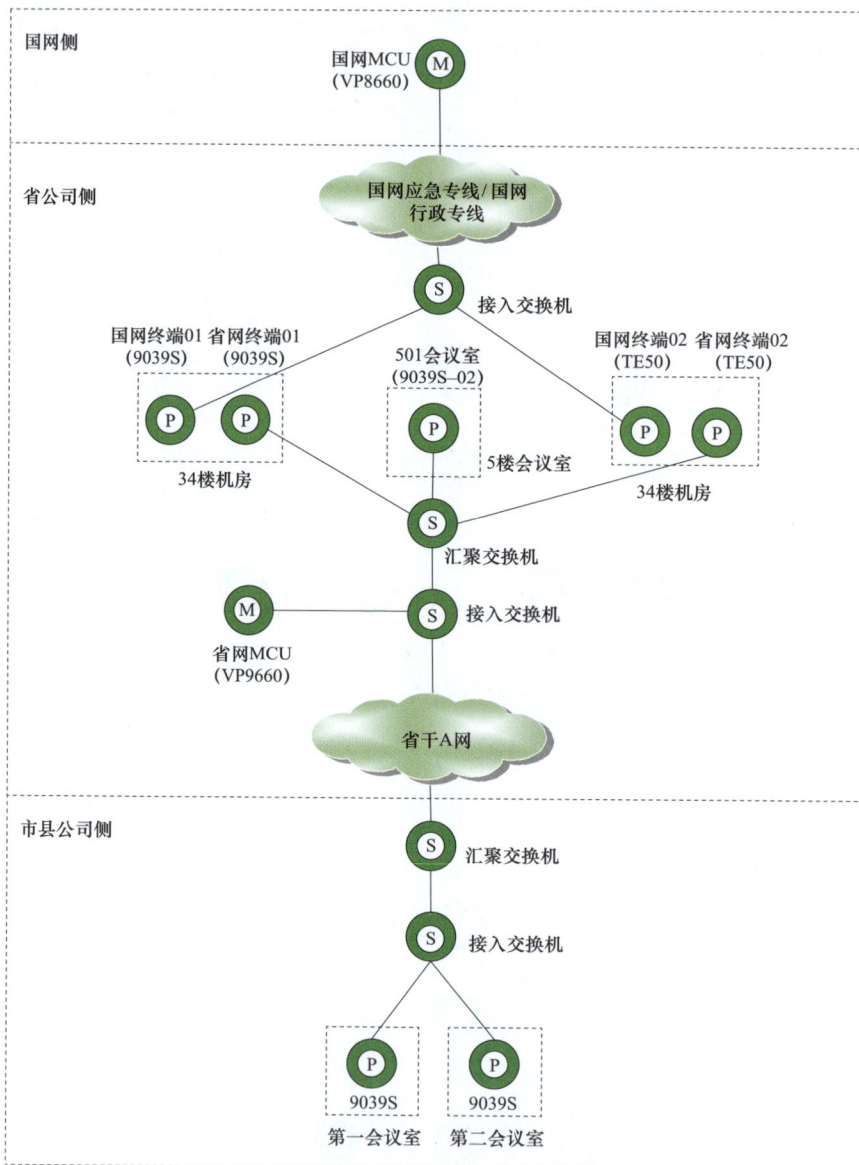

图 1-1-6　行政专线平台架构图（右）

国网侧

国网MCU
(VP8660)

Ⓜ

省公司侧

国网应急网络

Ⓡ 路由器

15楼机房

Ⓟ 国网终端
(9039S)

Ⓟ 省网终端
(TE60)

Ⓢ 接入交换机

省网MCU-01
(VP9860) Ⓜ Ⓢ 汇聚交换机 Ⓜ 省网MCU-02
(VP9860)

数据通信网
视频VPN

市县公司侧

Ⓢ 汇聚交换机

Ⓢ 接入交换机

Ⓟ 9039S

应急会议室

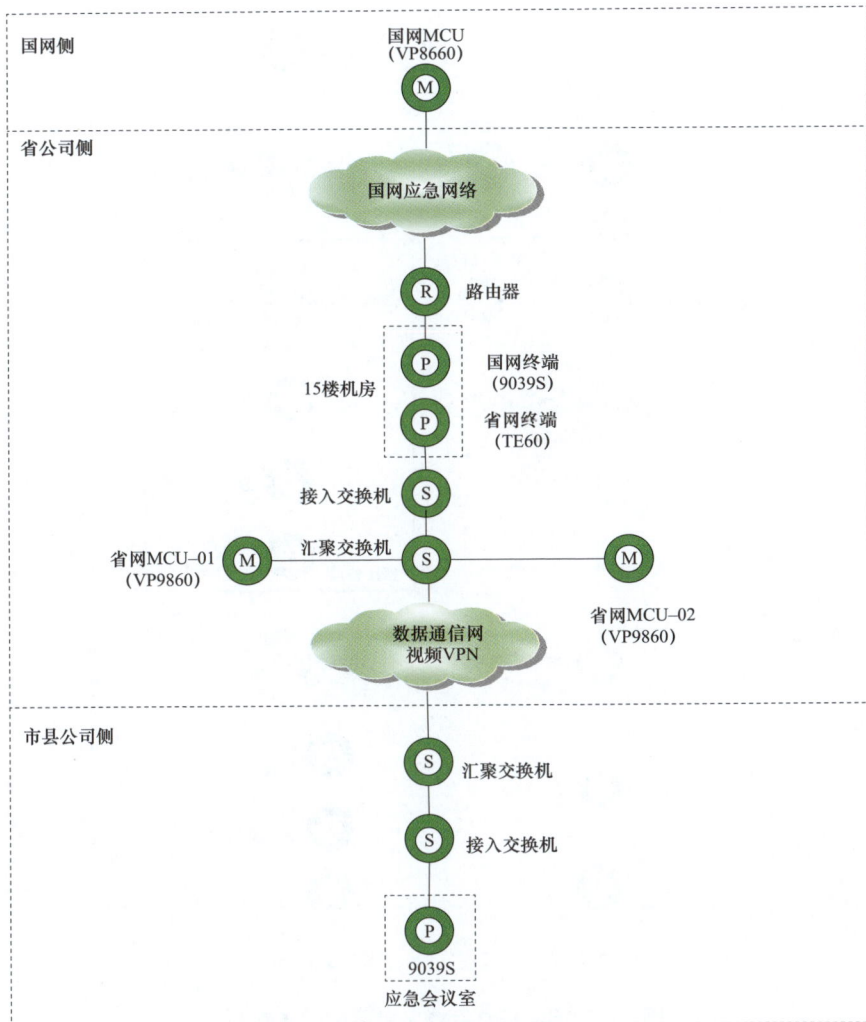

图 1-1-7　应急网络平台架构图（左）

专线平台由应急专线平台终端、专线平台接入交换机、专线平台汇聚交换机和 MCU 等设备组成。县公司侧应急专线平台终端通过汇聚交换机连接至省干 A 网传输设备，通过省干 A 网传输通道与地市公司应急汇聚交换机互联。地市应急汇聚交换机通过省干 B 网传输通道上联至镇江备调的汇聚交换机，并通过省网 OTN 通道与省公司应急汇聚交换机互联。系统架构如图 1-1-8 所示。

三、资源池视频会议系统

江苏电力资源池视频会议系统覆盖省公司、13 个地市公司、54 个县公司、

15

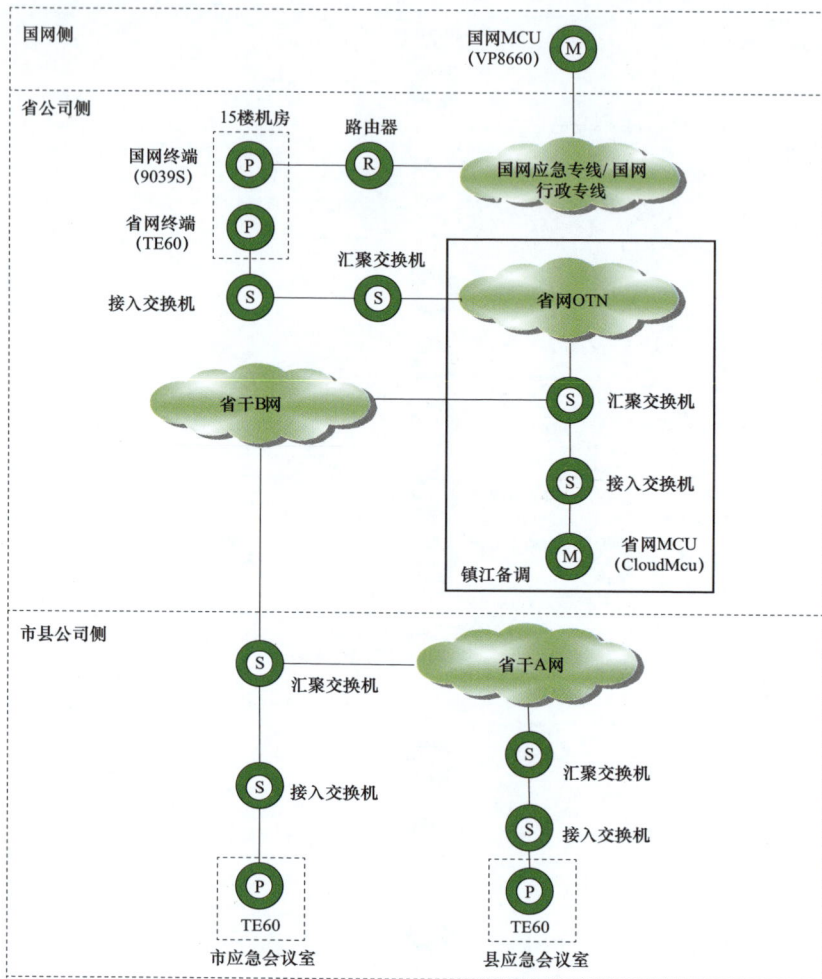

图 1-1-8 应急专线平台架构图（右）

15 个直属单位，由省公司侧和市县公司侧构成，承载于数据通信网 VPN 通道。截止到 2023 年 12 月，全省共配置 98 台终端，其中 RP200 一体机 28 台、分体式终端 70 台。省公司侧配置 13 台 RP200 一体机。市县公司侧终端通过网络汇聚交换机上联至市县数据通信网 PE 交换机，再通过数据通信网 VPN 通道与省公司汇聚交换机互联。省公司汇聚交换机与省网 MCU 互联，并上联至国网 MCU。资源池视频会议系统架构如图 1-1-9 所示。

四、公共视频会议系统

江苏电力公共视频会议系统是在省公司内部搭建，专用于总值班室的视频

国网侧

34楼机房

国网MCU
(VP9660) Ⓜ

省公司侧

Ⓜ ——— Ⓢ 汇聚交换机

省网MCU
(VP9660)

Ⓢ 接入交换机

Ⓟ   Ⓟ   Ⓟ   ......   Ⓟ   Ⓟ   Ⓟ

401会议室   406会议室   408会议室   2223会议室 2919会议室 3104会议室
(9039S)   (RP200)   (9039S)   (RP200)   (TE50)   (RP200)

数据通信网
视频VPN

市县公司侧

Ⓢ 汇聚交换机

Ⓢ 接入交换机

Ⓟ

RP200

资源池会议室

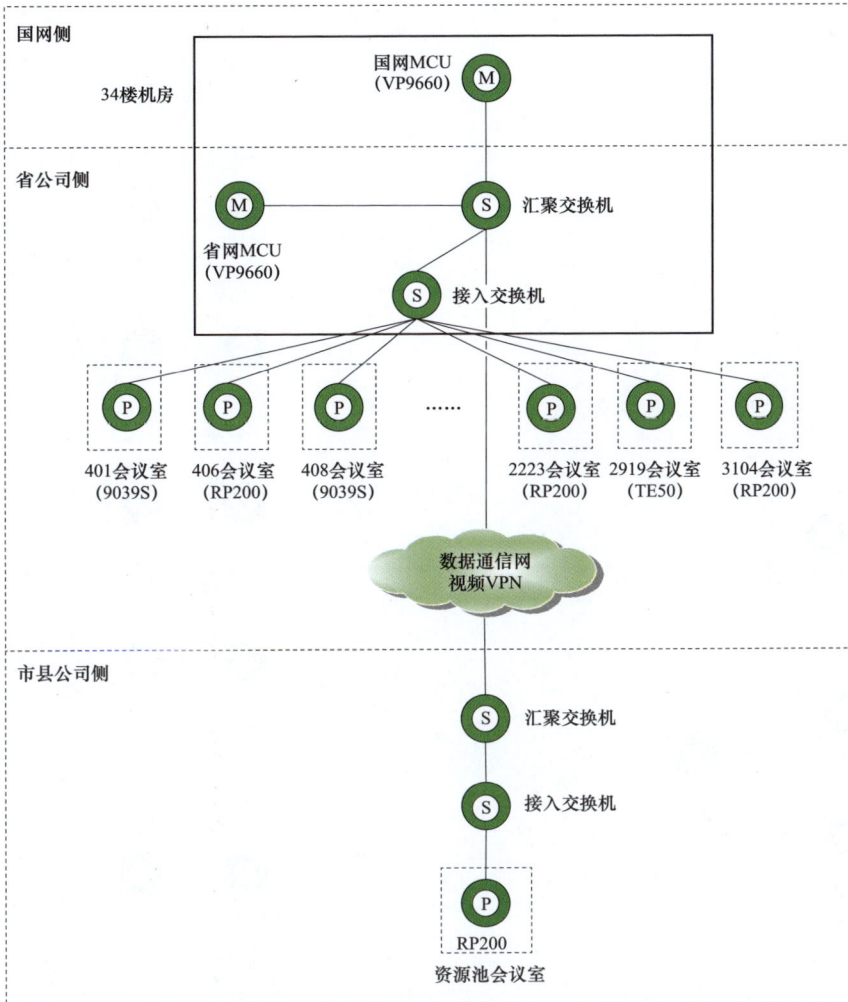

图1-1-9 资源池视频会议系统架构图

会议系统，覆盖省公司和13个地市公司，承载于数据通信网信息VPN通道，即公司信息内网。省公司总值班室与13个地市值班室各配置1台DP300终端。由于原调度视频会议系统停用，现相关业务也通过视频会议系统架构承载。其中，省公司调度大厅配置2台TE30终端，各地市调度大厅配置1台TE30终端。各终端通过接入交换机经由数据通信网信息VPN通道与省公司侧接入交换机相连，并上联至省网MCU。另外，省公司侧通过配置硬视频终端9039S实现会议在其他平台的转播。部分直属单位由于自身业务需求，也连接至公共平台，业务上互不干扰。公共视频会议系统架构如图1-1-10所示。

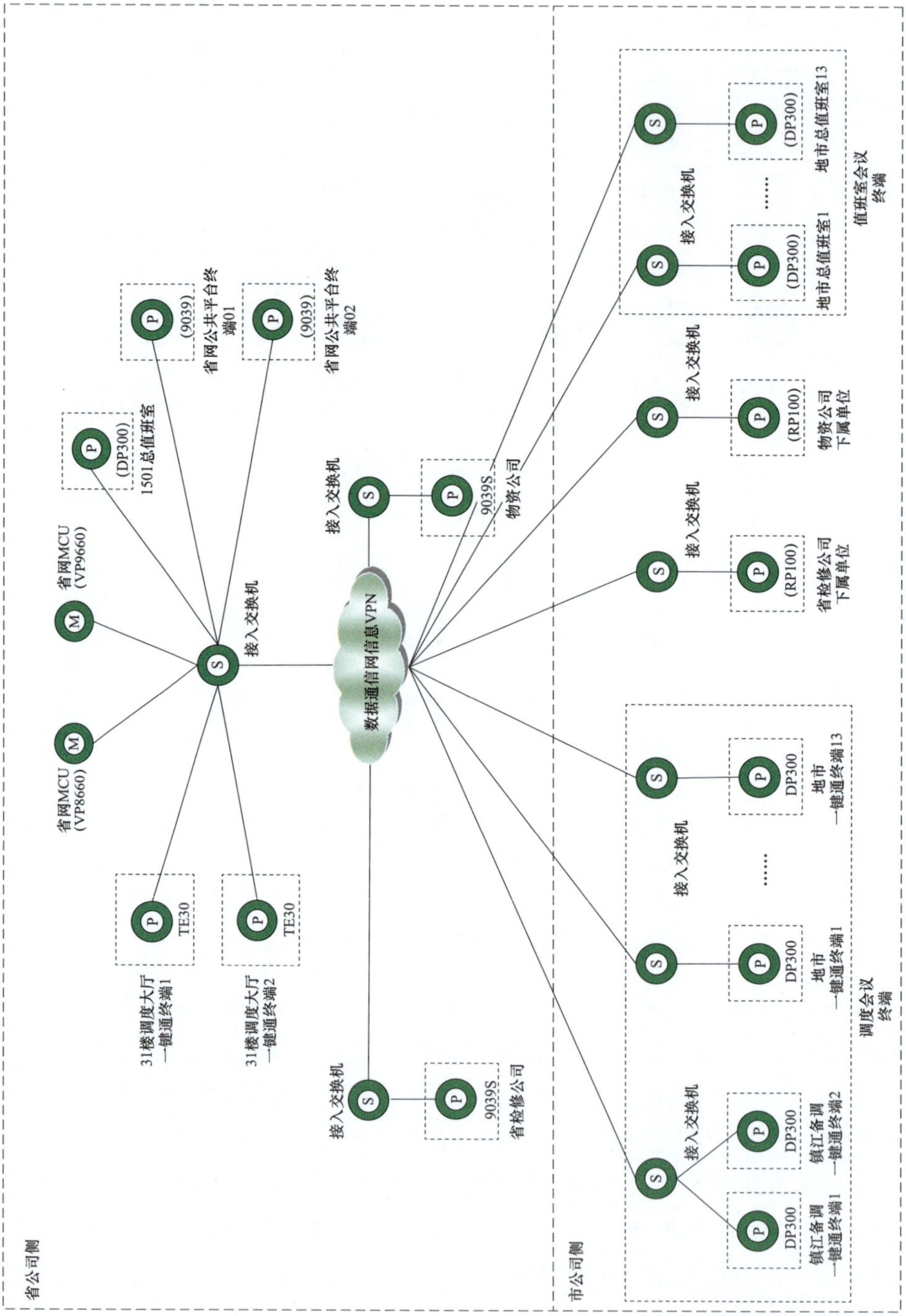

图 1－1－10 公共视频会议系统架构图

第四节　视频会议的应用

　　视频会议系统作为现代企业先进管理手段，对公司提升经营管理、调度指挥和应急处理能力，降低沟通成本、提升工作效率具有重要意义。视频会议系统具有可视会议、远程教育、应急指挥等功能，广泛应用于企业内外部各种会议交流、安全知识讲座、业务培训等场景。同时，大大节省了公司会议费用和差旅成本，减轻了员工舟车劳顿旅途消耗，实现"足不出户"第一时间接受上级精神指示。

第二章 硬视频会议系统运维

硬视频会议系统的组成设备涵盖了 MCU 设备（multi contol unit，多点控制单元）、视频会议终端设备、音视频及会场控制系统、SMC（Service Managment Center，业务管理中心）、视频会议承载网设备等。其中，音视频及会场控制系统分为音频外围设备、视频外围设备和 CMS（Centralized Management System，集中操控系统）；音频外围设备主要包括调音台、话筒、音频处理器、扩声设备等；视频外围设备主要包括摄像机及矩阵、云台、显示系统等。其中视频会议承载网设备包括接入交换机、汇聚交换机、路由器等网络设备。

为促进硬视频会议系统运行维护工作标准化，优化配置视频会议设备运维资源，提升视频会议设备运维服务质量与精益化管理水平，需要对其开展运行维护工作。

硬视频会议系统运行维护工作包括运行巡视和检查维护两个方面。运行巡视主要侧重于发现设备运行状态和运行环境存在的隐患；检查维护主要侧重于发现设备技术参数存在的隐患，并通过简单操作开展定期维护和隐患处理。

本章规定了硬视频会议系统的运行维护工作分类要求，例举了典型运行维护作业项的内容、方法、周期、难度和要求，适用于各地区通信运维单位硬视频会议系统的日常运行维护。

本章规定的作业难度分低、中、高三个等级，分别由初、中、高级工程师，或由初（中）级工、高级工、技师及以上技能人员实施，高等级水平人员可向下执行低等级难度作业。

第一节 运 行 巡 视

一、MCU 设备

1. 日常巡视

（1）网管日常巡视。每日登录查看 MCU 设备告警信息、系统信息及连接状态，如有异常应及时分析原因并解决。作业难度为低等级。

（2）现场日常巡视。结合中心站通信设备正常巡视周期开展。典型巡视内容如下：

1）查看 MCU 设备外观、板卡告警指示灯情况，如有告警灯闪烁或设备异响应及时分析原因并解决。作业难度为低等级。

2）查看机房环境，包括温度、湿度和机房清洁度。作业难度为低等级。

2. 专业巡视

（1）网管专业巡视。每周 1 次。典型巡视内容如下：

1）查看 MCU 设备和单板在线状态，并完成隐患处理工作，确保设备在线，板卡在位。作业难度为中等级。

2）查看历史告警信息，通过告警信息分析评估设备运行状态。作业难度为中等级。

3）查看是否可以通过 Telnet 和串口正常登录到 MCU 设备。作业难度为中等级。

4）查看系统时间是否与中心站时间同步。作业难度为低等级。

（2）现场专业巡视。每周 1 次。典型巡视内容如下：

1）查看 MCU 设备板卡告警指示灯情况，如有告警灯闪烁应及时查明原因，开展故障处置。作业难度为低等级。

2）查看 MCU 设备是否可靠固定，接地是否符合要求。作业难度为低等级。

3）查看设备配线连接是否清晰，走线绑扎是否规范。作业难度为低等级。

4）查看设备机柜下进线孔封堵情况。作业难度为中等级。

5）查看 MCU 设备电源模块指示灯及外观情况。作业难度为中等级。

6）除常规现场专业巡视外，根据重大节假日、重大活动等特殊时段的通信保障要求，开展设备特巡，特巡工作内容和要求同现场专业巡视。

二、视频会议终端设备

1. 日常巡视

（1）网管日常巡视。每日查看视频会议终端告警信息，如有异常应及时分析原因并解决。作业难度为低等级。

（2）现场日常巡视。结合中心站通信设备正常巡视周期开展。典型巡视内容如下：

1）查看视频会议终端的设备外观、告警指示灯及运行状态，如有异常应及时查明原因并解决。作业难度为低等级。

2）查看视频会议终端运行环境，包括温度、湿度和机房清洁度。作业难度为低等级。

2. 专业巡视

（1）网管专业巡视。每月查看视频会议终端日志及历史告警信息，分析设备运行状态。作业难度为中等级。

（2）现场专业巡视。每年不少于 12 次。典型巡视内容如下：

1）查看视频会议终端告警指示灯情况，如有告警灯闪烁应及时查明原因，开展故障处置。作业难度为低等级。

2）查看视频会议终端是否可靠固定，接地是否符合要求。作业难度为低等级。

3）查看视频会议终端配线连接是否清晰，走线绑扎是否规范。作业难度为中等级。

4）查看设备机柜下进线孔封堵情况。作业难度为低等级。

5）查看视频会议终端电源模块外观外形是否正常。作业难度为中等级。

6）查看视频终端对应会场的灯光照度、光源色温、三基色、声场是否符合国家通信行业有关电视会议系统规范要求。作业难度为中等级。

7）除常规现场专业巡视外，根据重大节假日、重大活动等特殊时段的通信保障要求，开展设备特巡，特巡工作内容和要求同现场专业巡视。

三、音视频及会场控制系统

1. 日常巡视

（1）网管日常巡视。每日登录查看 CMS 告警信息。如有异常应及时分析原因并解决。作业难度为低等级。

（2）现场日常巡视。结合中心站通信设备正常巡视周期开展。典型巡视内容如下：

1）查看矩阵、调音台、特效机、电视墙、摄像机、显示器、录播系统、话筒、扬声器等音视频外围设备运行情况并清点，如有异常应及时查明原因并解决。作业难度为低等级。

2）查看矩阵、调音台等音视频设备运行环境，包括温度、湿度和机房清洁度。作业难度为低等级。

2. 专业巡视

（1）网管专业巡视。每月查看 CMS 日志及历史告警信息，检查 CMS 与各设备的连接状态，分析 CMS 及所连接设备的运行情况。作业难度为中等级。

（2）现场专业巡视。每年不少于 12 次。典型巡视内容如下：

1）查看矩阵、调音台等音视频外围设备告警指示灯情况，如有告警灯闪烁应及时查明原因，开展故障处置。作业难度为中等级。

2）查看矩阵、调音台等音视频设备是否可靠固定，接地是否符合要求。作业难度为中等级。

3）查看矩阵、调音台、特效机、电视墙、摄像机、显示器、录播系统、话筒、扬声器等音视频外围设备外部连线及插头情况，检查走线绑扎是否规范。作业难度为中等级。

4）查看设备机柜下进线孔封堵情况。作业难度为低等级。

5）查看摄像机预设位置。作业难度为中等级。

6）查看设备电源模块外观外形是否正常。作业难度为中等级。

7）查看设备对应会场的灯光照度、光源色温、三基色、声场是否符合国家通信行业有关电视会议系统规范要求。作业难度为中等级。

8）除常规现场专业巡视外，根据重大节假日、重大活动等特殊时段的通信保障要求，开展设备特巡，特巡工作内容和要求同现场专业巡视。

四、SMC

1. 日常巡视

（1）网管日常巡视。每日开展。典型巡视内容如下：

1）登录 SMC 服务器查看告警信息，如有异常应及时分析原因并解决。作业难度为低等级。

2）登录 SMC 服务器查看数据库日志空间，要求日志占用空间小于可用空间的 1/2。作业难度为低等级。

（2）现场日常巡视。结合中心站通信设备正常巡视周期开展。典型巡视内容如下：

1）查看 SMC 设备外观及告警指示灯情况，如有告警灯闪烁或设备异响应及时分析原因并解决。作业难度为低等级。

2）查看机房环境，包括温度、湿度和机房清洁度。作业难度为低等级。

2. 专业巡视

（1）网管专业巡视。每周 1 次登录 SMC 服务器开展专业巡视。典型巡视内容如下：

1）查看 SMC 服务器时间是否与中心站时间同步。作业难度为中等级。

2）查看关键进程运行状态。作业难度为中等级。

3）查看服务器性能（含 CPU 使用率、内存占用率）。作业难度为中等级。

（2）现场专业巡视。每年不少于 12 次。典型巡视内容如下：

1）查看 SMC 设备板卡告警指示灯情况，如有告警灯闪烁应及时查明原因，开展故障处置。作业难度为中等级。

2）查看 SMC 设备是否可靠固定，接地是否符合要求。作业难度为中等级。

3）查看 SMC 设备配线连接是否清晰，走线绑扎是否规范。作业难度为中等级。

4）查看设备机柜下进线孔封堵情况。作业难度为低等级。

5）查看 SMC 设备电源模块指示灯及外观情况。作业难度为中等级。

6）除常规现场专业巡视外，根据重大节假日、重大活动等特殊时段的通信保障要求，开展设备特巡，特巡工作内容和要求同现场专业巡视。

五、视频会议承载网设备

1. 日常巡视

（1）网管日常巡视。每日登录网管查看设备告警信息，如有异常应及时分析原因并解决。作业难度为低等级。

（2）现场日常巡视。结合中心站通信设备正常巡视周期开展。典型巡视内容如下：

1）查看承载网设备外观及告警指示灯情况，如有告警灯闪烁或设备异响应及时分析原因并解决。作业难度为低等级。

2）查看机房环境，包括温度、湿度和机房清洁度。作业难度为低等级。

2. 专业巡视

（1）网管专业巡视。每月登录网管查看设备日志及历史告警信息，分析设备运行状态。作业难度为中等级。

（2）现场专业巡视。每年不少于 12 次。典型巡视内容如下：

1）查看承载网设备告警指示灯情况，如有告警灯闪烁应及时查明原因，开展故障处置。作业难度为中等级。

2）查看承载网设备是否可靠固定，接地是否符合要求。作业难度为中等级。

3）查看承载网设备配线连接是否清晰，走线绑扎是否规范。作业难度为中等级。

4）查看承载网设备机柜下进线孔封堵情况。作业难度为低等级。

5）除常规现场专业巡视外，根据重大节假日、重大活动等特殊时段的通信保障要求，开展设备特巡，特巡工作内容和要求同现场专业巡视。

第二节　检　查　维　护

一、MCU 设备

1. 专业检查

（1）设备现场隐患检查。在设备现场定期对 MCU 设备运行情况和环境状况进行隐患检查，形成设备现场隐患检查记录，每年不少于 12 次。典型设备现场隐患检查工作包括：

1）检查 MCU 设备防尘滤网、风扇、风栅积尘及设备散热情况是否正常。作业难度为低等级。

2）检查 MCU 设备标识是否清晰、标识有无脱落。作业难度为中等级。

3）检查 MCU 设备是否满足双路供电要求，是否存在共用空开现象。作业难度为中等级。

4）检查空开容量是否满足运行要求，电源有无交叉错接现象。作业难度为中等级。

5）检查 MCU 设备电源板卡主备保护是否正常。作业难度为中等级。

6）检查 MCU 的版本信息是否与 SMC 版本匹配。作业难度为低等级。

（2）设备功能检查。定期对设备功能开展检查，形成功能检查记录。每年不少于 4 次。典型设备功能检查工作包括：

1）检查 MCU 设备电源、主控等板卡主备保护倒换和工作状态是否正常。

作业难度为高等级。

2）检查 MCU 设备与系统服务器时间是否一致。作业难度为高等级。

3）检查 MCU 设备的网口模式和交换机的网口模式是否一致。作业难度为高等级。

4）检查各单板的运行时间和运行温度。作业难度为高等级。

5）检测各单板的 CPU 占用率及内存占用率是否正常。作业难度为高等级。

6）检查 MCU 设备告警功能是否正常。作业难度为高等级。

2. 定期维护

（1）设备清洁。定期对 MCU 设备开展风扇、滤网、散热出风网除尘清洁工作，每年不少于 4 次。作业难度为低等级。

（2）设备带电清洁。对运行中的 MCU 设备按需利用带电清洗剂通过带电清洗设备对设备板卡进行绝缘清洗。作业难度为高等级。

（3）系统调优。定期根据 MCU 设备运行情况，提出性能、功能的优化建议和方案，形成总结报告。每年不少于 4 次。作业难度为高等级。

（4）设备配置备份。定期对 MCU 设备的 License 及配置文件进行数据备份、数据备份检查、数据备份恢复测试。每年不少于 2 次。作业难度为中等级。

（5）现场标签维护。定期对 MCU 设备标签标识内容清晰度、准确性进行检查，每年不少于 4 次；MCU 设备、线缆或连接位置发生变化，标签标识应及时更新，系统资料也应同步更新。作业难度为中等级。

（6）备品备件检验。定期开展 MCU 设备备品备件检验，检验记录应纳入设备台账管理。每年不少于 1 次。作业难度为高等级。

3. 隐患处理

对日常巡视、专业巡视、专业检查过程中发现的简单隐患开展整改处理。处理时不应改变设备运行方式，需要办理通信检修票的隐患整改应纳入检修管理。纳入运行维护的典型简单隐患处理工作包括：

（1）设备和接地线紧固。

（2）标牌标识补漏更新。

（3）线缆整理绑扎。

（4）完善防火封堵。

二、视频会议终端设备

1. 专业检查

（1）设备现场隐患检查。在设备现场定期对设备运行情况设备运行状况和环境状况进行隐患检查，形成设备现场隐患检查记录，省公司侧每年不少于 12 次，地市公司侧每年不少于 4 次。典型设备现场隐患检查工作包括：

1）检查终端外壳是否良好接地。作业难度为低等级。

2）检查主、备用终端是否接入不同电源。作业难度为高等级。

3）检查设备标识是否清晰、标识有无脱落。作业难度为中等级。

4）检查终端到网关、MCU 设备之间的网络是否存在丢包。作业难度为高等级。

5）检查终端软件版本是否与 SMC、MCU 版本匹配。作业难度为低等级。

（2）设备功能检查。定期对设备功能开展检查，形成功能检查记录，每年不少于 4 次。典型设备功能检查工作包括：

1）检查终端与外围设备间各类型线路的联通情况和工作状态。作业难度为中等级。

2）检查终端配置，包括视频配置、音频配置、名称配置、网络配置、呼叫配置、Web 配置。作业难度为高等级。

3）检查主席和观看会场功能。作业难度为高等级。

4）检查多画面功能。作业难度为高等级。

5）检查主席会控功能。作业难度为高等级。

6）检查视频及音频质量。作业难度为高等级。

7）检查设备告警功能是否正常。作业难度为高等级。

2. 定期维护

（1）设备清洁。对视频会议终端开展风扇、散热出风网除尘清洁工作，每年不少于 2 次。作业难度为低等级。

（2）系统调优。定期根据视频会议终端运行情况，提出性能、功能的优化建议和方案，形成总结报告。每年不少于 2 次。作业难度为高等级。

（3）设备配置备份。定期对视频会议终端的终端地址本及配置文件进行数据备份、数据备份检查、数据备份恢复测试。每年不少于 2 次。作业难度为中等级。

（4）现场标签维护。定期对视频会议终端标签标识内容清晰度、准确性进行检查，每年不少于 4 次；视频会议终端、线缆或连接位置发生变化，标签标识应及时更新，系统资料也应同步更新。作业难度为中等级。

（5）备品备件检验。定期开展视频会议终端备品备件检验，检验记录应纳入设备台账管理。每年不少于 1 次。作业难度为高等级。

3. 隐患处理

对日常巡视、专业巡视、专业检查过程中发现的简单隐患开展整改处理。处理时不应改变设备运行方式，需要办理通信检修票的隐患整改应纳入检修管理。纳入运行维护的典型简单隐患处理工作包括：

（1）设备和接地线紧固。

（2）标牌标识补漏更新。

（3）线缆整理绑扎。

（4）完善防火封堵。

三、音视频及会场控制系统

1. 专业检查

（1）设备现场隐患检查。在设备现场定期对设备运行情况设备运行状况和环境状况进行隐患检查，形成设备现场隐患检查记录，每年不少于 4 次。典型设备现场隐患检查工作包括：

1）检查矩阵、调音台等音视频设备是否良好接地。作业难度为低等级。

2）检查显示器显示设置。作业难度为中等级。

3）检查电视墙网络配置情况。作业难度为中等级。

4）检查电视墙服务器风扇是否正常运行。作业难度为中等级。

（2）设备功能检查。定期对设备功能开展检查，形成功能检查记录，每年不少于 4 次。典型设备功能检查工作包括：

1）检查矩阵、调音台、特效机等音视频设备切换功能。作业难度为中等级。

2）检查矩阵、调音台、特效机等音视频设备输入输出接口情况。作业难度为中等级。

3）检查摄像机运行情况。作业难度为中等级。

4）检查电视墙线路状态。作业难度为中等级。

5）检查显示器图像效果。作业难度为中等级。

6）检查话筒声音质量、收音功能及开关控制功能。作业难度为中等级。

7）检查扬声器扩音功能及声音效果。作业难度为中等级。

8）检查 CMS 操控功能是否正常并按需进行配置更新及数据更新工作。作业难度为高等级。

2. 定期维护

（1）设备清洁。定期对矩阵、调音台等音视频设备开展整机清洁工作，每年不少于 4 次。作业难度为中等级。

（2）系统调优。定期根据 CMS、矩阵、调音台等音视频设备运行情况，提出性能、功能的优化建议和方案，形成总结报告。每年不少于 1 次。作业难度为高等级。

（3）设备配置备份。定期对 CMS、矩阵、调音台等音视频设备配置文件进行数据备份、数据备份检查、数据备份恢复测试。每年不少于 2 次。作业难度为中等级。

（4）现场标签维护。定期对矩阵、调音台等音视频设备标签标识内容清晰度、准确性进行检查，每年不少于 4 次；矩阵、调音台等音视频设备和线缆连接位置发生变化，标签标识应及时更新，系统资料也应同步更新。作业难度为中等级。

（5）备品备件检验。定期开展音视频及会场控制系统备品备件检验，检验记录应纳入设备台账管理。每年不少于 1 次。作业难度为高等级。

3. 隐患处理

对日常巡视、专业巡视、专业检查过程中发现的简单隐患开展整改处理。处理时不应改变设备运行方式，需要办理通信检修票的隐患整改应纳入检修管理。纳入运行维护的典型简单隐患处理工作包括：

（1）设备和接地线紧固。

（2）标牌标识补漏更新。

（3）线缆整理绑扎。

（4）完善防火封堵。

四、SMC

1. 专业检查

（1）设备现场隐患检查。在设备现场定期对 SMC 设备运行情况设备运行状况和环境状况进行隐患检查，形成设备现场隐患检查记录，每年不少于 12 次。典型设备现场隐患检查工作包括：

1）检查 SMC 设备是否良好接地。作业难度为中等级。

2）检查 SMC 设备外部连线及插头情况（包括电源线）。作业难度为中等级。

3）检查 SMC 设备是否满足双路供电要求，是否存在共用空开现象。作业难度为中等级。

4）检查 SMC 版本信息是否与系统资料保持一致。作业难度为低等级。

（2）设备功能检查。定期对 SMC 设备功能开展检查，形成功能检查记录，每年不少于 4 次。典型设备功能检查工作包括：

1）检查设备告警功能是否正常。作业难度为高等级。

2）检查 SMC 配置，包括系统操作参数配置、GK 管理、GK 前缀管理、节点管理、调度参数、会议参数、特服号配置、服务区、MCU 设备管理。作业难度为高等级。

3）检查日志信息，分析设备运行状态。作业难度为中等级。

4）检查磁盘使用情况。作业难度为中等级。

5）检查会场管理、会议管理及业务测试功能。作业难度为中等级。

2. 定期维护

（1）设备清洁。对 SMC 服务器设备开展风扇、散热出风网除尘清洁工作，每年不少于 2 次。作业难度为低等级。

（2）系统调优。定期根据 SMC 服务器和客户端软硬件运行情况，提出性能、功能的优化建议和方案，形成总结报告。每年不少于 4 次。作业难度为高等级。

（3）设备配置备份。定期对 SMC 服务器和客户端进行数据备份、数据备份检查、数据备份恢复测试。每年不少于 12 次。作业难度为中等级。

（4）现场标签维护。定期对 SMC 服务器设备标签标识内容清晰度、准确性进行检查，每年不少于 4 次；SMC 服务器设备、线缆或连接位置发生变化，标签标识应及时更新，系统资料也应同步更新。作业难度为中等级。

3. 隐患处理

对日常巡视、专业巡视、专业检查过程中发现的简单隐患开展整改处理。处理时不应改变设备运行方式，需要办理通信检修票的隐患整改应纳入检修管理。纳入运行维护的典型简单隐患处理工作包括：

（1）设备和接地线紧固。

（2）标牌标识补漏更新。

（3）线缆整理绑扎。

（4）完善防火封堵。

五、视频会议承载网设备

1. 专业检查

（1）设备现场隐患检查。在设备现场定期对承载网设备运行情况设备运行状况和环境状况进行隐患检查，形成设备现场隐患检查记录，每年不少于 4 次。

典型设备现场隐患检查工作包括：

1）检查承载网设备的防尘滤网、风扇、风栅积尘及设备散热情况是否正常。作业难度为低等级。

2）检查承载网设备是否满足双路供电要求，是否存在共用空开现象。作业难度为中等级。

3）检查空开容量是否满足运行要求，电源有无交叉错接现象。作业难度为中等级。

4）检查承载网设备电源板卡主备保护是否正常。作业难度为中等级。

（2）设备运行状态监测。每日通过监控工具、脚本的安装部署及调试编制，对承载网设备的运行状态及配置信息进行监护及更新，及时对设备的运行参数进行优化。

2. 专项检测

运行分析。通过对承载网设备检查，定期统计分析故障告警、运行数据、日志等，完成并提交运行分析报告，每年不少于6次。

3. 定期维护

（1）设备清洁。定期对设备开展风扇、滤网、散热出风网除尘清扫工作。每年不少于4次。作业难度为低等级。

（2）设备带电清洁。对运行中的承载网设备按需利用带电清洗剂通过带电清洗设备对设备板卡进行绝缘清洗。作业难度为高等级。

（3）系统升级维护。每年对承载网设备软件版本进行梳理，完成版本升级、重要补丁安装。

（4）设备配置备份。对承载网设备数据备份、数据备份检查、数据恢复、数据备份恢复测试，每年不少于6次。作业难度为中等级。

（5）现场标签维护。现场检查承载网设备线缆、标识是否正确清晰，不准确的完成标签维护，每年不少于2次。作业难度为中等级。

4. 隐患处理

对日常巡视、专业巡视、专业检查过程中发现的简单隐患开展整改处理。处理时不应改变设备运行方式，需要办理通信检修票的隐患整改应纳入检修管理。纳入运行维护的典型简单隐患处理工作包括：

（1）设备和接地线紧固。

（2）标牌标识补漏更新。

（3）线缆整理绑扎。

（4）完善防火封堵。

第三节 运行资料维护

通过视频会议设备运行维护应具备以下资料并确保准确。资料可以适合运行维护的形式进行保存。

一、生产准备存档资料

（1）设备技术资料：设备说明书、原理图、操作手册等。

（2）设计资料：竣工图等。

（3）施工资料：验收测试记录、配线运维资料、隐蔽工程资料等。

（4）物资清册：资产移交清单等。

二、标准和制度

（1）技术标准：设备相关技术标准。

（2）规范制度：设备相关运维管理规范。

三、调度过程性资料

运行方式资料：系统拓扑图；业务承载资料；设备端口接线图、配线连接资料、设备电源接线图；网管连接图；机房通信电源原理图及布线图。

四、运行过程性资料

（1）运行维护手册：设备基本情况、线缆连接情况、网管系统用户权限、各对口单位联系方式、备品备件情况等概述资料。

（2）现场技术资料：台账及资产清册；物理资源（屏位、槽位、端口等）使用情况；虚拟资源（IP地址等）使用情况。

（3）巡视检查记录：日常和专业巡视记录；现场隐患检查记录；深度专项检查检测记录。

（4）定期维护记录：设备清洁记录；系统调优总结报告；数据治理记录；系统升级记录；设备备份记录，设备配置备份，会议电视录播视频备份；标签维护记录；备品备件测试记录，备品备件使用记录。

五、检修过程性资料

检修记录：检修单；缺陷分析报告；抢修单；故障分析报告。

第四节　材料与工器具

视频会议设备运行维护应具备表 2-4-1 所列的材料和工器具。

表 2-4-1　　　　　　　维护所需材料和工器具表

序号	名称	用途
1	激光光源	用于系统光纤测试，能够不间断发送 1310nm 和 1550nm 光源，发光功率在 -5~5dBm
2	光功率计	用于系统光接口实际接收光功率测试、光接口接收灵敏度测试、光接口过载光功率等测试中
3	红外测温仪	用于测量设备工作环境温度
4	标签打印机	用于线缆标签制作
5	色温仪	用于测量会场现场色温
6	照度仪	用于测量会议现场光照亮度
7	网线测试仪	用于测试系统网络线缆通断
8	万用表	用于设备线缆性能测量
9	一字、十字螺丝刀	用于拆装设备螺丝
10	压缩气体除尘器	用于清洁设备风扇、滤网、出风口
11	光纤跳线	在进行系统通信设备光接口光功率测试时，需要在 ODF 侧进行测量，这时可以使用光纤跳线进行转接
12	法兰盘	用于调试系统通信设备时，光纤跳线的转接
13	红光源	用于检测系统光纤线路通断情况
14	监听耳机	用于交流会议调试及保障情况

第三章 软视频会议系统运维

本章对公司常用的几大软视频会议系统做了介绍，使读者能够全面掌握公司常用的软视频会议系统。本章包括三部分内容，第一部分重点介绍云会议平台的运维规范、使用指南以及典型保障方案，第二部分重点介绍 i 国网平台的运维规范、使用指南以及典型保障方案，第三部分简单介绍腾讯会议以及 V2 会议这两套较少使用的会议系统。

第一节 云会议平台

一、系统简介

1. 总体描述

云会议平台是一套基于云计算技术的"高效、便捷"自助式视频会议软件，系统部署在公司信息内网，所有用户通过内网电脑就可以随时随地组织或参加会议。在现有的网络环境条件下，不需增加额外带宽资源，即可实现系统部署，较腾讯会议、钉钉会议等互联网软件，拥有更加可靠的传输通道、更加安全的数据加密、更加丰富的会议功能，并可节约流量消耗、确保会议质量。

云会议平台丰富了会议召开模式，用户可自助使用系统，实现随时随地的及时进行远程会议的沟通，大大的提升了工作的效率。目前全省最大同时在线人数已近 1400 人，省公司组织部、营销部，南京、无锡、盐城等单位已召开 200 人以上的大型会议。

2. 系统架构

云会议平台包括云视频服务器、后台管理页面、用户端，基于电力内网与各组成部分互连互通，实现与现有各视频平台的对接。其中，云视频服务器作为整个远程视频沟通系统的管理核心，实现主会场、各地分会场之间的音视频数据信息交互；后台管理页面针对会议管理需求，实现会议权限、人员信息、服务器状态的统计管理等功能；用户端实现用户软件系统登录，进行实时的音视频交互。云会议与其他视频会议平台逻辑互通见图3-1-1。

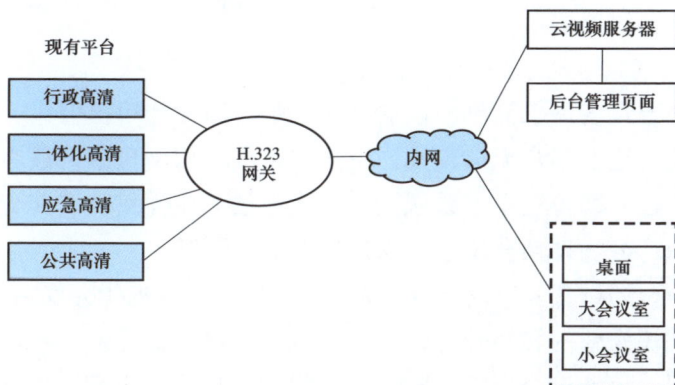

图3-1-1 云会议与其他视频会议平台逻辑互通

云会议平台通过 H.323 网关对接行政高清视频、应急高清视频、一体化高清会议，通过语音网关对接 IMS、语音系统，通过硬件网关（采集卡）对接 V2 软视频，实现与传统视频会议系统互联互通。云会议与其他视频会议平台硬件互通见图3-1-2。

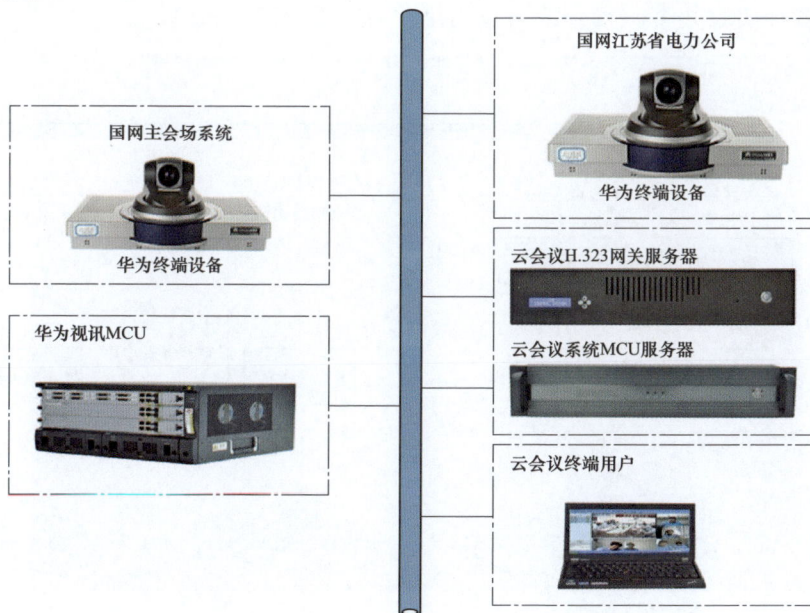

图3-1-2 云会议与其他视频会议平台硬件互通

云会议平台主要服务对象为全省各层用户，目前最大可支持 2000 方用户同时在线，已与统一权限账号对接，用户可通过统一权限账号登录，系统使用频率较高，系统年业务数据量约为 1 万余场，数据增长量突出。系统部署方式为集群与双机热备的部署。

3. 主要功能

云会议平台设备需求简单，仅需内网电脑、即插即用摄像头、音箱设备即可使用；系统与企业门户无缝集成，用户仅需要在内网电脑下载客户端，使用协同办公门户账号即可登录，系统操作界面简洁，无需培训快速上手，用户可随时随地组织、参加视频会议，会议效果清晰、流畅。

云会议平台通过音视频的数据流对接，实现与传统视频会议系统互联互通，不仅具备传统流媒体的转播功能，还可实现软硬终端的互连对接，打破专用视频会议的局限，可通过公有云、私有云、混合云部署，将高清视频会议扩展至全网末端用户，大大提高了工作沟通效率。

云会议平台支持文件宣贯、工作布置、在线培训、问题研讨、远程集中办公等多种会议形式；拥有强大的会议主持、控制功能，支持多分屏、扩展屏显示，支持多画面轮巡，可实现满足行政级会议需要；支持会议录制、快速点名、滚动字幕、在线投票等会议功能；支持电子白板、用户桌面、影音文件、文档材料等多种实时共享。云会议与省内用户互通见图 3-1-3。

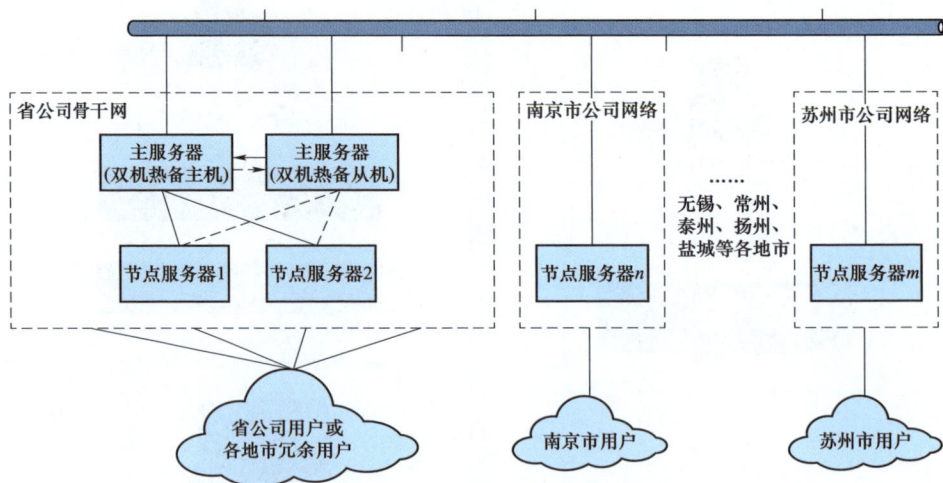

图 3-1-3　云会议与省内用户互通

4. 服务器介绍

云会议 Windows 平台现阶段有 33 台服务器，利用集群部署方案保证云会议平台的运行，系统采用分布式集群部署，其中省公司 34 楼通信机房部署 3 台服务器（2 台主服务器，用于双机热备应用；1 台 H323 服务器）、省公司 25 楼信息机房部署 4 台节点服务器，用于省公司人员参会和其余外部人员应用；13 个地市公司，每个地市公司分别部署 2 台节点服务器，用于各地市数据分发，合计 33 台。

二、运维规范

通过对公司本部、13 个地市公司云会议平台的运维，保证云会议平台正常运行，提高系统运行有效性和可靠性。服务器的磁盘空间应保持一定的空闲容量。一般情况下，文件时的空间使用率不超过 85%，系统性能利用率不高于 70% 为正常性能使用。当磁盘空间低于可控制下限时，应该马上进行相应处理，避免磁盘空间被占满后关键服务不能正常运行的情况发生。

云会议平台日常运维分为周巡检、月度巡检、季度备份、操作指导和特殊保障工作。云会议平台日常运维工作需遵循以下规范：

1. 周巡检

周巡检工作由主业员工完成，巡检频次为每周 1 次。每周对系统常规功能进行操作验证，包括系统登录、加入会议、会议转播、后台数据查询等，要求功能正常，确保云会议软件可用性。

2. 月度巡检

月度巡检工作由主业员工完成，巡检频次为每月 1 次。每月对系统运行状况进行巡视和检查，巡检内容如下：

（1）现现场检查云会议平台主用服务器、备用服务器及 H.323 服务器外观，要求指示灯面板无告警，确保服务器运行状态正常。

（2）远程登录云会议平台主用服务器，检查数据库启动和运行情况，要求 FMservice 处于启用状态，确保数据库正常。

（3）远程登录云会议平台主用服务器、备用服务器、H.323 服务器、节点服务器，检查系统 CPU 利用率，要求利用率低于 80%，确保服务器性能正常。

（4）远程登录云会议平台主用服务器、备用服务器、H.323 服务器、节点服务器，检查系统内存利用率，要求利用率低于 80%，确保服务器性能正常。

（5）远程登录云会议平台主用服务器、备用服务器、H.323 服务器、节点服务器，检查系统盘和数据盘的空间占用率，要求利用率低于 80%，确保服务器性能正常。

（6）远程登录云会议平台主用服务器、备用服务器、H.323 服务器、节点服务器，检查云会议服务运行状态，要求 FMservice 处于启动状态，确保云会议服务正常运行。

（7）检查云会议软件功能检查，要求通过账号能登录云会议平台并加入会议，确保云会议软件功能正常。

（8）检查云会议管理后台，要求通过管理员账号能够正常登录 Web 管理页面，确保云会议管理后台运行正常。

（9）检查双机热备运行情况，登录主服务器，查看双机热备软件查看主备服务器连接状态，要求主备服务器连接完好，确保双机热备机制正常。

（10）检查电话网关状态，要求管理后台服务器列表中电话网关状态为在线、可用，确保电话网关运行正常。

（11）检查 H.323 网关状态，要求管理后台服务器列表中 H.323 服务器状态为在线、可用，测试呼叫终端连通，确保 H.323 网关运行正常。

（12）提报信息检修，月度检修申请表模板详见附件 3，对云会议服务器进行重启，避免服务器因运行时间过长导致性能异常。

月度巡检报告模板如表 3-1-1 所示。

表 3-1-1　　　　　　　　云会议平台月度巡检报告模板

运维部门	××信通公司	时间	20××年××月××日		
巡检人	×××				
巡检内容		检查方法	使用比例/内存/连接情况	建议峰值比例及状态	结果
一、服务器系统					
（一）设备名称：主服务器 1			IP 地址：×.×.×.×		
1. 检查服务器的是否有报警声，指示灯面板是否有红灯显示（电源指示灯除外）		观察指示灯	—	无报警（取值时间）	正常
2. 通过 Windows 操作系统"任务管理器"，检查系统 CPU 利用率		远程登录查看	1%	80%	正常
3. 通过 Windows 操作系统"任务管理器"，检查系统内存利用率		远程登录查看	14%	80%	正常
4. 检查系统盘和数据盘的空间占用		远程登录查看	18%/35.8G	80%/156G	正常
5. 数据库启动和运行情况		应用启动测试	FM 服务在线	FM 服务在线	正常

续表

（一）设备名称：主服务器 1	IP 地址：×.×.×.×			
6. 服务启动和运行情况	应用使用测试	正在运行	FM 服务处于启用状态	正常

异常问题记录：无

（二）设备名称：主服务器 2（备用）	IP 地址：×.×.×.×			
1. 检查服务器的是否有报警声,指示灯面板是否有红灯显示（电源指示灯除外）	观察指示灯	—	无报警	正常
2. 通过 Windows 操作系统"任务管理器",检查系统 CPU 利用率	远程登录查看	0%	80%	正常
3. 通过 Windows 操作系统"任务管理器",检查系统内存利用率	远程登录查看	8%	80%	正常
4. 检查系统盘和数据盘的空间占用	远程登录查看	13%/25G	80%/156G	正常
5. 应用程序启动和运行情况空间占用	应用使用测试	—	—	正常

异常问题记录：无（因为是备机，所以应用程序目前处于未启动状态）

（三）设备名称：H.323 服务器	IP 地址：×.×.×.×			
1. 检查服务器的是否有报警声,指示灯面板是否有红灯显示（电源指示灯除外）	观察指示灯	—	无报警	正常
2. 检查系统盘和数据盘的空间占用	远程登录查看	10%	80%	正常
3. 通过 linux 操作系统"TOP"指令,检查系统 CPU 内存利用率	远程登录查看	1.1%	80%	正常
4. 数据库启动和运行情况空间占用	应用启动测试	20M	80%	正常
5. 应用程序启动和运行情况空间占用	应用使用测试	99M	80%	正常

异常问题记录：无

二、软件系统

（一）系统名称：云会议平台	软件操作系统：Windows			
1. 检查云会议平台客户端是否能够正常登陆	应用使用测试	测试账号登录测试	可打开客户端登录至会议室	正常
2. 云会议平台 Web 后台是否能够正常登陆	应用使用测试	用时管理员账号登录	成功登录 Web 后台	正常
3. 双机热备系统运行的情况	登录主服务器查看	主备机连接完好	连接完好,状态正常	正常
4. 电话网关：电话关运行状态以及使用情况	后台查看	状态显示为在线、可用	状态在线、可用	正常

续表

（一）系统名称：云会议平台		软件操作系统：Windows		
5. H323 网关：H323 网关状态及运行情况	后台查看及应用测试	H.323 服务器在线，测试呼叫连通	状态在线，呼叫成功	正常
6. 节点服务器运行情况：是否正常	远程登录服务器查看	节点服务器状态 FM 服务在线	状态在线及 FM 服务在线	正常

异常问题记录：

1. 巡检时发现省公司 3 台节点服务器 FMservice 服务下线，1 台节点服务器 FMservice 服务正常运行，经重新启动服务后，3 台节点服务器 FMservice 恢复正常。

2. ××公司节点服务器 2 磁盘空间不足，已通知地市释放内存。

3. 季度备份

每季度对服务器的数据进行备份，确保数据安全。

4. 操作指导

常态化开展云会议平台操作指导工作，解决用户关于系统使用方面的问题或提供咨询，包括客户端安装、操作指导、基础数据维护、后台事务处理等。

5. 特殊保障

在重大活动、重点工作期间或业务高峰期加强系统后台监控，并结合用户需求提供必要的现场支撑保障。

三、使用指南

1. 一键安装

（1）双击下载好的云会议安装包文件。

（2）点击浏览，选择要安装的路径。

（3）点击一键安装。

（4）安装成功后，点击立即体验即可进入客户端登录主界面。

2. 加入会议

使用账号和密码登录，登录成功后选择一个会议室，即可进入会议室。

现阶段已经和统一权限接口打通，通过统一权限的用户登陆即可。

账号登录到会议室的步骤：

（1）双击云会议快捷方式，输入用户名/手机号/邮箱和密码，点击登录。

（2）登录成功，可以看到自己的会议室，双击一个会议室即可加入。如果会议室的管理员设置了会议室密码，需要在点击下一步后输入会议室密码才能登录到会议室。

图 3-1-4　会议列表

3. 会议室链接登录

当用户通过邮件、短信或通信工具收到会议室链接时，可点击会议室链接登录到指定的会议室。

操作步骤：

（1）在浏览器中访问会议室链接。

（2）使用帐号和密码进入会议室，如果没有云会议帐号，也可以使用会议室号进入，需要输入昵称。

（3）点击进入会议室开始登录。

（4）启动客户端，加入会议。

（5）若会议室设置了会议室密码，需要输入当前登录会议室的密码；若没有设置会议室密码则会直接进入到会议室中。

4. 会议室管理

点击+新建会议室。见图 3-1-5。

（1）会议类型：固定会议和临时会议。固定会议室可以长久存在，临时会议室就是会议结束后就删除。

（2）会议模式：宣贯性会议和讨论性会议。

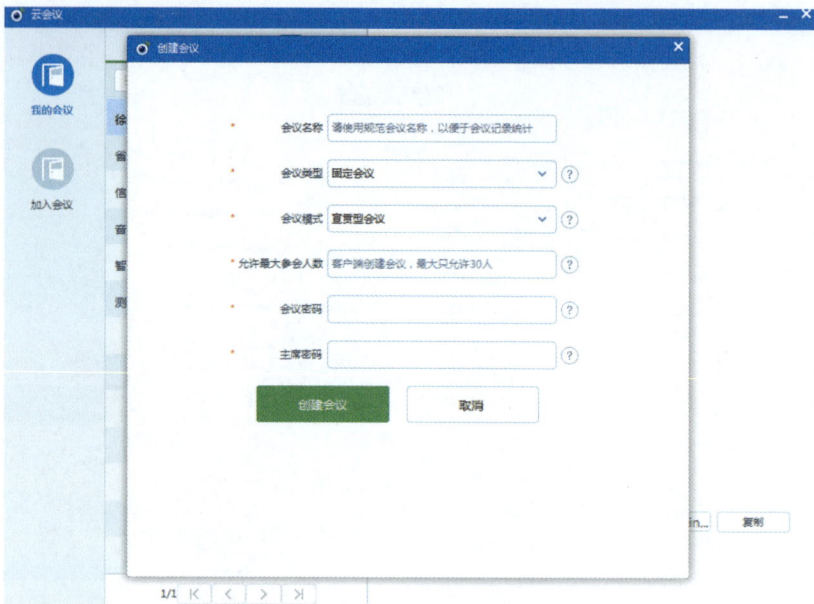

图 3-1-5　新建会议室

（3）允许最大参会人数：设置希望允许加入到会议中的最多人数。

（4）会议密码：通过会议室号登陆时需要输入该密码。

（5）主席密码：在允许申请成为主席时，需要设置主席密码。

用户可以随时再修改（或删除）自己创建的会议。下级用户无法修改（或删除）会议。上级用户可以在后台管理修改（或删除）会议。

5. 音视频通话

用户可以通过音视频广播功能进行会议中的语音和视频互动。参会人的音视频有多种状态，见表 3-1-2。

表 3-1-2　　　　　　　音 视 频 状 态 表

图标	说明
🎤	广播了参会人的音频，其他参会人可以听到该参会人的声音
🎤	广播了参会人的音频，且该参会人正在发言，其他参会人可以听到该参会人的声音
🎤	没有广播参会人的音频，其他参会人听不到该参会人的声音
📹	广播了参会人的视频，其他参会人可以看到该参会人的视频
📹	没有广播参会人的视频，其他参会人看不到该参会人的视频

旁听在会议中只能收听收看，不能在会议中发言和成为主讲。

6. 查看本端视频（见图 3−1−6）

图 3−1−6 查看参会人音视频状态

在查看自己的视频前，需要确认摄像头设备工作正常。

查看自己的视频的步骤：

（1）参会人列表中右键点击自己，选择查看视频，便可查看自己的视频。

（2）再次点击取消查看。

7. 查看远端视频

如果其他人安装和打开了摄像头，则可查看其他人的视频。

主讲和主席查看其他人的视频的步骤：

（1）右键点击参会人。

（2）选择查看视频，即可查看其视频。

（3）再次点击可取消查看其视频。

出席查看其他人的视频的步骤：

（1）查看参会人的摄像头图标是否为广播状态；如果是，则可以查看其视频，否则不能查看。

（2）在其视频被广播的情况下，右键点击参会人，选择查看视频，即可查看其视频。

（3）再次点击可以取消查看其视频。

参会人使用多个摄像头时：

当参会人使用多个摄像头时，右键点击参会人，选择查看视频，会弹出其所有的摄像头，每个摄像头对应了他的一个视频，可以选择查看多个视频中的一个或多个。见图 3−1−7。

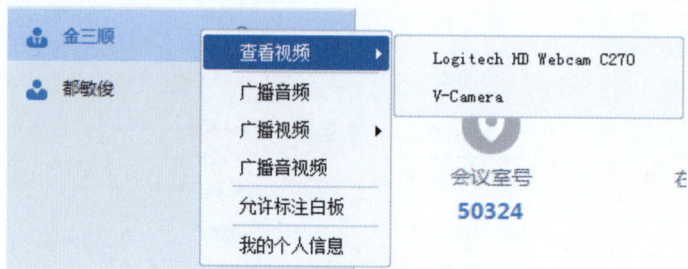

图 3−1−7 选择摄像头

电话会议用户只有音频功能，没有视频功能，不能查看其视频。

8. 打开/关闭摄像头和麦克风

用户可以在左侧下方状态栏上快速关闭摄像头和麦克风设备，还可以调节扬声器音量和麦克风音量。

点击左下角 图标，关闭摄像头，关闭后其他参会人将无法查看到用户的视频。再次点击 打开摄像头。

点击左下角 图标，关闭麦克风，关闭后其他参会人将无法收听到用户的声音。再次点击 打开麦克风。

通过左下角的拖动条可以调节麦克风和扬声器的音量。

9. 广播视频

主席和主讲可以广播自己和其他参会人的视频，当申请成为主讲成功时，自动默认广播了主讲自己的视频和音频。见图 3−1−8。

当主讲需要手动广播自己或其他人的视频时，操作步骤如下：

（1）主席或主讲鼠标右键点击自己或其他人。

（2）在右键菜单中选择广播视频，选择要广播的视频。

（3）再次点击即可取消广播。

10. 广播音频

云会议默认情况下不会广播所有参会人的音频，只有主席和主讲的音频会被广播。见图 3−1−9。

如果希望其他参会人听到自己的声音，可以使用以下方法。

主席或主讲右键点击参会人，选择广播音频或广播音视频。

点击 ，状态变为 ，即表示音频已经被广播。

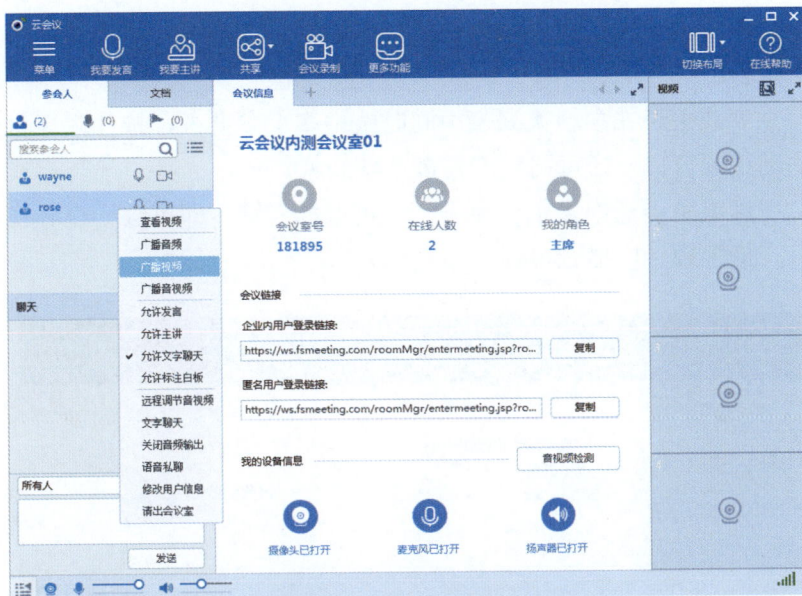

图 3-1-8　广播视频

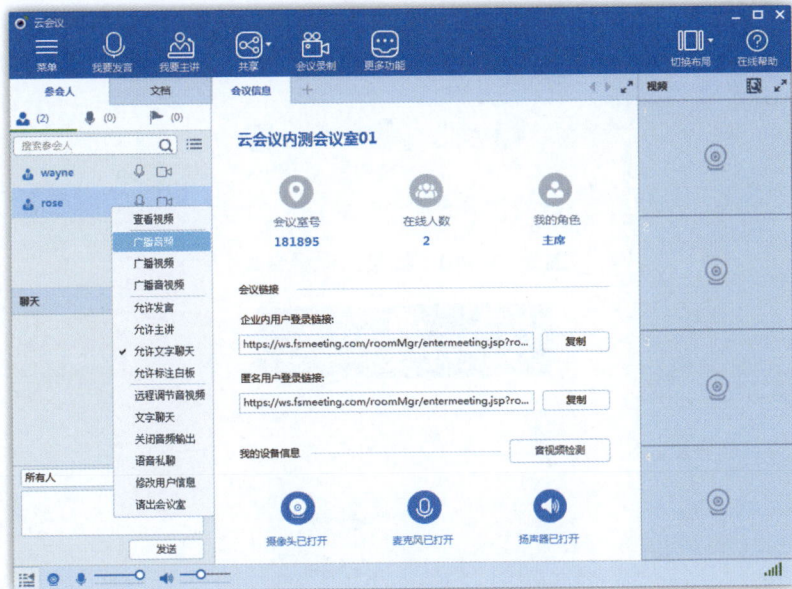

图 3-1-9　广播音频

11. 多选参会人查看视频、广播音视频

可以同时选中多个参会人，一次性查看视频、广播音频、广播视频、广播音视频。见图 3－1－10、图 3－1－11。

操作步骤：

（1）主席或主讲在参会人列表中同时选中多个参会人，按住鼠标将所选参会人拖动到视频窗口，即可同时广播多个参会人。

（2）主席或主讲选中多个参会人，点击鼠标右键，即可进行查看视频、广播音频、广播视频、广播音视频。

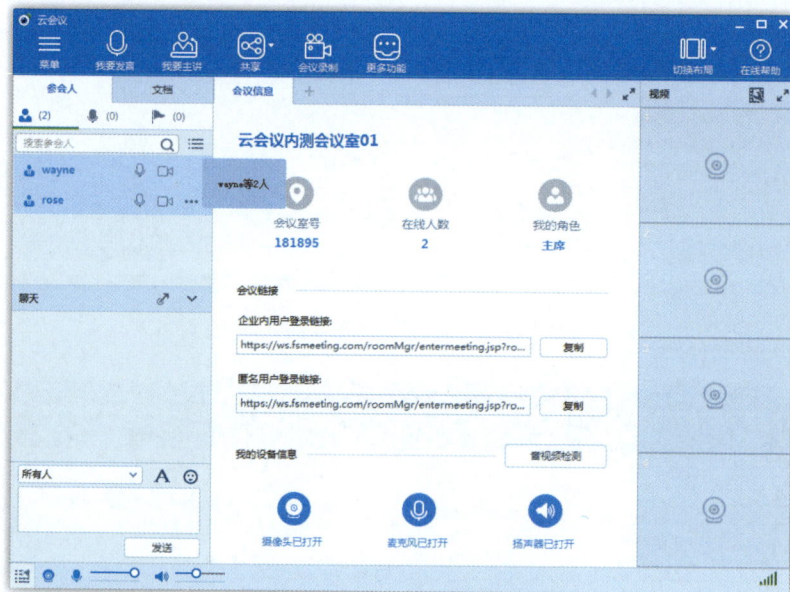

图 3－1－10　批量选择参会人

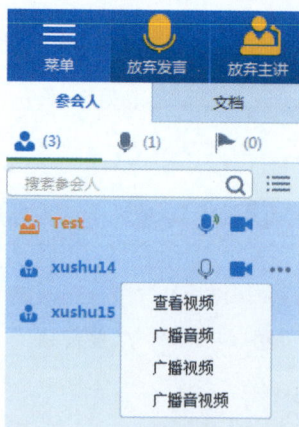

图 3－1－11　批量广播音视频

12. 视频分屏

默认云会议显示 4 个视频，如果希望查看更多或更少的视频，可以通过切换分屏来实现。分屏即指将屏幕分为几个部分，1 个分屏即表示只显示一路视频图像。

云会议可以在一个界面上显示 1、2、4、6、9、12、16 个视频或画中画；如果是全能产品，界面还支持显示 25 分屏。如果连接私有云服务器，界面还支持 36、49、64 分屏。

右键点击视频窗口，选择切换分屏。如图 3-1-12 所示。

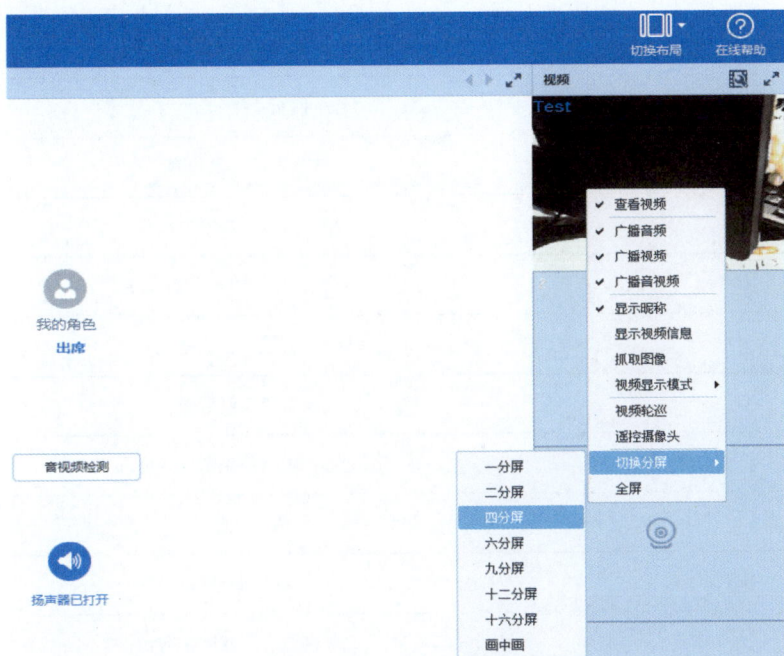

图 3-1-12　切换分屏

13. 共享白板

使用白板见表 3-1-3。

表 3-1-3　　　　　　　　　　使　用　白　板

图标	说明
+	新建空白的白板
✗	关闭白板

图标	说明
	共享文档
	保存白板
	将白板逆时针旋转 90 度
	将白板顺时针旋转 90 度
适合页面 ∨	白板的显示比例
◀	翻页：上一页
▶	翻页：下一页
	选择白板上的内容
	手形工具，拖动白板
	橡皮擦，删除白板上的标注
	手写笔、荧光笔
	画直线、画箭头
□	画矩形、画圆角矩形、画椭圆
T	输入文字
	插入图片
	截取窗口、截取屏幕区域
≡	设置线宽、设置线型
	设置线条颜色
A	设置字体

用户可以通过点击不同的图标，在白板上画线、画形状、写文字、贴图片或擦除白板上的标注。

14. 共享文档

主讲可以共享文档、PPT 和图片等常用办公文件。见图 3－1－13。

图 3－1－13　共享文档

共享影音文件的操作步骤：

1）点击工具栏的共享，选择共享影音文件，找到要共享的影音文件打开；

2）添加完成后，通过下方的播放控制栏进行播放。

15. 共享屏幕

主讲通过工具栏中的共享功能共享桌面、区域或应用程序给其他参会人。见图 3－1－14。

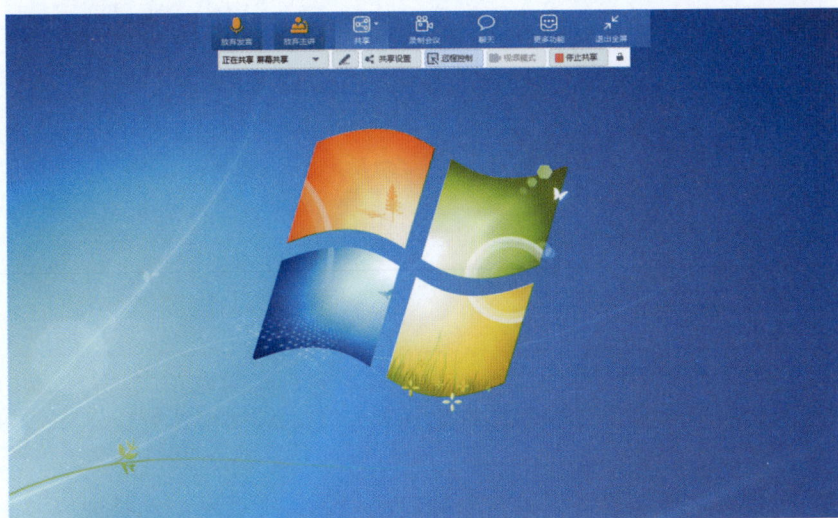

图 3－1－14　共享桌面

共享屏幕的操作步骤：

（1）点击工具栏的共享，选择共享桌面、共享桌面区域或共享应用；

（2）其他参会人将可以看到共享的屏幕画面。

共享进行中的控制操作：

（1）主讲通过控制选项授予或收回其他参会人的桌面控制权；具有控制权的参会人可以控制主讲共享的桌面。

（2）在非主讲的其他参会人界面，可以通过请求控制主动申请桌面控制权。

（3）主讲点击共享设置，可以选择共享的质量清晰优先或流畅优先。

（4）如果电脑是 win7 及以下的系统，可以勾选开启高质量共享，勾选后将进行更高质量的桌面共享。

（5）如果电脑是 win7 及以上的系统，可以勾选共享屏幕声音，勾选后电脑桌面上的声音也将共享出去。

16. 申请发言

在会议中，用户拥有发言权后可以在会议中进行语音互动。

在工具栏中点击我要发言，当前无主讲时可立即获得发言权，否则等待主讲或主席允许后，便可进行发言。

在工具栏中点击我要主讲，当前无主讲时便会立即获得主讲权，否则等待当前主讲或主席允许后，便可以成为主讲。

主讲可以广播参会人的音频，广播后便可以在会议中发言。

主讲和主席可以授予参会人主讲权，让其在会议中担当主讲职责。

让其他人主讲的操作步骤：

（1）右键单击参会人；

（2）在弹出的菜单中选择允许主讲。

（3）再次点击来取消其主讲。

成为主席身份后，将拥有最高的会议权限。

成为主席的操作步骤：

（1）点击菜单。

（2）选择申请成为主席。

（3）若会议室设置了主席密码，则需要输入主席申请密码；主席密码匹配成功后便可以成为主席。

（4）在成为主席后将可以进行更高级的操作，在菜单中选择放弃主席权限可以取消主席身份。

17. 文字聊天

在左侧下方的聊天窗口，可以进行文字交流。见图3－1－15。

聊天的操作步骤：

（1）通过 [所有人 ▾] 选择聊天对象；

（2）在聊天内容区域，左键单击用户名，可以选择和其文字聊天；

（3）在聊天内容区域，右键单击用户名，可以弹出相应菜单；

（4）点击聊天窗口文字输入框，在输入文字信息后点击发送；

（5）还可以通过 **A** 设置字体，发送表情。

点击窗体右上角的 ⤢ 图标，可将聊天窗口弹出主界面。在弹出窗口后，可以点击 ⤡，将聊天窗口恢复到主界面。

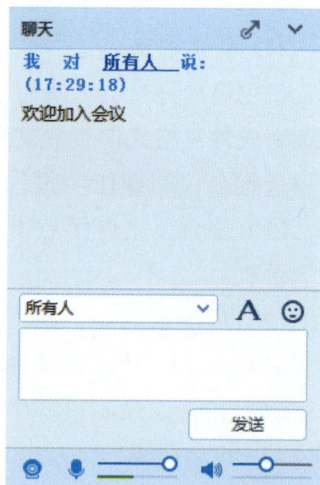

图 3－1－15　文字聊天

18. 语音私聊

在会议进行中，主席可以通过私聊功能进行一对一的语音交流，其他参会人无法听到。

语音私聊的操作步骤：

（1）右键点击参会人。

（2）在菜单中选择语音私聊，便可以进行一对一语音通话。

（3）在菜单中选择结束私聊，便可以结束一对一语音。

19. 查看我的个人信息

查看、修改个人信息：

（1）右键点击自己；

（2）在菜单中选择我的个人信息；

（3）在弹出的窗口中查看和修改个人信息。

提示：用户名不可修改。

20. 查看其他参会人的个人信息

主席可以查看并且修改参会人的个人信息。查看、修改其他参会人信息：

（1）右键点击参会人；

（2）在弹出菜单中选择查看个人信息；

（3）在弹出的窗口中查看或修改参会人的信息。

提示：用户名不可修改。

21. 会议录制

在主席允许参会人进行会议录制的情况下，可以通过会议录制功能把会议过程录制成常见格式的视频文件。视频录制为 MP4 格式，音频录制为 WMA 格式。

录制会议的操作步骤：

（1）在会议主界面点击会议录制，开始录制后，界面选项变成"暂停""停止"录制；

（2）启动录制后，在下方的状态栏中间会显示录制时间；

（3）点击▐▐暂停或继续录制，点击■停止录制；

（4）在会议录制过程中请不要最小化客户端，否则无法录制会议。

22. 视频轮巡

在会议中主讲和主席可以开启视频轮巡功能，但主讲可以设置本地轮巡和广播轮巡，主席只能设置本地轮巡。该功能可以将会场中的参会人视频在一个窗口中滚动显示。

视频轮巡的操作步骤（见图 3－1－16）：

（1）点击更多功能；

（2）在更多功能中点击视频轮巡；

（3）在轮巡屏幕中选择在哪个屏幕中显示轮巡的视频；

（4）在轮巡窗口中选择在哪个窗口显示轮巡的视频；

（5）在轮巡切换时间中选择切换下一个参会人视频的时间间隔；

（6）轮巡类型中提供了两种类型的轮巡模式，本地轮巡只在主讲的本地进行视频的轮巡显示。广播轮巡则会把当前轮巡的视频进行广播，所有参会人都将同步进行轮巡显示；

（7）在轮巡视频列表中勾选加入轮巡的用户，或者在下方通过选择全部和取消全部进行快捷操作；

（8）最后在下方点击应用或者确定使设置生效，也可开始轮巡直接开始视频轮巡；

（9）也可以在视频的右键菜单中选择视频轮巡，设置方法同上述（1）～（6）。

23. 接收文件

在会议中有人向用户发送文件时，同意发送请求后，开始接收文件。见图 3－1－17、图 3－1－18。

视频轮巡			✕

轮巡屏幕　主屏 ⌄　　　　　轮巡窗口　1号视频窗口 ⌄

轮巡切换时间　15　秒　　　轮巡类型　本地轮巡 ⌄

轮巡视频列表

☐	用户名	状态
☐	YFTEST	

开始轮巡　停止轮巡　　　　应用　确定　取消

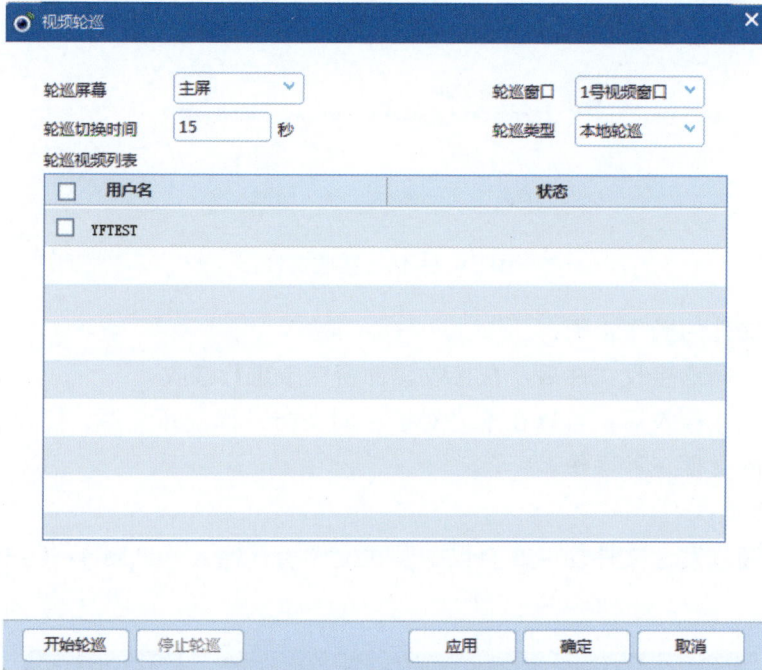

图 3－1－16　设置视频轮巡

接收文件					✕
文件名	发送者	大小	状态	进度	本地保存路径

打开文件　打开目录　删除文件　隐藏

图 3－1－17　文件列表

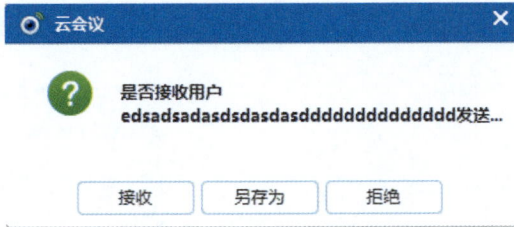

图 3-1-18　接收文件

接收文件的操作步骤：

（1）在同意接收文件后，在接收文件窗口中进行接收；

（2）完成接收后，可以在下方对接收的文档进行打开文件、打开文件所在目录、删除文件三种操作。

24. 发送文件

可以通过发送文件功能在会议中发送文件给其他人。见图 3-1-19。

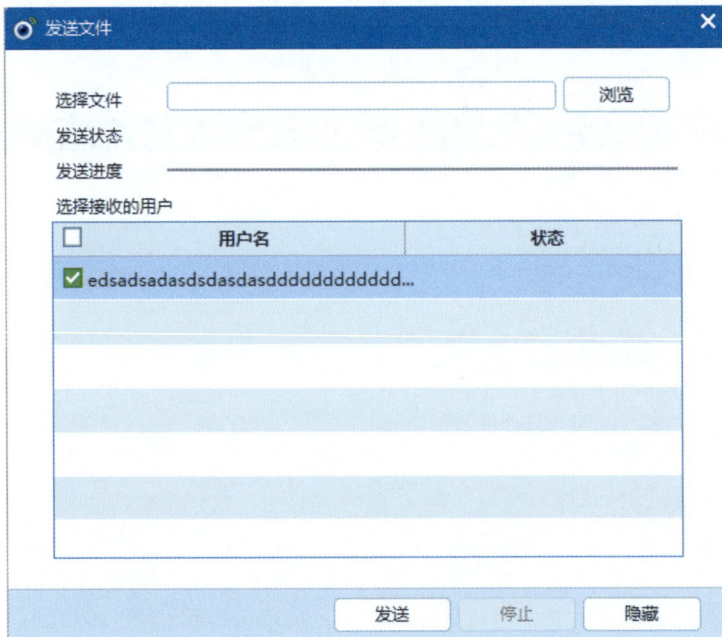

图 3-1-19　发送文件

发送文件的操作步骤：

（1）点击更多功能，在更多功能中点击发送文件；

（2）在弹出的界面中点击浏览选择需要发送的文件；

（3）在下方选择接收的参会人；

（4）点击确认，开始发送文件；

（5）在接收方同意接收后，可以在上方看到当前文件的发送状态和发送进度。

25．全场静音

主席控制整个会议室的音频，设置全场静音后，当前非主席及主讲的发言权将被取消。

全场静音的操作步骤：

（1）点击更多功能；

（2）在更多功能中点击全场静音，全场静音后，当前非主席及主讲的发言权将被取消，已接收的非广播视频也将自动关闭。此功能主要是方便主持人及主讲人对会场秩序的管理。

26．锁定会议室

会议开始后，主席可以将会议室锁定，锁定后其他人员想要加入会议需要进行"敲门"，主席允许进入后方可加入会议。见图3-1-20和图3-1-21。

图3-1-20　锁定会议室

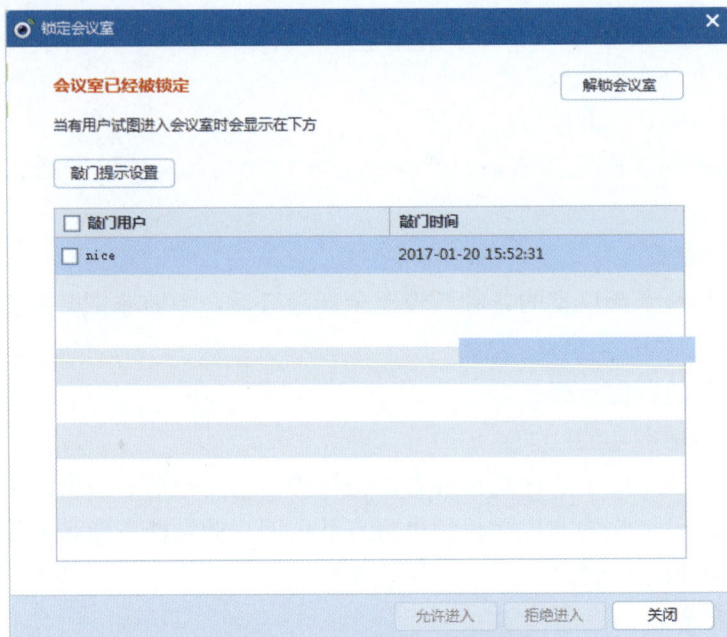

图 3-1-21　解锁会议室

锁定会议室的操作步骤：

（1）点击更多功能；

（2）在更多功能中点击锁定会议室；

（3）在锁定会议室窗口点击锁定会议室。当有人员申请进入时，在下方会显示敲门用户，可以点击允许进入或拒绝进入决定是否允许敲门人加入会议；

（4）点击解锁会议室，关闭会议室锁定。

27. 关闭会议室

主席可以关闭会议室，关闭后，所有参会人都会退出会议室。见图 3-1-22。

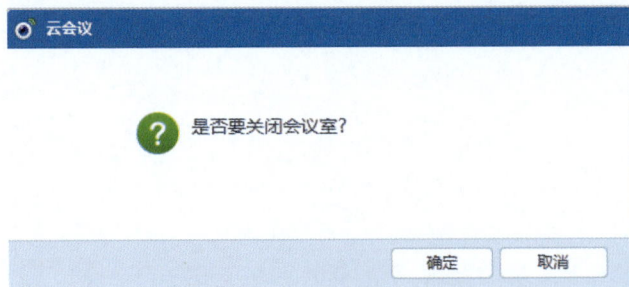

图 3-1-22　关闭会议室

28．会议权限

在正式的会议或培训中时，常常要控制会议的权限。主席可以在这里控制各参会人的权限。主要分为了文字聊天、白板、录制、发送文件、界面跟随几类权限。见图3-1-23。

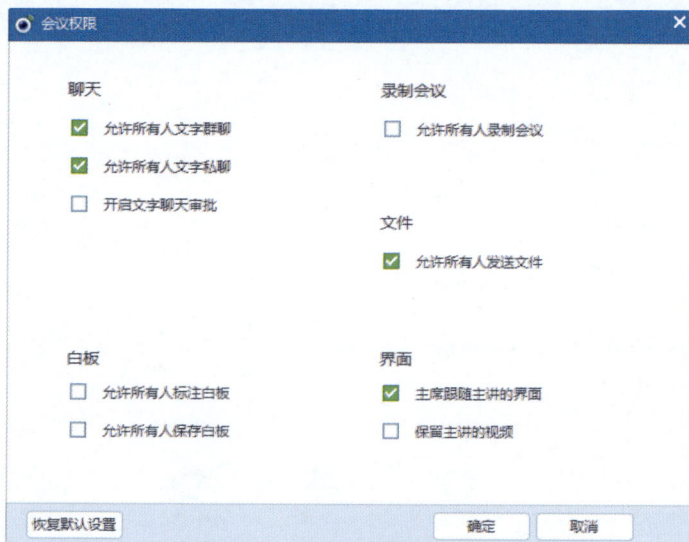

图3-1-23　设置会议权限

（1）对所有参会人权限控制。见表3-1-4。

表3-1-4　　　　　　　　所有参会人权限控制表

权限控制选项	说明
允许所有人文字群聊	主席取消勾选该选项后，会议室中全部参会人将无法通过文字进行群聊
允许所有人文字私聊	主席取消勾选该选项后，会议室中全部参会人将无法通过文字进行私聊
开启文字聊天审批	主席勾选开启文字聊天审批后，会议室中的出席/旁听发送的消息需要主讲或主席审批，且出席和旁听之间不能进行单独私聊
允许所有人标注白板	主席勾选该选项后，出席可以标注白板
允许所有人保存白板	主席勾选该选项后，出席可以将白板保存到本地，否则无法进行保存
允许所有人会议录制	主席勾选该选项后，出席可以通过"出席"菜单中的"开始会议录制"进行会议录制
允许所有人发送文件	主席勾选该选项后，出席可以发送文件
主席不跟随主讲的界面	主席勾选该选项后，主席不跟随主讲的界面
保留主讲的视频	主席勾选该选项后，主讲变更后，保留主讲的视频是广播的

（2）对单个参会人的权限控制。除了在会议权限中对所有参会人进行权限控制外，主席和主讲还可以对单个参会人进行权限控制。见图 3-1-24。

图 3-1-24　对单个参会人设置权限

对单个参会人进行权限控制的操作步骤：

1）右键点击参会人，从菜单中选择允许文字聊天，即允许其进行文字群聊和私聊；

2）从菜单中选择允许标注白板，即允许其在白板上标注。

29. 会场视频字幕

可以对会议的参会人的视频字幕进行自定义，包括显示位置、颜色和大小。见图 3-1-25。

30. 会场字幕

主席可以设置整个会场的字幕，字幕将显示在每一个参会人的屏幕上。见图 3-1-26。

会场字幕的操作步骤：

（1）点击更多功能；

（2）在更多功能中点击会场字幕；

（3）在上方文本框中输入字幕内容；

（4）在显示方式中选择字幕的显示模式；

图 3-1-25　设置会场视频字幕

图 3-1-26　设置会场字幕

（5）在字幕颜色中选择字幕的显示色彩；

（6）在字幕大小中选择显示字幕的大小；

（7）点击下方开始按钮开始广播字幕；

（8）此时在桌面屏幕上将会显示刚才设置的字幕；

（9）鼠标左键单击字幕显示框，拖动字幕显示框改变字幕显示位置；

（10）鼠标点击字幕右上角的关闭可以关闭字幕；

（11）字幕关闭后在状态栏右下方显示"字幕"按钮，点击"字幕"则打开

本地字幕显示 字幕 。

在字幕设置中点击"停止"按钮则关闭会议中所有人的字幕。见图3-1-27。

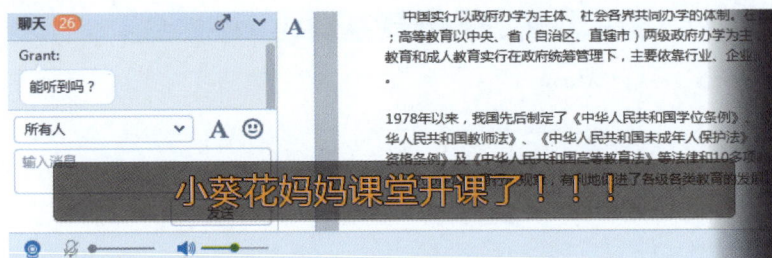

图3-1-27 设置会场字幕效果

31. 界面加水印

主席可以设置界面加水印，防止其他人员未经允许私自录制会议。

开启了界面加水印后，所有参会人的界面上会出现其用户昵称，并且其昵称会不断在屏幕上变化位置。见图3-1-28。

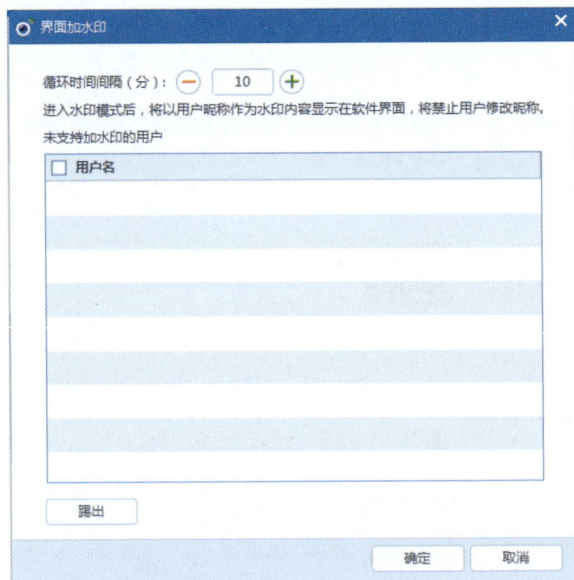

图3-1-28 设置界面加水印

界面加水印的操作步骤：

（1）点击更多功能；

（2）在更多功能中点击界面加水印；

（3）你可以设置录制的循环时间间隔，范围为 1－60min。

再次点击则取消界面上的水印。

32．H.323

如果使用的是私有云服务器，且服务器支持 H.323 功能呼叫，在登录客户端打开更多功能界面上会显示 H.323 功能选项。见图 3－1－29。

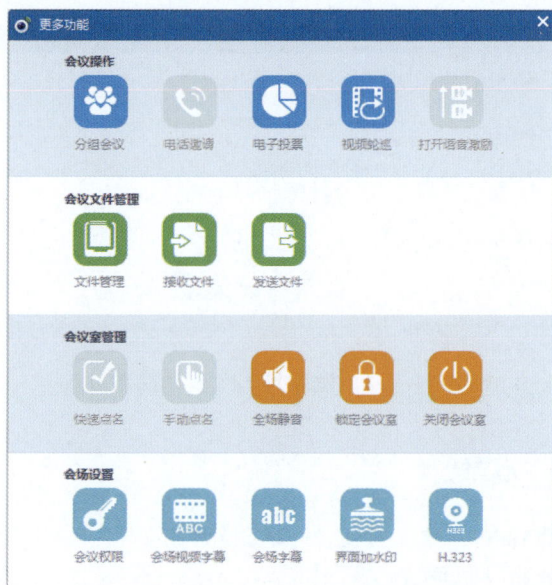

图 3－1－29　H.323 功能列表

H.323 呼叫操作步骤：

（1）点击更多功能界面上的 H.323，打开 H.323 呼叫界面；见图 3－1－30。

（2）输入昵称和 H.323 终端地址；

（3）点击呼叫，开始邀请 H.323 终端用户加入会议。

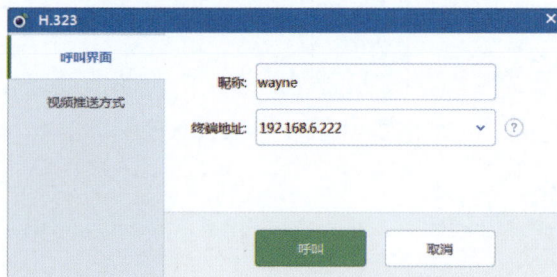

图 3－1－30　设置 H.323 呼叫界面

在呼叫 H.323 用户加入会议之前，可以在视频推送方式界面设置要推送的参会人视频，操作步骤。见图 3-1-31。

（1）点击更多功能界面上的 H.323，打开 H.323 呼叫界面；

（2）点击视频推送方式，打开视频推送方式设置界面；

（3）默认选择推送主讲视频；还可以切换选择推送所有视频。

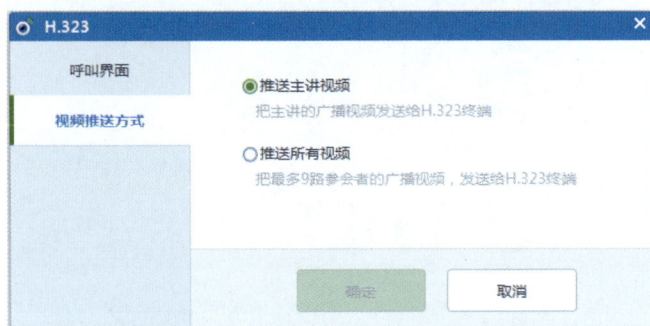

图 3-1-31　设置 H.323 视频推送方式

四、典型保障方案

1. 云会议直播保障方案（专业版，切换台）

（1）系统接线图（见图 3-1-32）。

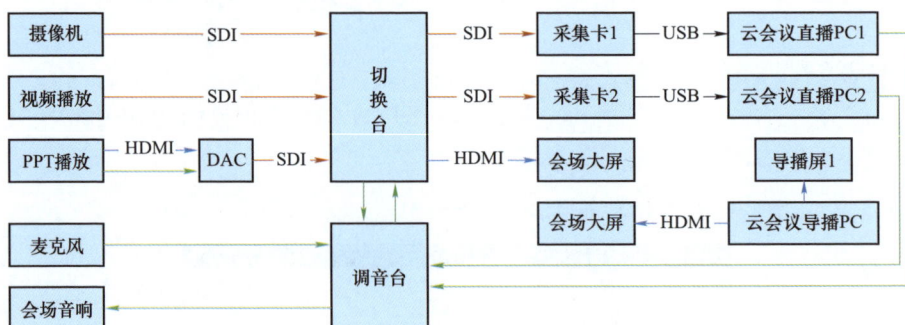

图 3-1-32　系统接线图

（2）配置方案。

1）切换台。

基本设定转场：淡入淡出。

输入 Audio XPT：本路输入信号。

声音设定 Src：Src 外部（AUDIO IN→主输出）。

声音设定 Analog Out：Src 跟随（主输出→AUDIO OUT）。

设置系统设定：720P50Hz。

Files 储存：确认储存记忆位置 1。

2）调音台。

麦克风＋切换台输出＋云会议直播 PC1→会场音响。

麦克风＋切换台输出＋云会议直播 PC1→切换台输入。

云会议直播 PC2 切换主讲时，需在调音台关闭云会议直播 PC1、打开云会议直播 PC2。

3）云会议直播 PC。

I5 以上 CPU，2G 以上显卡，4G 以上内存，推荐 SSD 硬盘。

接入信息内网，网卡速度与双工设置为：100Mbps 全双工。

关闭屏幕保护程序、自动待机、自动关闭硬盘等设置。

4）云会议导播 PC。

I5 以上 CPU，2G 以上显卡，4G 以上内存，推荐 SSD 硬盘。

接入信息内网，网卡速度与双工设置为：100Mbps 全双工。

关闭屏幕保护程序、自动待机、自动关闭硬盘等设置。

设置多显示器扩展模式，导播屏为主屏，大屏为扩展屏。

（3）导播方案。

1）云会议直播 PC1（主用）。

直播开始前操作：① 成为主席、主讲；② 设置一分屏，设置全屏。

直播开始后不进行操作。

2）云会议直播 PC2（备用）。

直播开始前操作：① 成为主席；② 设置一分屏，跟随主讲全屏，并进行监视。

直播开始后按需进行应急切换。

3）直播应急切换。① 云会议直播 PC2 点击"我要主讲"；② 调音台打开云会议直播 PC2、关闭云会议直播 PC1。

4）云会议导播 PC。

直播开始前操作：① 成为主席；② 在视频布局中将主屏和扩展屏均设置为四分屏或九分屏；③ 在用户列表中选择用户点击查看视频，在主屏查看用户视频画面，把效果好的画面从主屏拖至扩展屏。

直播开始后操作：① 在更多功能中设置手动轮巡，点击主屏和需要轮巡的分屏，选择多个用户点击开始轮巡，将确认无问题的轮巡画面从主屏拖至扩展屏；② 直播过程中如发现扩展屏轮巡画面有问题，把主屏无问题的视频画面拖至扩展屏有问题的视频画面，将两个画面进行对调，然后在主屏对有问题的画面进行调整。

（4）注意事项。

1）每个设备需要打好标签，包括主备用显示器、主备用计算机、主备用摄像机、主备用鼠标等。

2）开课前告知讲师以下注意事项：① 老师显示器为扩展屏，使用时需注意光标不要移出屏幕；② 主用电脑出现问题，可以使用备用电脑。

3）视频文件需要制作为 1280*720、2M 以内码流格式，以确保播放效果。

4）音频线、视频线需要按照场地提前准备足够长度。

2. 云会议直播保障方案（专业版，PC、双备份）

（1）系统接线图。见图 3－1－33。

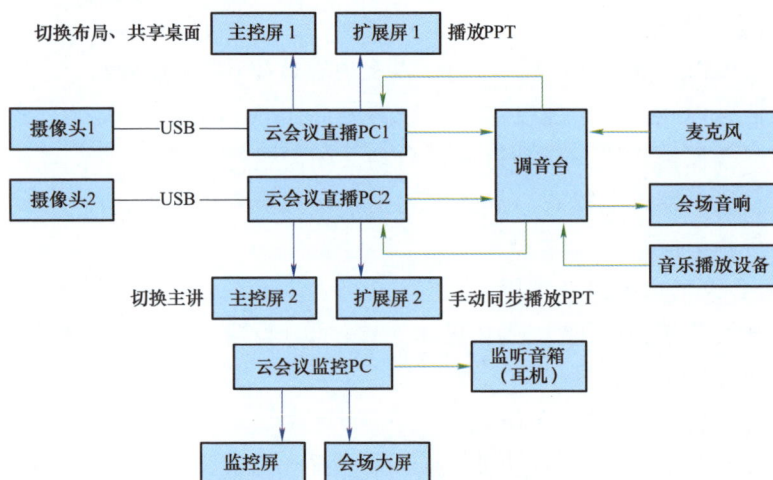

图 3－1－33　系统接线图

（2）配置方案。

1）调音台。

麦克风＋云会议直播 PC1→会场音响。

麦克风→云会议直播 PC1。

云会议直播 PC2 切换主讲时，需在调音台同时关闭云会议直播 PC1、打开云会议直播 PC2。

2）云会议直播 PC。I5 以上 CPU，2G 以上显卡，4G 以上内存，推荐 SSD

硬盘。接入信息内网，电脑网卡"速度与双工"设置为：100Mbps 全双工。关闭屏幕保护程序、自动待机、自动关闭硬盘等设置。设置多显示器扩展模式，主控屏为主屏，用于会议控制，扩展屏用于讲师播放 PPT。

摄像头可以设置最多 3 个预设位（全景、讲师、主持人）。

同时接入 2 套无线键鼠，一套为操控人员使用，另一套为讲师使用。

3）云会议监控 PC。

I5 以上 CPU，2G 以上显卡，4G 以上内存，推荐 SSD 硬盘。

接入信息内网，电脑网卡"速度与双工"设置为：100Mbps 全双工。

关闭屏幕保护程序、自动待机、自动关闭硬盘等设置。

设置多显示器为复制模式。

（3）导播方案。

1）云会议直播 1（主用）。

直播开始前准备操作：① 摄像机调整、保存预设位。② 成为主席、主讲。③ 开场前播放暖场音乐（独立音乐播放设备，调音台中会场麦克风静音，音乐播放打开）。④ 分屏模式设置为培训模式。⑤ 右上角视频设置中，将分辨率调整为 1280*720，帧速率不动，视频码流设置在 500～1000 之间，不锁定视频码流，会议过程中如出现较明显的卡顿，降视频码流至 300～500 之间。⑥ 在扩展屏 1 中打开 PPT，全屏放映，云会议中共享桌面 2，全屏会标 PPT。

直播开始后操作：① 讲师入座前播放暖场视频，云会议取消全屏，共享影音文件，播放开始后，在右下角设置中，设置使用原始图像大小，视频码流推荐 1000～2000，然后双击全屏播放。② 讲师落座，云会议中关闭共享影音，双击左上角摄像机视频，全屏直播视频，此时摄像机为现场全景位置，通知调音师开启现场麦克风。③ 主持人介绍完毕后，摄像机切换为预设位讲师位置，全屏直播讲师视频。④ 讲师完成初步介绍后，进入授课议程，双击全屏缩小画面，此时为培训模式，居中为 PPT，将鼠标光标移至扩展屏 1。⑤ 讲师授课结束后，双击左上角摄像机视频，全屏直播画面，摄像机切换全景位置，进入互动环节。⑥ 结束后，全屏会标 PPT，播放暖场音乐，及时关闭会场麦克风。

2）云会议直播 2（备用）。

直播开始前准备工作：① 摄像机调整、保存预设位。② 成为主席。③ 分屏模式设置为培训模式。④ 右上角视频设置中，将分辨率调整为 1280*720，帧速率不动，视频码流设置在 500～1000 之间，不锁定视频码流，会议过程中如出现较明显的卡顿，降视频码流至 300～500 之间。⑤ 在扩展屏 2 中打开 PPT，全屏放映。

直播开始后操作：① 鼠标移至扩展屏 2，点击鼠标同步切换讲师 PPT。② 按需进行应急切换。

3）直播应急切换。① 云会议直播 2 点击"我要主讲"，点击共享–共享屏幕 2，退出全屏。② 通知调试师使用备用音频，关闭主用音频。③ 通知老师使用备用鼠标、看备用显示器。④ 重启云会议直播 1PC，并成为备用。

4）云会议监控。进入会议后，全程进行监视和监听，发现问题后及时反馈云会议直播 1。

（4）注意事项。

1）每个设备需要打好标签，包括主备用屏幕、主备用计算机、主备用摄像机、主备用鼠标等。

2）需在开课前告知讲师：① 屏幕为扩展屏，使用时需注意光标不要移出屏幕。② 备用屏幕和备用鼠标在主用电脑出现问题后，可以进行使用。

3）暖场视频需要制作为 1280*720、2M 以内码流格式，以确保播放效果。

4）音频线、显示器及大屏的视频线需要按照场地提前准备足够长度。

3. 云会议直播保障方案（专业版，PC、单主用）

（1）系统接线图。见图 3–1–34。

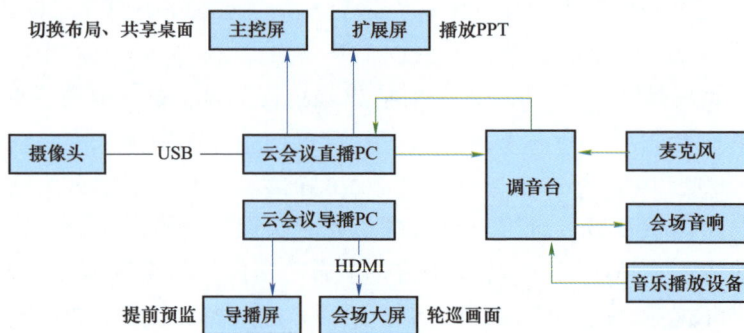

图 3–1–34 系统接线图

（2）配置方案。

1）调音台。

麦克风＋云会议直播 PC1→会场音响。

麦克风→云会议直播 PC1。

2）云会议直播 PC。

I5 以上 CPU，2G 以上显卡，4G 以上内存，推荐 SSD 硬盘。

接入信息内网，电脑网卡"速度与双工"设置为：100Mbps 全双工。

关闭屏幕保护程序、自动待机、自动关闭硬盘等设置。

设置多显示器扩展模式，主控屏为主屏，用于会议控制，扩展屏用于讲师播放 PPT。

摄像头可以设置最多 3 个预设位（全景、讲师、主持人）。

同时接入 2 套无线键鼠，一套为操控人员使用，另一套为讲师使用。

3）云会议导播 PC。

I5 以上 CPU，2G 以上显卡，4G 以上内存，推荐 SSD 硬盘。

接入信息内网，电脑网卡"速度与双工"设置为：100Mbps 全双工。

关闭屏幕保护程序、自动待机、自动关闭硬盘等设置。

设置多显示器扩展模式，导播屏为主屏，大屏为扩展屏。

（3）导播方案。

1）云会议直播 PC。

直播开始前准备操作：① 摄像机调整、保存预设位。② 成为主席、主讲。③ 开场前播放暖场音乐（独立音乐播放设备，调音台中会场麦克风静音，音乐播放打开）。④ 分屏模式设置为培训模式。⑤ 右上角视频设置中，将分辨率调整为 1280*720，帧速率不动，视频码流设置在 500～1000 之间，不锁定视频码流，会议过程中如出现较明显的卡顿，降视频码流至 300～500 之间。⑥ 在扩展屏中打开 PPT，全屏放映，云会议中共享桌面 2，全屏会标 PPT。

直播开始后操作：① 讲师入座前播放暖场视频，云会议取消全屏，共享影音文件，播放开始后，在右下角设置中，设置使用原始图像大小，视频码流推荐 1000～2000，然后双击全屏播放。② 讲师落座，云会议中关闭共享影音，双击左上角摄像机视频，全屏直播视频，此时摄像机为现场全景位置，通知调音师开启现场麦克风。③ 主持人介绍完毕后，摄像机切换为预设位讲师位置，全屏直播讲师视频。④ 讲师完成初步介绍后，进入授课议程，双击全屏缩小画面，此时为培训模式，居中为 PPT，将鼠标光标移至扩展屏。⑤ 讲师授课结束后，双击左上角摄像机视频，全屏直播画面，摄像机切换全景位置，进入互动环节。⑥ 结束后，全屏会标 PPT，播放暖场音乐，及时关闭会场麦克风。

2）云会议导播 PC。

导播开始前准备操作：① 成为主席。② 分屏设置中将主屏和扩展屏均设置为四分屏（九分屏）。③ 用户列表中的用户名后设置查看视频，将效果好的画面从主屏的分屏画面拖至扩展屏的分屏画面。

直播开始后操作：

更多功能中设置手动轮巡，依次对需要进行轮巡的屏幕，选择多个用户，并开始轮巡，将确认无问题的轮巡画面拖至扩展屏的分屏画面进行替换。

（4）注意事项。

1）每个设备需要打好标签，包括主备用屏幕、主备用计算机、主备用摄像机、主备用鼠标等。

2）需在开课前告知讲师：① 屏幕为扩展屏，使用时需注意光标不要移出屏幕。② 备用屏幕和备用鼠标在主用电脑出现问题后，可以进行使用。

3）暖场视频需要制作为1280*720、2M以内码流格式，以确保播放效果。

4）音频线、显示器及大屏的视频线需要按照场地提前准备足够长度。

4. 云会议直播会议方案（普适版）

（1）云会议主讲人PC配置建议。

I5以上CPU，2G以上显卡，4G以上内存，推荐SSD硬盘。

接入信息内网，电脑网卡"速度与双工"设置为：100Mbps全双工。

关闭屏幕保护程序、自动待机、自动关闭硬盘等设置。

（2）云会议直播方案。

1）直播开始前准备工作：① 创建宣贯型会议室，所有人麦克风和摄像头默认为关闭。② 提前确认主讲人、发言人，可将主席密码告知主讲人、发言人，便于申请主讲或发言。（也可由主席在会议中进行手动打开发言人的摄像头和麦克风）。③ 所有主讲人、发言人均在会议开始前，使用云会议音视频自测，自测麦克风和音箱，提前调整好视频画面和声音大小。

2）直播开始后操作。① 主讲人申请主讲权限，会议开始后进行讲话。② 需要发言的人员，可在不发言时关闭左下角的麦克风按钮，防止声音回传出现回音或者杂音。③ 按照会议议程，发言人员在发言时，先点击"我要发言"，申请发言权限，打开左下角的麦克风按钮，进行发言，发言完毕后，点击"放弃发言"，放弃发言权限，再关闭麦克风。

5. 云会议直播会议方案（监控版）

（1）系统连接。采用本地监控+云会议转播方式向全省用户播放现场情况。云会议直播系统接线如下：① 3台监控电脑及1台PPT播放电脑通过HDMI线缆接入切换台。② 切换台输出两路HDMI信号，通过采集卡分别接入云会议直播主、备用电脑。系统接线图如3-1-35。

（2）设备配置。在××公司现有本地会议室监控摄像头、拾音器和本地监控系统基础上，配置2台内网电脑用于云会议直播，配置3台专用电脑用于本地监控系统轮询，配置1台电脑用于播放会前、会中PPT，通过切换台进行切换，确保本地监控、云会议转播、网络、电源设备均双套互备。设备需求清单见表3-1-5。

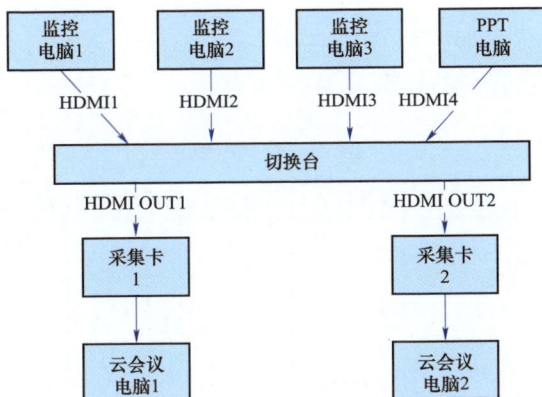

图 3－1－35　系统接线图

表 3－1－5　　　　　　　　设 备 需 求 清 单 表

设备名称	数量	性能需求
监控系统电脑	3	接入会场监控系统网络，用于登录会场监控系统 关闭屏幕保护程序、自动待机、自动关闭硬盘等设置
云会议直播电脑	2	Win 10 系统，I5 以上 CPU，2G 以上显卡，4G 以上内存，推荐 SSD 硬盘； 接入信息内网，网卡速度设置百兆全双工； 关闭屏幕保护程序、自动待机、自动关闭硬盘等设置
PPT 播放电脑	1	—
切换台	1	支持 HDMI 输入输出，路数至少 5 入 2 出，具备画面监视功能
采集卡	2	提前下载官方驱动软件
HDMI－HDMI 线	6	长度 3～5m

（3）云会议设置。会议后台设置"跨区域开会""全员出席"，并修改最大参会人数至 2000 人，会议调试期间"锁定会议"，避免无关人员入会，直播开始前解锁会议。

1）云会议直播 PC1（主用）。在视频设置中，将分辨率调整为 1280*7200，视频码流设置在 500～1000kbps 之间，不锁定视频码流；会议过程中如出现卡顿，将视频码流降至 300～500kbps 之间。

成为主席、主讲。

设置一分屏，全屏视频画面。

2）云会议直播 PC2（备用）。在视频设置中，将分辨率调整为 12800*720，视频码流设置在 500～1000kbps 之间，不锁定视频码流。

成为主席。

设置一分屏，进行监听监视。

（4）操作流程见表3-1-6。

表3-1-6 操 作 流 程 表

时间	云会议1	云会议2	监控电脑1	监控电脑2	监控电脑3	PPT电脑	切换台
13:50	主：设置会议主席、主讲	备：设置会议主席，应急情况抢主讲	全屏会议室1画面，打开声音	全屏会议室2画面，打开声音	全屏会议室3画面，打开声音	播放会前PPT	切换会前PPT
14:00							轮巡对抗式无领导小组，轮流切换监控1、监控2、监控3
14:45						播放会中PPT	切换会中PPT
15:00							轮巡半结构面试，轮流切换监控1、监控2、监控3
17:30-17:40						播放结束PPT	切换结束PPT

（5）应急预案。

1）某会议现场视频异常。

应急措施：① 视频审查确认某直播会议室异常需要踢出轮巡；② 切换负责人与监控操控人员确认下一个会议室音视频正常后，切换至下一个会议室；③ 监控操控人员将异常会议室踢出轮巡分组。

2）某监控电脑信号中断异常。

应急措施：① 切换负责人确认其他监控电脑信号视频正常后，切换至其他监控电脑信号；② 本地监控负责人检查设备运行状态，逐段排查恢复监控音视频信号，确认无误后告知切换负责人。

3）切换台故障。

应急措施：切换负责人把采集卡1 HDMI线与本地监控1直连，播放本地监控1画面。

4）云会议1电脑或采集卡1故障。

应急措施：云会议2负责人切换至主讲模式，云会议模拟收视人员确认云会议音视频情况是否正常。

云会议1负责人检查云会议设置状态，恢复后作为备用。

5）本地视频监控信号全部中断。本地监控视频1、2全部中断，切换负责人切换至PPT，播放"信号中断处理中、敬请谅解"。

第二节　i 国 网 平 台

一、系统简介

i 国网平台定位于公司外网移动应用汇聚的统一平台，为员工提供统一的移动门户入口，拥有即时通信、视频会议、应用中心、统一消息和新闻资讯等核心能力，为各部门、各专项活动提供宣传互动的渠道，承载通用办公、各业务域移动应用和基础增值服务。

目前，i 国网平台移动端主要支持 Android、iOS 两个主流手机操作系统；桌面端支持 Windows 电脑操作系统。Android 支持 6.0 及以上版本，IOS 支持 9.0 及以上版本，Windows 支持 7 及以上版本。

i 国网平台的用户包括：国网总部、各分部、各省公司、各产业单位等内部员工及外部临时员工。i 国网平台用户账号是公司员工的统一权限的账号（OA、邮件账号）和密码。用户的登录验证是平台集成了公司的基础设施统一权限系统。

二、运维规范

通过对公司本部、13 个地市公司 i 国网平台的运维，保证 i 国网平台正常运行，提高系统运行有效性和可靠性。服务器的磁盘空间应保持一定的空闲容量。一般情况下，文件时的空间使用率不超过 85%，系统性能利用率不高于 70% 为正常性能使用。当磁盘空间低于可控制下限时，应该马上进行相应处理，避免磁盘空间被占满后关键服务不能正常运行的情况发生。

i 国网平台日常运维分为周巡检、月度巡检、季度备份、操作指导和特殊保障工作。i 国网平台日常运维工作需遵循以下规范：

1. 周巡检

周巡检工作由主业员工完成，巡检频次为每周 1 次。每周对系统常规功能进行操作验证，包括系统登录、加入会议、会议转播、后台数据查询等，要求功能正常，确保 i 国网平台会议软件可用性。

2. 月度巡检

月度巡检工作由主业员工完成，巡检频次为每月 1 次。每月对系统运行状况进行巡视和检查，巡检内容如下：

（1）现场检查 i 国网平台主用服务器、备用服务器外观，要求指示灯面板无告警，确保服务器运行状态正常；

（2）远程登录 i 国网平台主用服务器，检查数据库启动和运行情况，确保数据库正常；

（3）远程登录 i 国网平台主用服务器、备用服务器、节点服务器，检查系统 CPU 利用率，要求利用率低于 80%，确保服务器性能正常；

（4）远程登录 i 国网平台主用服务器、备用服务器、节点服务器，检查系统内存利用率，要求利用率低于 80%，确保服务器性能正常；

（5）远程登录 i 国网平台主用服务器、备用服务器、节点服务器，检查系统盘和数据盘的空间占用率，要求利用率低于 80%，确保服务器性能正常；

（6）远程登录 i 国网平台主用服务器、备用服务器、节点服务器，检查 i 国网会议服务运行状态，确保 i 国网平台会议服务正常运行；

（7）检查 i 国网平台软件功能检查,要求通过账号能登录 i 国网系统并加入会议，确保 i 国网软件功能正常；

（8）检查 i 国网平台管理后台，要求通过管理员账号能够正常登录 Web 管理页面，确保 i 国网管理后台运行正常；

（9）检查双机热备运行情况，登录主服务器，查看双机热备软件查看主备服务器连接状态，要求主备服务器连接完好，确保双机热备机制正常；

（10）检查电话网关状态，要求管理后台服务器列表中电话网关状态为在线、可用，确保电话网关运行正常；

（11）提报信息检修，对 i 国网服务器进行重启，避免服务器因运行时间过长导致性能异常。

3. 季度备份

每季度对服务器的数据进行备份，确保数据安全。

4. 操作指导

常态化开展 i 国网平台操作指导工作，解决用户关于系统使用方面的问题或提供咨询，包括客户端安装、操作指导、基础数据维护、后台事务处理等。

5. 特殊保障

在重大活动、重点工作期间或业务高峰期加强系统后台监控，并结合用户需求提供必要的现场支撑保障。

三、使用指南

1. 下载

注意事项：i 国网平台只适用于外网环境，不适用于内网环境。

（1）PC 版：

可以直接在外网电脑浏览器中输入以下网址，进入下载页面，进行客户端下载，建议使用谷歌、火狐等主流的浏览器下载。

网址：

https://mam.sgcc.com.cn/html/internal/internal.html。

（2）移动端：

扫描二维码直接下载安装（若是华为、oppo、小米，均已在对应应用市场上架，可直接通过手机自带应用市场进行下载最新版本）。见图 3－2－1。

图 3－2－1　i 国网 APP 安装二维码

（3）注意事项：

1）若使用微信扫码下载，注意跳转本机浏览器进行下载，见图 3－2－2。

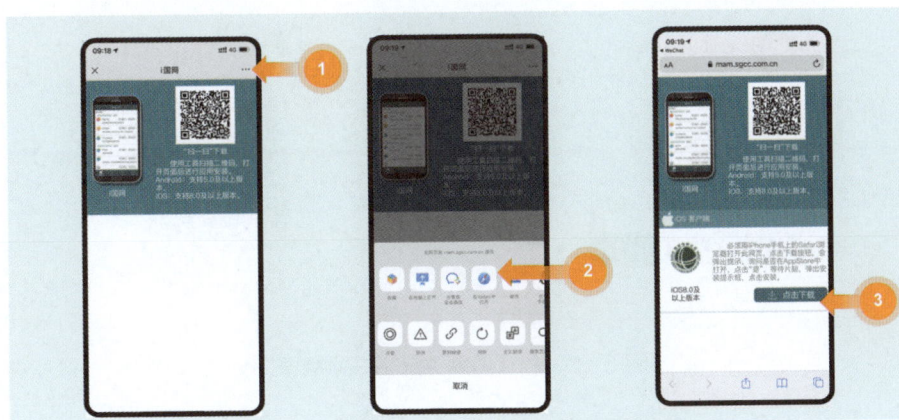

图 3－2－2　i 国网 APP 手机客户端操作步骤

2）若是苹果手机操作系统在 9.0 及以上的高版本需要设置"企业级应用授信"，设置－通用－设备管理，进行设置。见图 3－2－3。

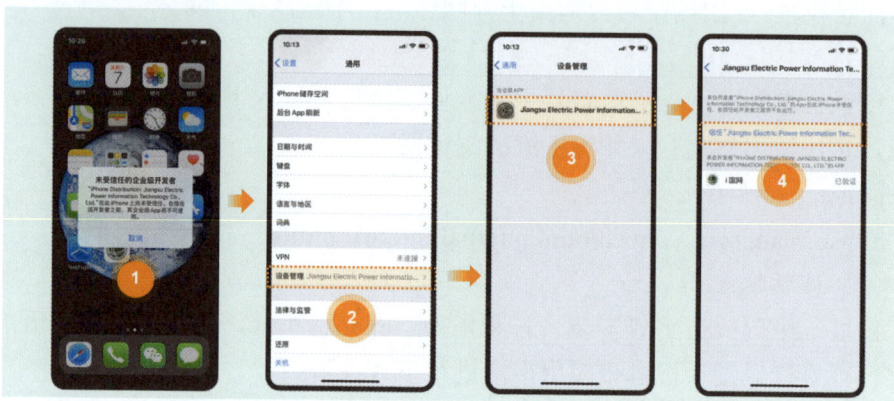

图 3－2－3　i 国网 APP 苹果手机客户端授权步骤

2. 登录

（1）PC 版。提供两种登录方式，一种为选择单位后、输入账号密码（同门户网站 OA 账号密码）进行登录，另一种为扫码进行登录，推荐使用扫码登录方式。见图 3－2－4。

图 3－2－4　i 国网 App PC 端登录

（2）移动端。选择单位，输入账号密码（同门户网站 OA 账号密码）进行登录。见图 3－2－5。

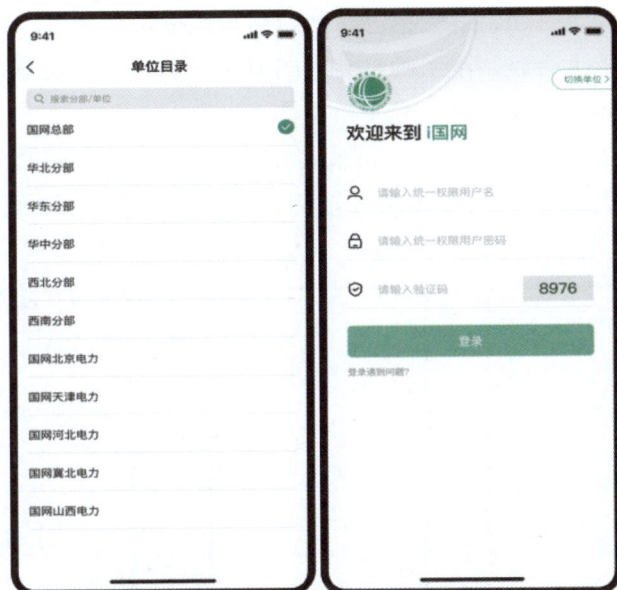

图 3-2-5 i 国网 APP 移动端登录

3. 预定会议

预定重要会议时，分为重要会议与普通会议，其中重要会议必须设置入会密码，且参会人必须被邀请才可参加重要会议。如下以预定重要会议为例见图 3-2-6。

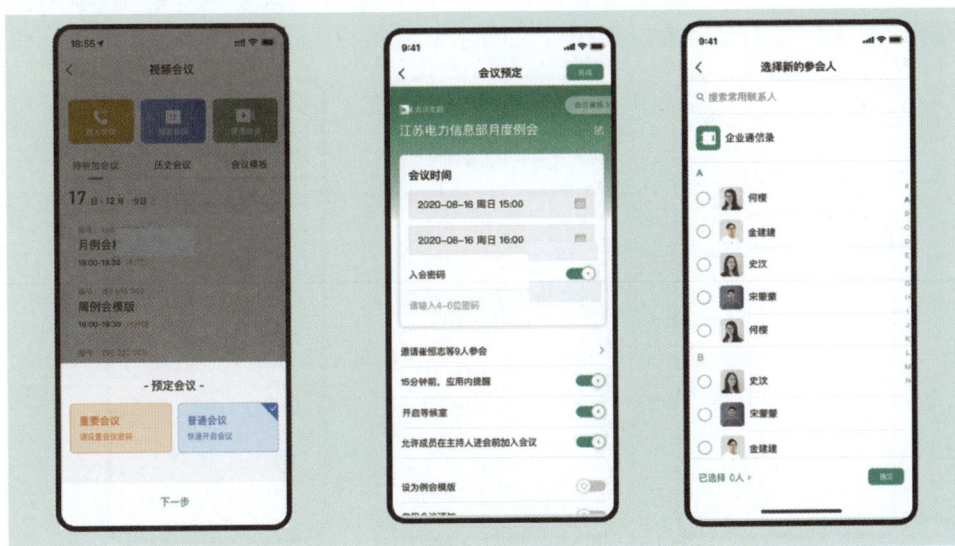

图 3-2-6 预定重要会议操作步骤

（1）输入会议时间、入会密码、从通信录选择参会人员。

（2）若是重大会议，不明确参会人的前提下，可通过设置联系人反馈回执方式，由各部门联络人进行反馈参会人员。

需注意：会议若已经开始，联系人将不可以再设置回执，或主持人或参会人进入会议，联络人同样无法反馈回执，会提示【当前不可设置回执】。见图3-2-7。

图3-2-7 会议回执操作步骤

（3）若需要会前上传整个会议议程，可点击【开启会议议程】，设置对应的议程，对应参会人员就会看到相关议程。见图3-2-8。

图3-2-8 设置会议议程操作步骤

（4）在预订会议的时候点击文档后的【点击添加】，选择上传图片或者文档资料，参会人员可在会议详情内查看到所有的会议文档。若开启【允许成员上传文档】，则所有参会人员都可以在会议详情上传会议文档资料。见图3-2-9。

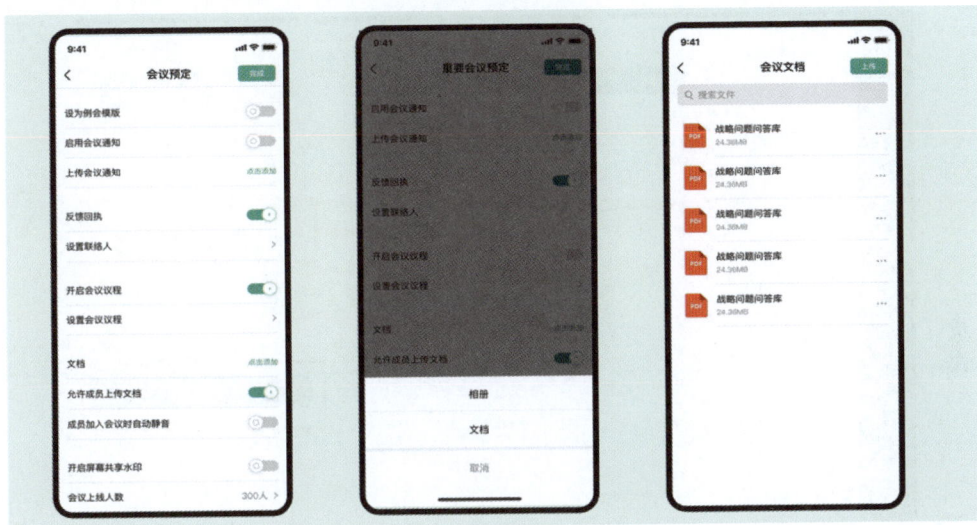

图3-2-9　上传会议文档操作步骤

（5）预定重要会议时，可根据实际需求选择【开启等候室】，参会人进会时，默认进入等候室，需要由组织人确认身份【准入】后才可参会，会议安全性更高。

预定普通会议过程同上，但有如下区别：

（1）预定普通会议时，默认无需设置会议密码，若有需要，点击【入会密码】支持设置密码。

（2）普通会议，不支持等候室、设置联系人回执功能。

（3）普通会议，支持会议过程以及会议开始前，通过 i 国网 APP、微信、短信等链接方式邀请参会人进会。

（4）参会人可直接通过链接入会，无权限限制。

注意事项：

若是重要会议，获取参会资格的两种方式：

1）由组织人预定会议时邀请选中的人员有资格参会。

2）由联络人反馈回执，名单上有的人员才有资格参会。

未在参会名单中人员，无法通过会议链接、会议号及密码直接进入会议。

4. 音视频会议

（1）PC 版。

Step1：登录 PC 端后，点击【📞】，进入音视频会议模块，右侧输入会议号，点击加入会议。见图 3-2-10。

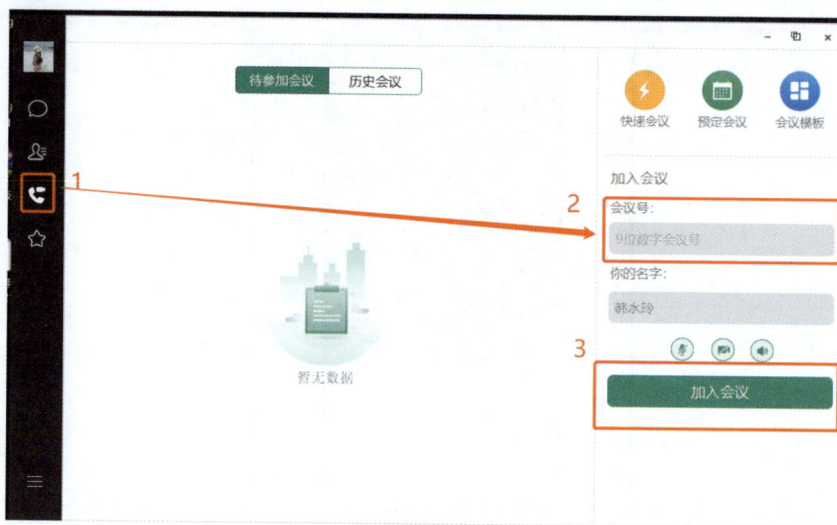

图 3-2-10　PC 端加入会议

Step2：进入会议后，可点击【🎤】进行静音，或取消静音。见图 3-2-11。

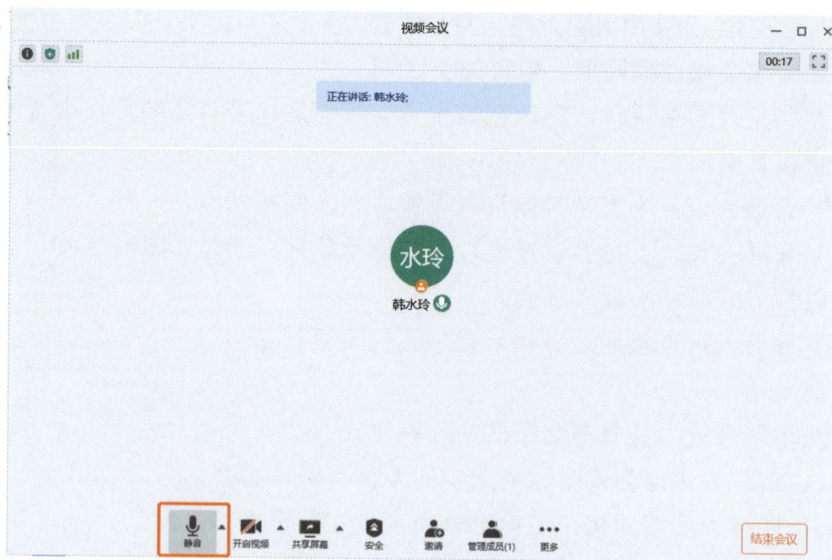

图 3-2-11　设置静音

Step3：点击【　】进行屏幕共享，选择共享桌面，点击【确认共享】。见图 3-2-12。

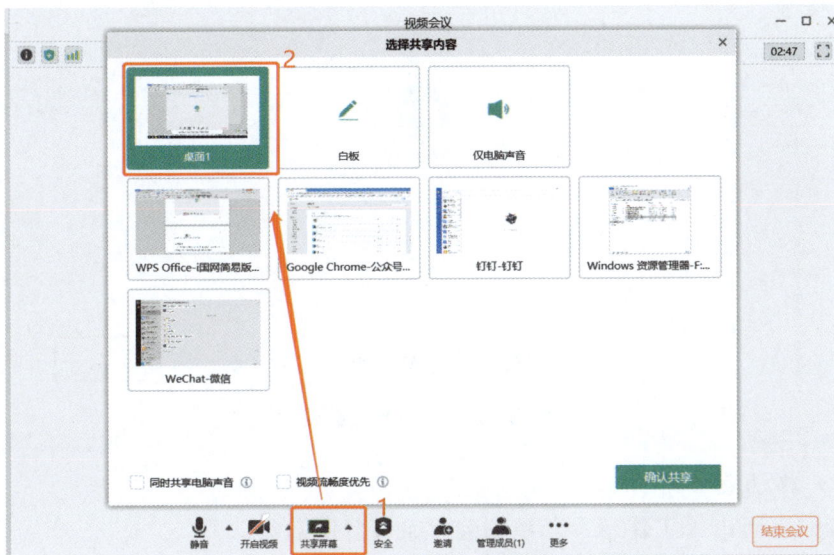

图 3-2-12　共享屏幕

Step4：演讲完毕，可关闭共享画面，点击最上方的【结束共享】按钮，进行结束共享。见图 3-2-13。

图 3-2-13　结束共享屏幕

Step5：会议结束后，点击【结束会议】，退出会议。见图 3-2-14。

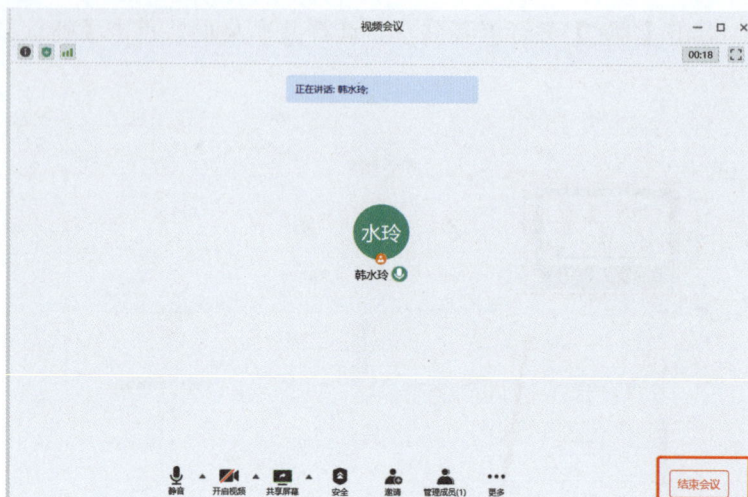

图 3-2-14 结束会议

（2）移动端（见图 3-2-15）。

Step1：点击【工作台－音视频会－加入会议】。

Step2：输入会议号，点击【加入会议】按钮。

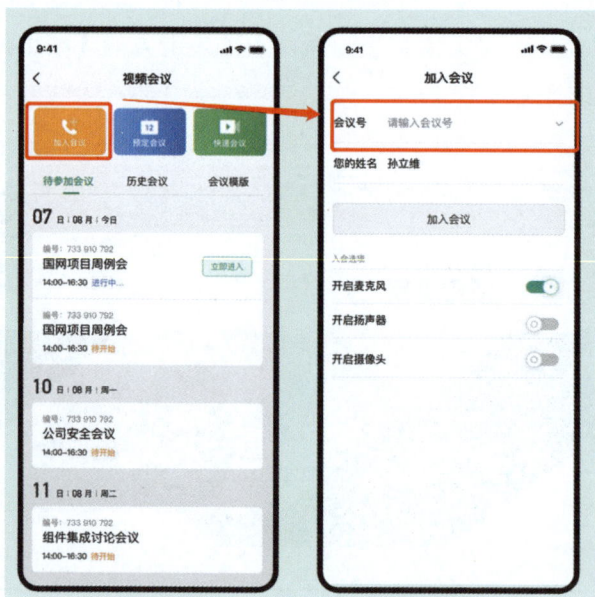

图 3-2-15 手机端加入会议

Step3：进入会议后可进行静音/解除静音等操作。

四、典型保障方案

1. 技术方案

（1）主用方案。信通公司准备的外网台式机 PC1、摄像头 1 和两只鹅颈话筒作为主用。PC1 通过五楼外网交换机端口 A 接入，IP 为 10.135.6.222，采用电信网络。PC1 通过登录主用 i 国网账号参会，将主机通过 HDMI 与会场右侧大屏直连，将视频信号发送至会场右侧大屏；两只主用话筒连接主用数字调音台输入，调音台将话筒音频信号发送至 PC1i 国网及会场音箱，同时 PC1 音频输出连接主用数字调音台输入，调音台将 PC1 音频信号发送至会场音箱。会议中主用设备的 i 国网的视频、音频、电脑扬声器均打开，调音台将主用设备音频信号送至本地和远端。

（2）备用方案一。信通公司另准备外网台式机 PC2、摄像头 2 和另两只鹅颈话筒作为备用，PC2 通过四楼外网交换机端口 B 接入，IP 为 10.135.21.140，采用移动网络。PC2 通过登录备用 i 国网账号参会，将主机通过 HDMI 与会场左侧大屏直连，将视频信号发送至会场左侧大屏；两只备用话筒连接备用模拟调音台输入，调音台将话筒音频信号发送至 PC2 i 国网及会场音箱，同时 PC2 音频输出连接调音台输入，会议中备用设备的 i 国网的视频、音频、电脑扬声器均打开，调音台不把主用设备音频信号送至本地和远端，作为热备。

主备方案设备接线连接图 3－2－16、图 3－2－17 如下：

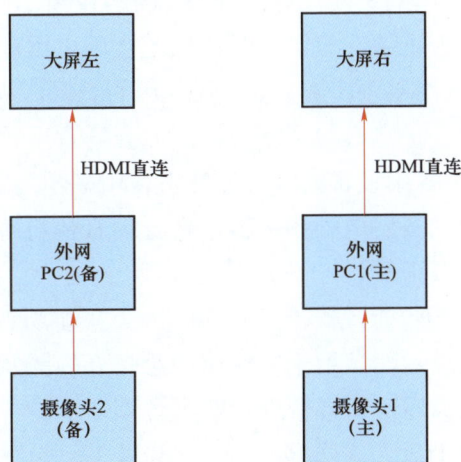

图 3－2－16 主备方案设备接线图

音频接线图

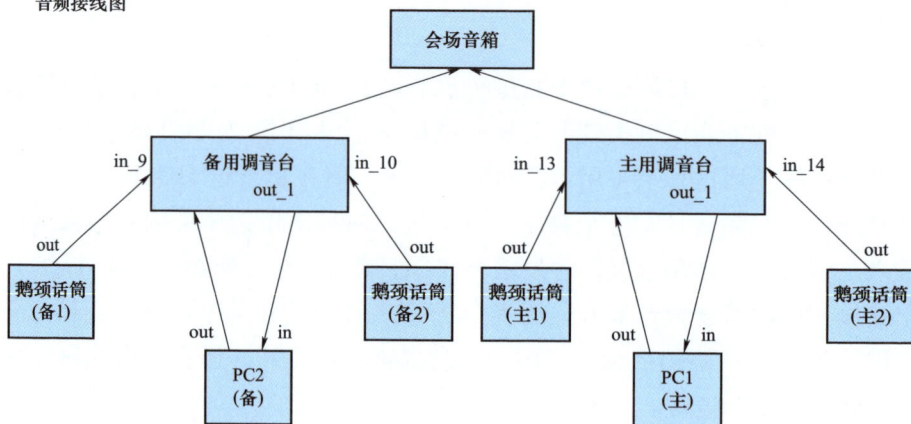

图 3-2-17　音频接线图

（3）备用方案二。信通公司另外准备笔记本一台，提前连接手机无线热点并完成调试，音视频输入输出均通过笔记本自带麦克风、扬声器及摄像头实现。

2. 调试及保障方案

（1）按照技术方案做好主备用设备的搭建。

（2）落实保障方案责任人，调试与保障期间原则上停止一切信息外网检修工作。

（3）调试步骤为：

1）打开主用鹅颈麦克风，开启 i 国网音频、视频、电脑扬声器，验证本地会场音视频是否正常，与华东确认江苏会场主用设备声音、图像是否清晰；

2）打开备用鹅颈麦克风，开启 i 国网音频、视频、电脑扬声器，验证本地会场音视频是否正常，与华东确认江苏会场备用设备声音、图像是否清晰；

3）开展主备用设备演练，打开主备用鹅颈麦克风，开启主备用账号 i 国网音频、视频、主备用电脑扬声器，通过调音台将音频由主用切换至备用，测试会议音视频是否正常。

（4）会议开始前，安排两名保障人员在会场右前排驻点保障，通过主备用设备连接两台显示器，用于实时监控会场音视频状态，若会议期间主用设备故障，由保障人员通过调音台进行备用音频切换。

3. 风险分析及应急方案

（1）主办或承办部门。会议出现紧急情况无法正常开展时，做好现场会议指挥协调与应急事项通知。

（2）信通公司。

1）设备及网络风险：正式会议前，准备外网台式机主备件各一台，摄像头主备件各一个，放置于江苏会场，主备两套设备音视频完全独立且网络为双交换机双端口接入电信、移动两条线路，备用系统会议时处于热备状态，如遇有突发事件发生时，例如主用设备或主用网络故障，立刻通知相关人员做好音频信号切换工作。

2）发言风险：为解决领导发言时未打开麦克风或 i 国网处于话筒静音状态，会议过程中主备话筒、主备电脑扬声器和主备 i 国网的声音，视频均为打开状态；音频信号由保障人员控制调音台切换。

3）不可控因素：信息外网出口依托电信、移动网络，若电信线路故障，则切换至备用方案一，若电信移动线路均故障，则使用备用方案二，提前准备外网笔记本电脑，并提前连好手机热点入会，由信通公司现场保障人员将电脑送至领导。

第三节 其 他 平 台

一、腾讯会议

1. 系统简介

腾讯会议是一款音视频会议软件，与 2019 年 12 月底上限，它提供高清流畅、便捷易用、安全可靠的会议服务，满足不同场景下的会议需求。腾讯会议可以进行远程音视频会议、在线协作、会管会控、会议录制、指定邀请、布局管理等功能。

2. 使用指南

（1）下载"腾讯会议"软件。浏览器中输入腾讯会议官网地址：https://meeting.tencent.com/download-center.html。

页面中点击下载安装"腾讯会议"软件。见图 3－3－1。

图 3-3-1 下载腾讯会议

下载"腾讯会议"软件按照提示步骤安装完毕。

（2）登录"腾讯会议"软件。

1）微信扫码登录。点击下方的"微信"图标，使用微信扫码登录。如图 3-3-2。

图 3-3-2 登录腾讯会议

2）账号密码登录。点击"注册/登录"，输入账号密码进行登录。若没有账号，请点击"新用户注册"，进入网页端进行注册。如图 3-3-3。

图 3-3-3　腾讯会议新用户注册

（3）加入会议。

1）通过会议号/密码加入会议。打开"腾讯会议"，点击"加入会议按钮"；输入 9 位数会议号，以及会中显示的名字，点击"加入会议"；并按提示输入会议密码。如图 3-3-4。

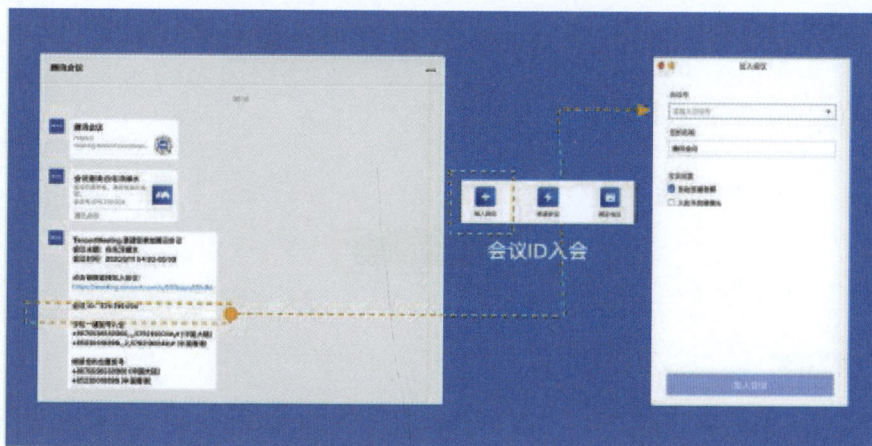

图 3-3-4　使用会议号入会

2）通过链接加入会议。点击收到的会议邀请链接，点击"加入会议"按钮，会提示打开已经安装的"腾讯会议"软件。如图3-3-5。

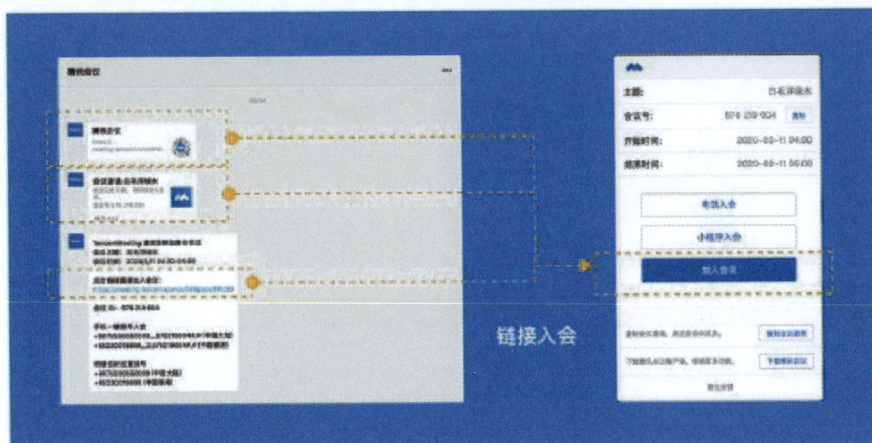

图3-3-5 使用邀请链接入会

4. 会中操作

（1）连接音频。参会后所见该页面，选择"电脑音频"，并点击"使用电脑音频"。如图3-3-6。

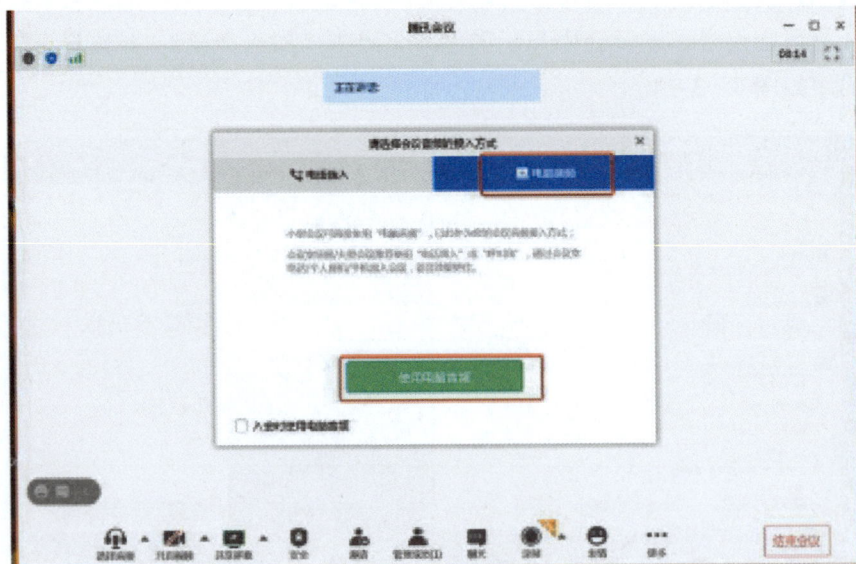

图3-3-6 连接音频

（2）调试音频。点击静音按钮右侧的三角按钮，下拉菜单中点击"音频选项"；弹出菜单中分别点击"检测扬声器""检测麦克风"按钮对音频设备进行调试。如图3-3-7。

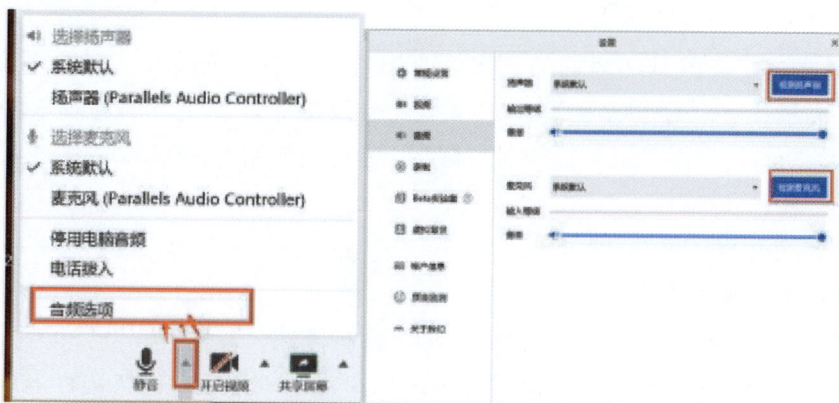

图3-3-7 调试音频

（3）开启/关闭音频。

开启音频：点击"解除静音"按钮 。

关闭音频：点击"静音"按钮 。

（4）开启/关闭视频。

开启视频：点击"开启视频"按钮 。

关闭视频：点击"停止视频"按钮 。

（5）切换摄像机

前提：电脑连接由多个摄像机。

切换方法：点击视频按钮右侧的箭头按钮，在连接的摄像机中选择对应需要的设备。如图3-3-8。

图3-3-8 选择摄像机

87

二、V2 会议

1. 系统简介

V2 会议是一款基于内网的音视频会议软件，使用范围为整个国网系统。它提供高清流畅、便捷易用、安全可靠的会议服务，满足不同场景下的会议需求。用户的门户账号需要被授予权限后，才可以使用 V2 会议。如图 3-3-9、图 3-3-10。

2. 使用指南

（1）参会者操作步骤。

1）首先登录软视频系统，具体有如下两种方式：

第一种方法是通过门户网站"业务应用单点系统登录"模块进行登录。通过 IE 浏览器登录个人门户，在"业务应用单点系统登录"模块找到"软视频系统"图标，左键单击进入软视频系统。

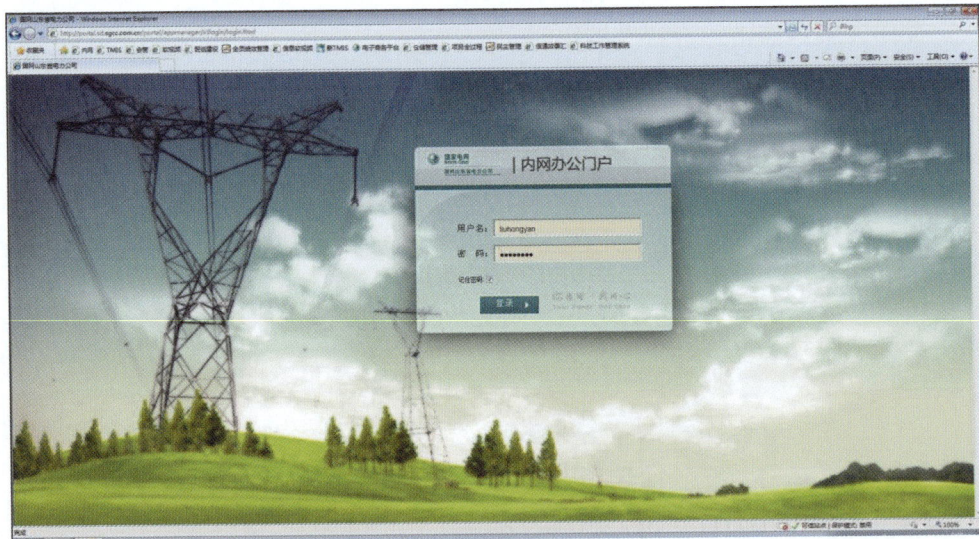

图 3-3-9　V2 会议门户登录步骤 1

第二种方法是通过统一权限管理平台进行登录。在任意一台内网电脑，使用 IE 登录地址：http://10.1.180.21。登录界面如图 3-3-11 所示，选择单位：选择"省（市）公司—江苏电力"，输入门户登录用户名（或个人身份证号码）及门户登录密码，点击"登录"进入。如图 3-3-11。

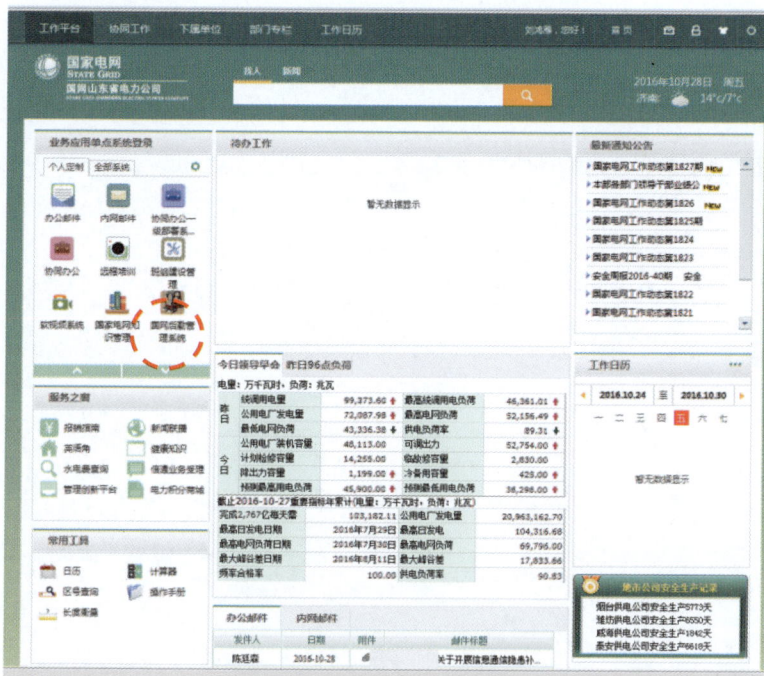

图 3-3-10 V2 会议门户登录步骤 2

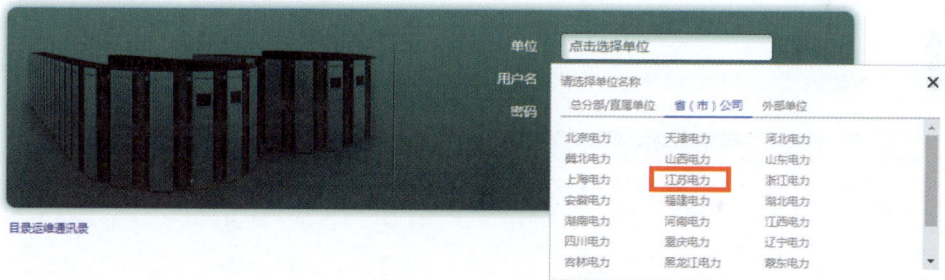

图 3-3-11 V2 会议统一权限登录

2）初次登录软视频系统，进入页面应先点击右侧"软件下载"，建议将前四个软件（V2 Conference 客户端软件、Windows Media Encoder、DirectX 9、Windows Media Player 插件）全部下载、安装。如图 3-3-12。

软视频系统使用的内网电脑需要满足如下需求见图 3-3-13。

3）在"进入会议"页面，按照"会议号"或"会议名称"查找需要加入的会议，点击右侧"进入会议"图标。如图 3-3-14。

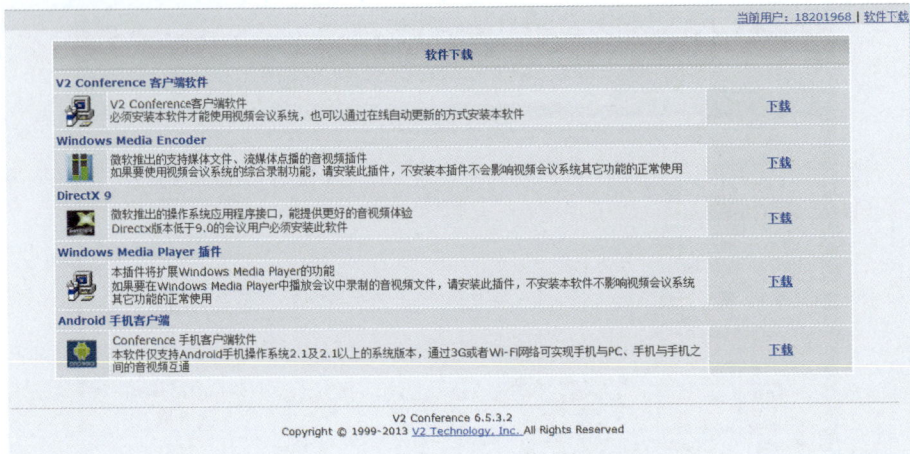

图 3-3-12　V2 会议插件下载安装

	最低配置	推荐配置
CPU	Pentium III 800	Pentium IV 2.0G或更高
显卡	集成显卡	独立显卡
内存	256M或更高	1G或更高
	支持配置	推荐配置
操作系统	Windows 2000 Windows 2003 Windows XP　Windows Vista　Windows 7	Windows XP

图 3-3-13　V2 会议电脑配置要求

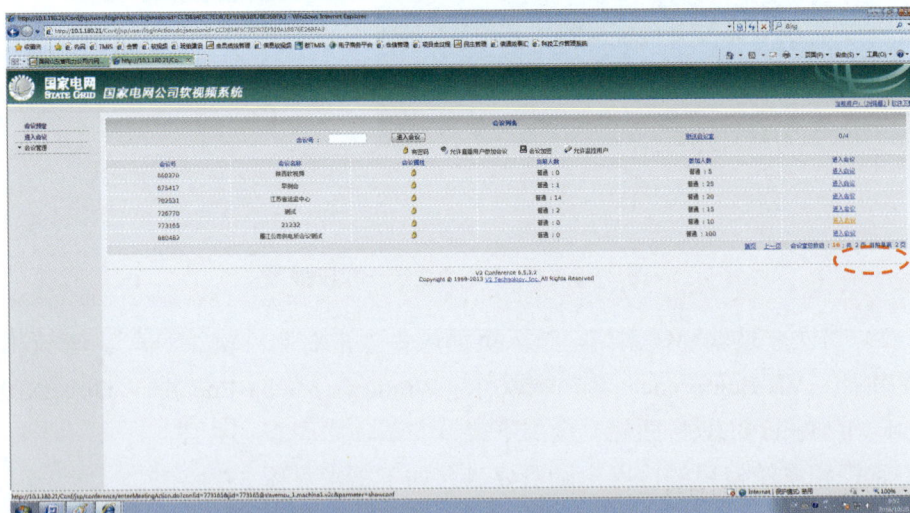

图 3-3-14　会议列表

90

4）进入"欢迎参加本次会议"界面，需输入"单位名称"，然后按照会议通知里告知的密码，在"会议密码"处输入密码，点击"进入会议"图标，页面转为"提示正在自动路由"，等待 20 秒左右即可进入会议。如图 3－3－15。

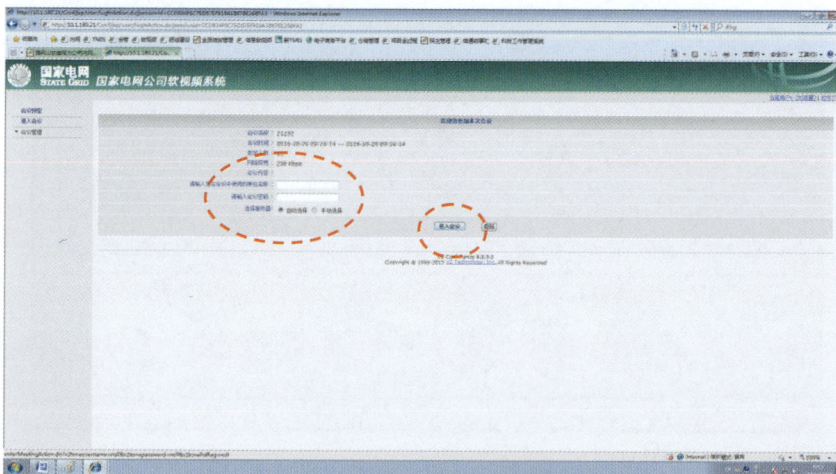

图 3－3－15　加入会议

5）进入会议后，界面及各部分功能如图 3－3－16。

图 3－3－16　界面功能

需要发言时，单击屏幕左下方第一个"申请发言"按钮，发言声音大小可通过屏幕最下方"系统状态区"—"麦克风声音条"处调节。如图 3 – 3 – 17。

图 3 – 3 – 17　操作按钮

需要播放 PPT、音视频时，单击屏幕左下方第二个"申请操作"按钮——"申请控制权"，后单击"开始文档共享"，选择要共享的文档，然后打开即可；也可选择"开始白板操作"选项，进行手动绘制。如图 3 – 3 – 18。

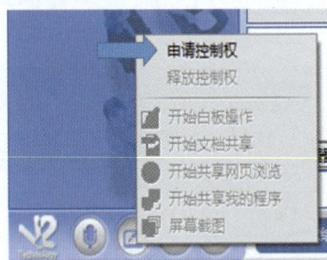

图 3 – 3 – 18　申请控制权

如其他会场发言音量较小，可点击其会场后面的小喇叭图标，调整音量条即可，也可通过"系统状态区"扬声器处进行调节。如图 3 – 3 – 19。

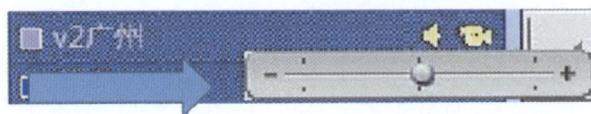

图 3 – 3 – 19　调节音量

　　如需观看其他会场画面时，单击左侧"参会用户列表"名称旁边的黄色摄像头图标，会场画面即可显示在屏幕右方区域，通过单击其会场画面右上方按钮，可以"最大化/还原"图像。

　　如需文字交流，可在屏幕下发"文字交流"部分，输入所需文字并发送，即可与其他参会方进行文字交流。

　　（2）预定会议操作步骤。授权用户可以自行进行会议预定，操作步骤如下：

　　1）进入软视频系统后，在页面左侧点击"会议预定"图标，页面如图3－3－20。

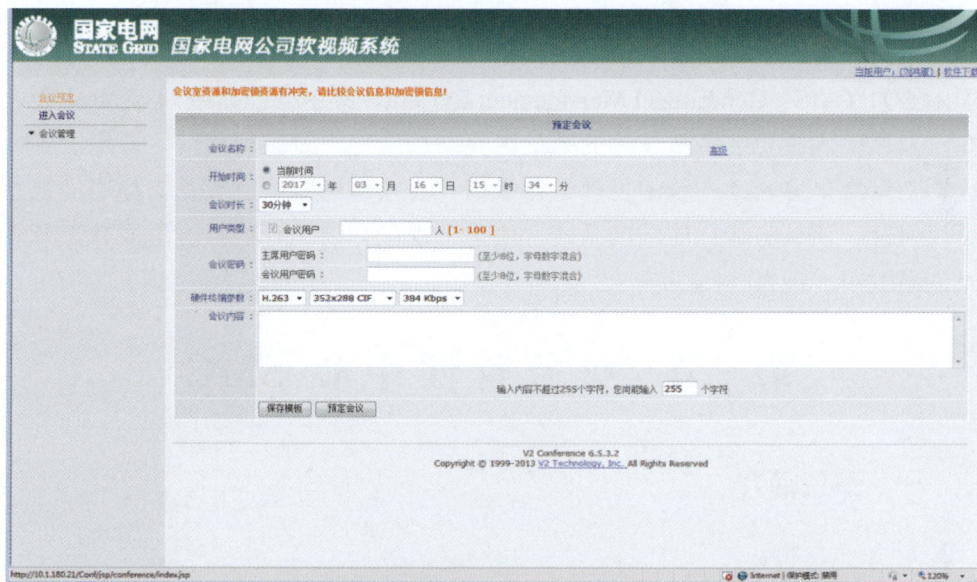

图3－3－20　预定会议

　　2）自行填写"会议名称""开始时间""会议时长""用户类型""会议密码"等参数，点击"预定会议"图标，完成会议预约。

　　3）将该会议"会议用户密码"附在会议通知中发至参会者，按照上章节"参会者操作步骤"可进入会议进行操作。

第四章 辅助系统运维

本章介绍了会议辅助系统，涉及 SMC（Service Managment Center，业务管理中心）、CMS（Centralized Management System，集中操控系统）、无纸化会议系统及移动式应急装备系统等的系统简介、功能特点及应用成效，适用于各地区通信运维单位辅助系统的日常运行维护。会议辅助系统主要是支撑电力视频会议召开、调试与运行的辅助系统，侧重于视频会议运行的技术手段补充升级及创新改革。

第一节 业务管理中心 SMC

一、系统简介

1. 体系结构

视讯系统分为四层：运营支撑层、网络控制层、媒体交换层、用户接入层。SMC2.0 位于视讯系统的运营支撑层，主要的作用是受理视讯业务请求并负责对视讯会议进行资源管理、调度，如图 4-1-1 所示。

2. 系统组成

SMC2.0 主要由 Web 服务端、后台服务和数据库三个部分组成。

Web 服务端：SMC2.0 的人机交互接口，是系统提供给不同类型用户的操作入口。

后台服务：SMC 的"发动机"，提供会议设备注册 GK 服务的注册服务器、OA 系统预定会议的 Email 服务、统筹 MCU 资源的 MCU 管理服务、用户管理的用户管理服务、会场管理服务的会场管理服务等。

数据库：SMC 的数据库，业务系统在运行过程中有大量的数据存取操作，高效的数据存取和稳定的运行让 SMC 的使用能够始终保持稳定、高效。

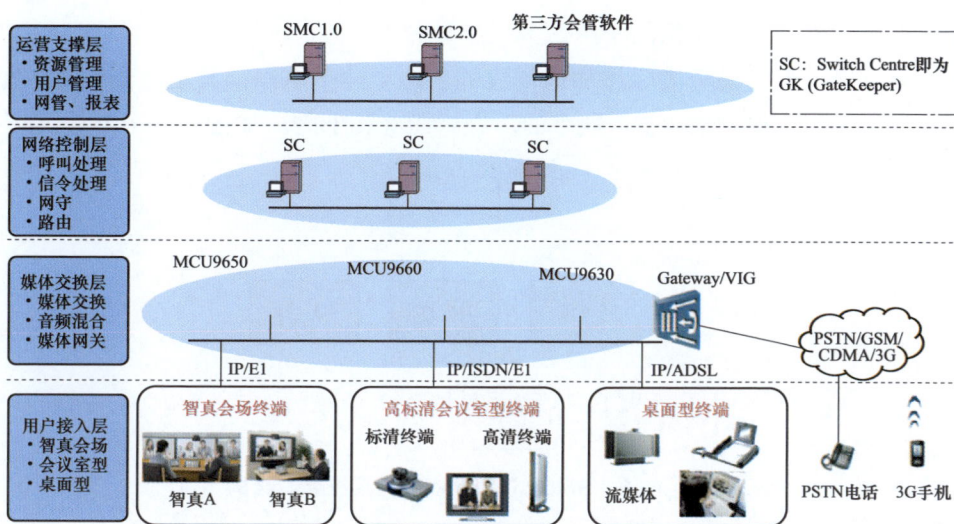

图 4-1-1　视讯体系结构

3. 部署架构

SMC2.0 服务器双机热备，双机热备采用微软集群的方式，在省公司部署两台服务器和一台磁盘阵列实现服务器热备，如图 4-1-2 所示。

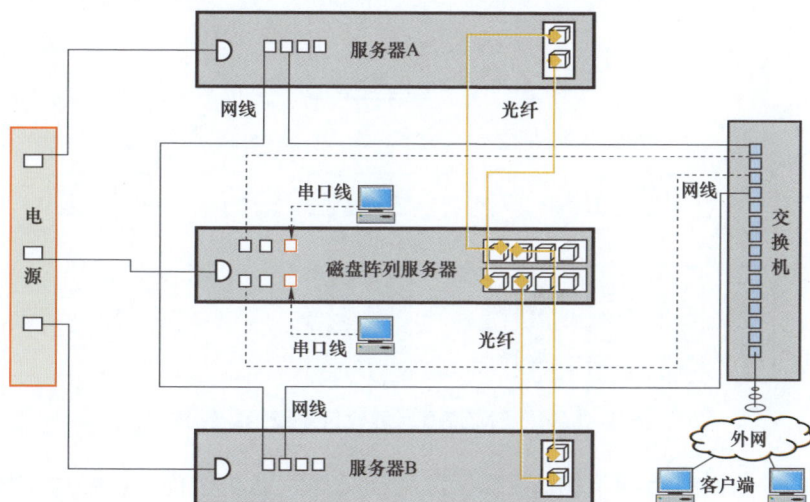

图 4-1-2　SMC2.0 系统部署

（1）资源池系统组织架构。SMC2.0 内部划分为 2 层结构：总部组织、27个省公司组织和新源公司组织，其中总部组织为根组织为一级单位，省公司和新源公司组织为总部组织的子组织为二级单位。

另可根据各省公司实际增加地市级的三级单位子组织，其上级组织为省公司组织，最终构架总部－省－地市的 3 级组织结构部署，如图 4－1－3 所示。

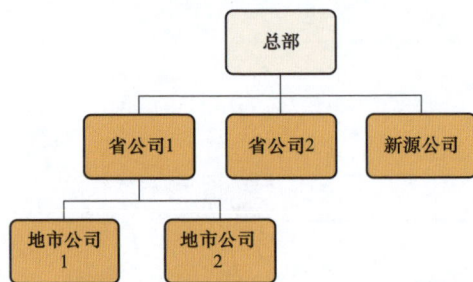

图 4－1－3　SMC2.0 国网资源池系统组织结构

（2）行政系统组织架构。根据江苏省行政组织结构架构，SMC2.0 内部划分为 3 层结构：省公司组织、地市公司组织和直属单位组织、县公司组织，其中省公司公司组织为根组织为一级单位，地市公司和直属单位组织为省公司组织的子组织为二级单位，县公司组织为地市公司组织的子组织为三级单位。如图 4－1－4 所示。

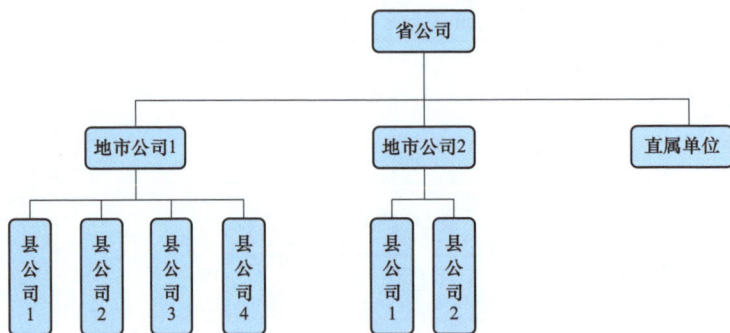

图 4－1－4　SMC2.0 行政会议系统组织结构

（3）应急系统组织架构。根据江苏省应急组织结构架构，SMC2.0 内部划分为 3 层结构：省公司组织、地市公司组织和直属单位组织、县公司组织，其中省公司公司组织为根组织为一级单位，地市公司和直属单位组织为省公司组织的子组织为二级单位，县公司组织为地市公司组织的子组织为三级单位。如图 4－1－5 所示。

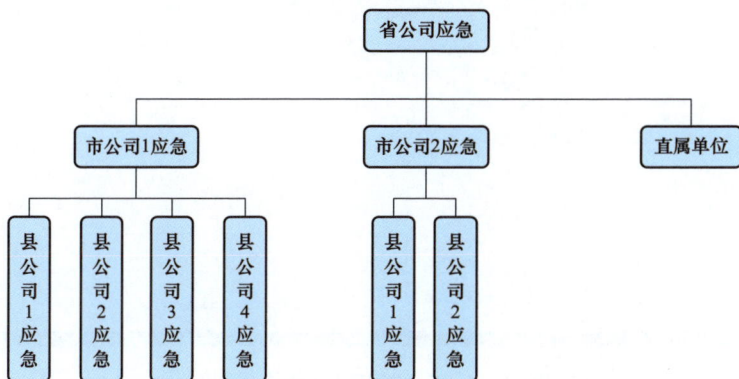

图4-1-5　SMC2.0应急会议系统组织结构

二、功能特点

1. 基本介绍

SMC基本功能介绍如下：

（1）会议管理：按组织关系管理会议模板、调度会议以及对正在进行的会议进行控制。

（2）设备管理：按组织关系进行终端、MCU等设备进行添加、删除和修改操作。

（3）报表统计：提供统计报表与话单。

（4）系统管理：对系统中的各项参数进行配置，也可以对用户和权限进行管理。

（5）帮助：查看版本信息、license信息、帮助信息等。

系统管理员登录 SMC 系统后（第一次使用默认密码登录后，需要修改密码），看到的首页界面，如图4-1-6所示。

2. 会议功能

（1）新建会议。主要用于需要即时召开的会议、周期会议的管理，系统界面会议下拉菜单选择新建会议，如图4-1-7所示。

进入新建会议模块，选择添加会场，选择参加会议的会场，如图 4-1-8 所示。

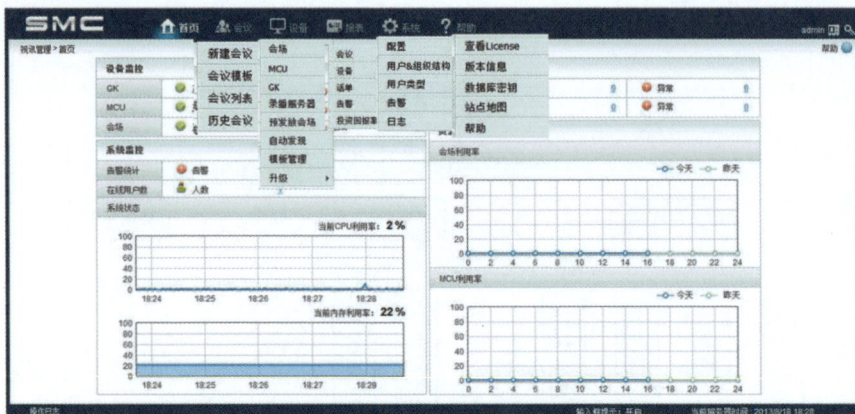

图 4-1-6 SMC2.0 系统界面

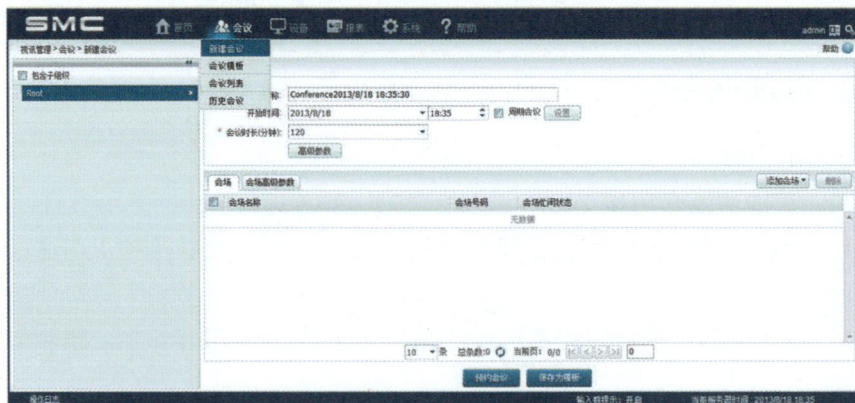

图 4-1-7 SMC2.0 系统新建会议

图 4-1-8 SMC2.0 系统添加会场（一）

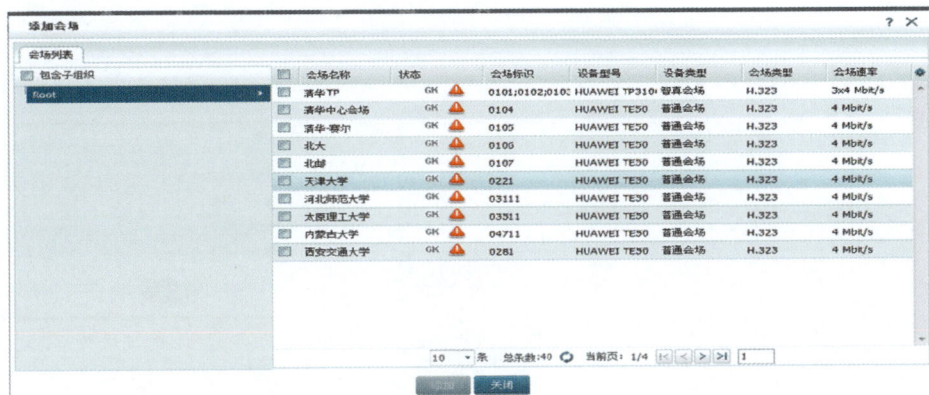

图 4-1-8 SMC2.0 系统添加会场（二）

（2）会议模板。通过会议模板的添加、复制、修改、删除、预约会议等操作可以很方便的完成会议管理，系统界面会议下拉菜单选择会议模板，如图 4-1-9 所示。

图 4-1-9 SMC2.0 系统会议模板

进入会议模板中，添加会议模板选择高级参数，点击自定义，可进行会议效果更改，主要对速率适配、声控切换、加密类型、辅流、组播、会议通知、计费码等参数进行配置，如图 4-1-10 所示。

（3）会议列表。进入会议列表，用于管理待召开的会议和正在召开的会议，图 4-1-11 所示。

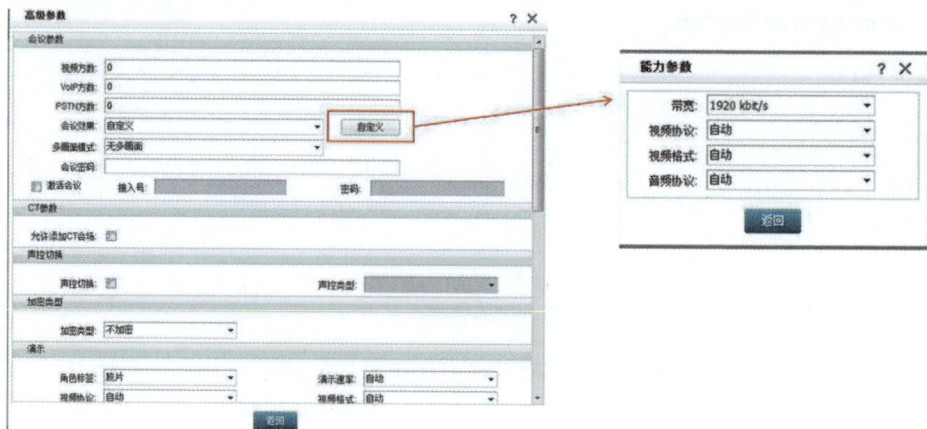

图 4-1-10　SMC2.0 系统自定义

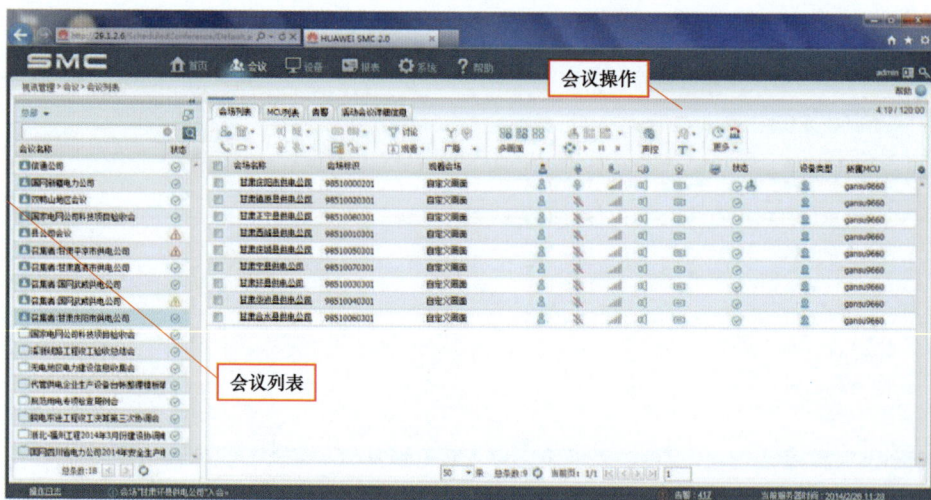

图 4-1-11　SMC2.0 系统会议列表

（4）历史会议。历史会议信息显示历史会议的会议参数、会议结束时刻的会场列表，会议过程中的会场变化，并可查询会议的网络数据。根据历史会议参数可以快速的召开会议、或者保存为会议模板，如图 4-1-12 所示。

（5）会议控制功能。会议控制功能如表 4-1-1 所示。

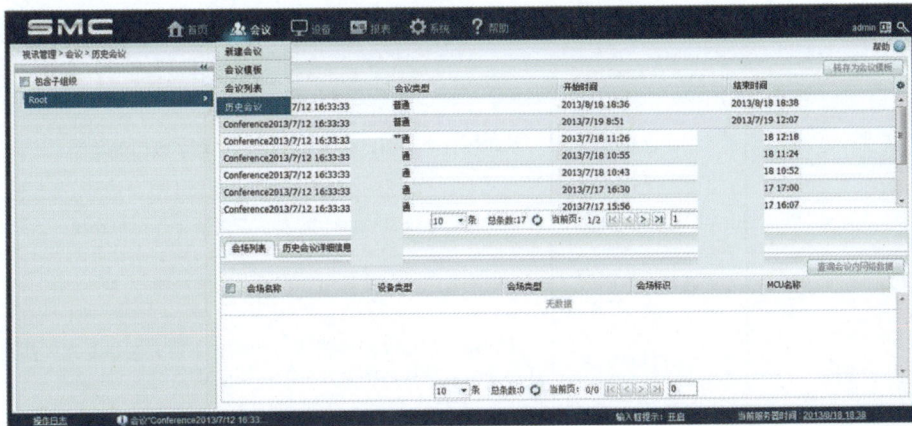

图 4－1－12　SMC2.0 系统历史会议

表 4－1－1　　　　　　　　　SMC2.0 系统会议控制功能

图标	功能	描述
	添加会场	会议召开过程中如要临时添加会场，在弹出的对话框中选择要参加的会场
	删除会场	在会议过程中在选中要删除的会场后点击该图标实现删除会场功能，该功能可以多选
	呼叫挂断会场	对会议中的会场进行呼叫/挂断操作，一键呼叫键实现批量呼叫所有会场
	打开关机扬声器和麦克风	选中会场点击图标实现扬声器或者麦克风开关
	打开/关闭视频	选择会场点击图标，实现该会场视频关闭或者打开
	锁定/解锁会议演示（辅流）令牌	锁定、解锁和剥夺辅流令牌
	开启自由讨论	实现所有会场开音，同时讲话讨论
	横幅、字幕与短消息	该键实现对横幅、字幕的设置
	结束会议	结束会议
	观看会场	选中一个会场实现该会场定制观看其他会场或者多画面，在会场存在广播源的情况下，该功能被禁用
	广播会场/定时广播会场	设置某一会场进行广播或者选中多个会场进行定时广播

101

续表

图标	功能	描述
多画面 ▼	多画面设置	实现设置多画面、多画面轮询、广播多画面等功能
▼	主席会控功能	实现指定主席、剥夺主席权、点名发言会场等功能
▶ ⏸ ⏹	主席轮询控制区	该功能实现主席会场循环观看会场的功能
声控	声控切换	此功能实现语音激励模式，此模式下所有会场麦克风都被打开，哪个会场说话哪个会场图像被广播
▼	查看与诊断	选中某一会场实现对该会场相关信息的查询和诊断
更多 ▼	更多功能键	内部包含设置会场顺序和锁定视频源功能

（6）会议网络诊断。在会议中选中某一会场，点击诊断按键，选择查看会场网络数据，如图 4-1-13 所示。

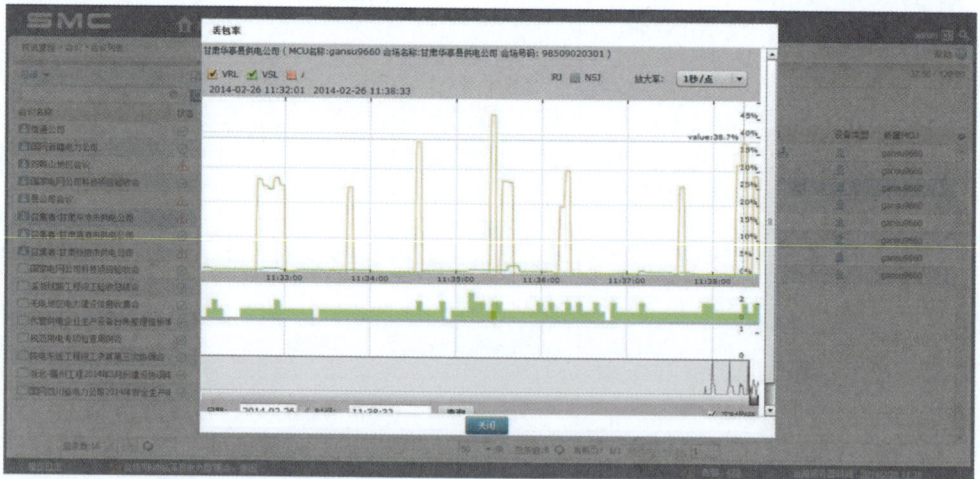

图 4-1-13　SMC2.0 系统会议网络诊断

3. 设备功能

（1）资源管理。自动发现：设备安装时，配置 Trap 地址，会自动向 SMC2.0 发送信息，SMC2.0 收到设备发送上来的信息，即可发现设备，在 SMC2.0 自动发现设备列表里面，可以选择发现的设备，进行添加，如添加 MCU 和终端到系统中，并进行号码等配置。

设备管理：会场资源方面，进行配置查看、配置修改、软件版本查看、软硬件状态、告警管理及版本升级；媒体资源方面，进行配置查看、配置修改、软件版本查看、软硬件状态、告警管理及版本升级；友商设备方面，进行配置查看、配置修改、软件版本查看、软硬件状态、告警管理。

批量配置、升级：在 SMC2.0 上可以定义配置模板，一种是 MCU 类型的模板，另一种是会场的模板，里面可以定义好 GK、DNS、NTP 等参数。将会场或者 MCU 绑定对应的模板上，后续修改模板的 GK 等参数后，绑定这些模板的会场或者 MCU 的 GK 参数会跟着改变，达到批量修改配置的目的。在 SMC2.0 上定义好目标软件版本，并将对应软件版本上传到相应的 FTP 服务器后，可以对老版本的设备进行批量升级。

配置锁定：对于由配置模板配置的参数，默认锁定，用户不能自行修改；其他参数，在 SMC2.0 上可以选择锁定。对于锁定的参数，SMC2.0 会定期下发，终端收到下发参数后，会自动刷新回被锁定的参数。

（2）添加可管理会场。添加会场分为可以管理会场和不可以管理会场，同品牌终端添加为可以管理会场，可以通过 SMC2.0 直接终端进行配置。

添加可以管理会场方法：在设备–会场–添加会场，然后在设备地址栏输入终端 IP 地址，点击下一步，系统通过 SNMP 协议扫描会场，连接到会场后填写会场的基本信息和 H323 参数，完成会场添加，如图 4–1–14 所示。

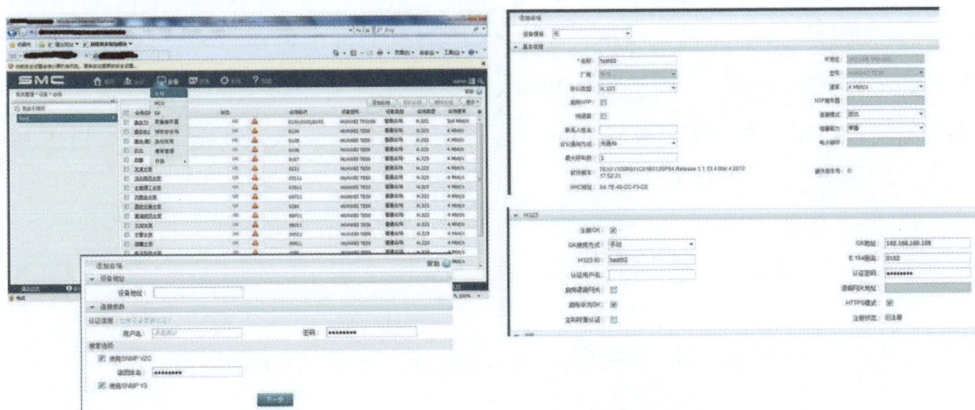

图 4–1–14　SMC2.0 系统添加可管理会场

（3）添加不可管理会场。点击设备－会场－更多－添加不可以管理会场，填写会场的参数，在能力设置中设置会场的能力，在其他参数中设置会议通知方式与组播能力，在标识中添加会场的统一标识，可以是号码、IP 地址、uri，输入多个时用分号隔开。

例如 010123456；192.168.1.10；t123456@smc.com，密码：H.323 类型会场向 GK 注册的密码。然后单击保存。不可以管理会场为非同品牌终端，如图 4－1－15 所示。

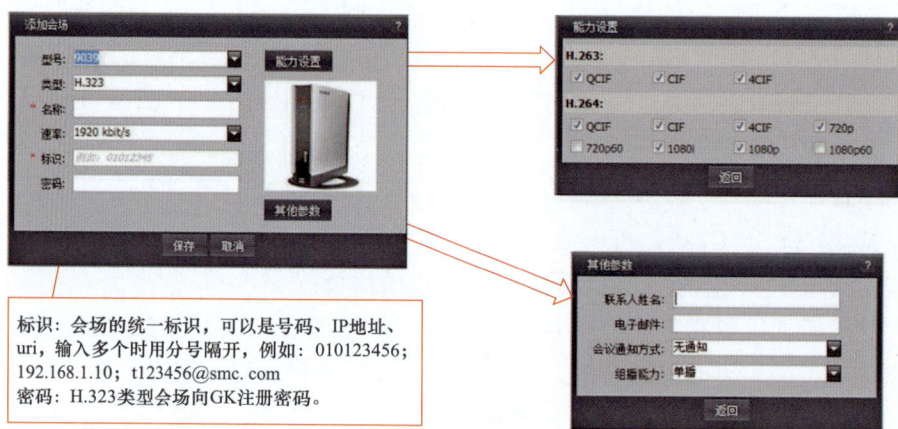

图 4－1－15　SMC2.0 系统添加不可管理会场

（4）添加 MCU。点击我的组织，在我的组织下点击 MCU，点击右上角的添加 MCU，就弹出如图所示的对话框，输入 MCU 主控板地址后点击下一步，系统自动搜索 MCU，填写 MCU 注册所需的参数以后点击保存。（注：前缀与前面的 GK 前缀相同，连接密码要与 MCU 管理配置中设置的密码一致，IP 地址为 GK 的 IP 地址，端口默认 5000）。点击保存以后，MCU 在 SMC 和 GK 中上线，如图 4－1－16 所示。

4．报表功能

统计报表按照以下分为 5 大类，如表 4－1－2 所示。

5．系统管理

根据不同的需求完成系统各项参数的配置，如图 4－1－17 所示。

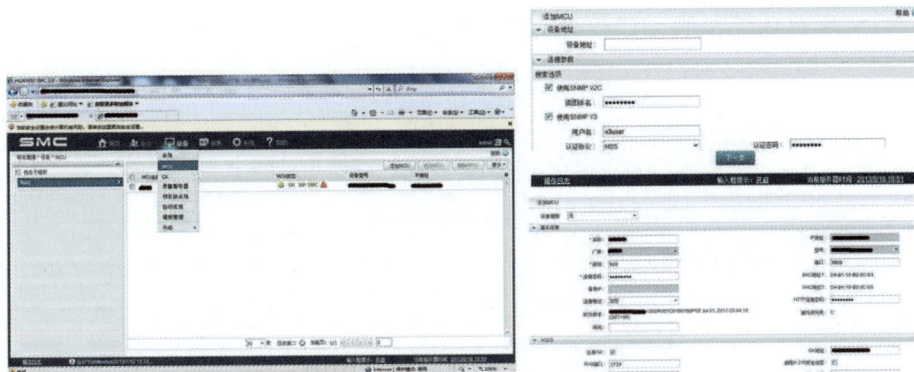

图 4-1-16 SMC2.0 系统添加 MCU

表 4-1-2 SMC2.0 系统报表统计

报表类型	分类	功能说明
会议报表	会议汇总报表	统计指定时间范围内的所有会议数据
	调度来源汇总报表	统计指定时间范围内各种不同调度类型的会议个数
	计费码汇总报表	统计指定时间范围内各种不同计费码的会议个数
	组织结构汇总报表	统计指定时间范围内各种不同组织的会议个数
	会议会场报表	统计指定时间范围内各会议中的会场信息
会场报表	会场汇总报表	统计指定时间范围内的所有会场参加会议的数据
	会场利用率报表	统计指定时间范围内每天的会场利用率数据
MCU 利用率	9000 系列 MCU 统计	统计指定时间范围内的所有 9000 系列 MCU 的使用数据
	8000 系列 MCU 统计	统计指定时间范围内的所有 8000 系列 MCU 的使用数据
多点话单	多点话单	统计多点会议的详细话单
点对点话单	点对点话单	统计点对点会议的详细话单

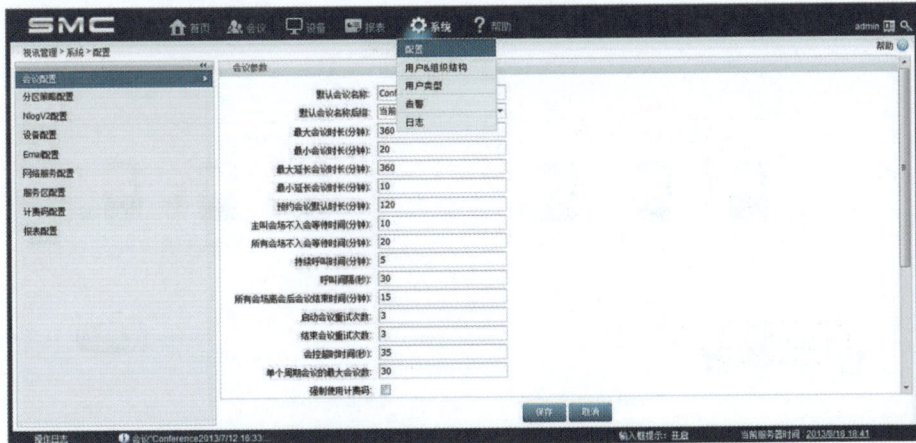

图 4-1-17 SMC2.0 系统配置

系统配置功能说明，如表 4-1-3 所示。

表 4-1-3 　　　　　　　　　　SMC2.0 系统报表统计

配置类型	功能说明
会议配置	配置默认的会议参数与接入号
分区策略配置	配置速率范围与子会议区间
NlogV2 配置	配置 NlogV2 的参数
MCU 配置	配置连接 MCU 的部分参数
Email 配置	配置 Email 服务器与连接参数
网络配置	配置目录服务器参数
GKM 配置	配置 GKM 连接端口与 IP 地址
服务区配置	配置服务区与服务区字冠
计费码配置	配置计费码

三、应用成效

1. MCU 资源池分区调度

应用 SMC2.0 后，实现 MCU 分区域管理，不同区域间互通，MCU 自动级联；包含三屏智真会场时，自动使用多通道级联；匿名会场呼入，就近分配资源，节省带宽；根据 MCU 资源使用情况，自动调度到最佳 MCU 上，如图 4-1-18 所示。

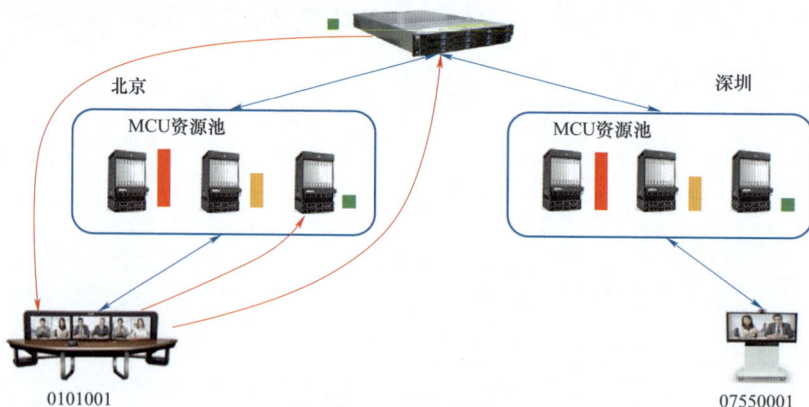

图 4-1-18　SMC2.0 系统 MCU 分区调度

2. license 集中管控

SMC2.0 系统可集中管控会议系统，可以管理注册 license 和会议端口资源。该系统的总部部署在一个中央位置，控制整个会议系统的注册 license 和会议端口资源。CloudMCU 和独立 SC 可以根据需要部署在不同的数据中心或者分支机房。终端设备可以向最近的 SC 注册，本地 SC 并不导入任何 license，而是向 SMC2.0 申请占用 license。当地的终端设备进行多点会议接入时，会优先使用本地 CloudMCU 的端口资源。注册 license 和 CloudMCU 的端口 License 可以在不同的 CloudMCU 之间漫游使用。

3. IP 备份

SMC2.0 支持设置 IP 会场的备份 IP 会场功能，即将一个终端设置成另一个终端的备份设备。当主用链路发生异常时，SMC2.0 会自动将主用链路终端倒换到备用链路终端上，只用备用终端链路继续开会。可以在重要会议室部署两台终端，并使其走不同的 IP 链路，保证会议正常召开。

4. 负载均衡，自动级联

应用 SMC2.0 后，优选 MCU 资源池内资源最充裕的 MCU 进行会场接入，区域内单台 MCU 资源不足优选区域内资源最充裕的两台 MCU 进行级联。

实现分区域管理，不同区域的 MCU 可以互相通信并自动级联。当匿名会场呼入时，系统会根据就近原则分配资源，从而节省带宽。同时，根据 MCU 资源使用情况，系统还可以自动调度会议到最佳的 MCU 上进行处理。当系统中包含三屏智真会场时，系统会自动使用多通道级联技术，提供更高效的会议体验。

第二节　智能操控系统 CMS

一、系统简介

1. 体系结构

视频会议系统集中智能操控系统 CMS 主要针对视频会议系统的 SMC、MCU、会议终端、电视墙服务器、高清矩阵、数字调音台、录像机等核心设备进行集成操控，并统一控制调用。系统通过读取设备上所预定义的会场列表、会场状态、会议信息等数据进行汇总、分析。为防止设备状态信息实时变化、更改，系统将在最短的时间内重复读取、分析数据，并将实时准确的数据展现给用户界面，相关连接架构图如图 4-2-1、图 4-2-2 所示。

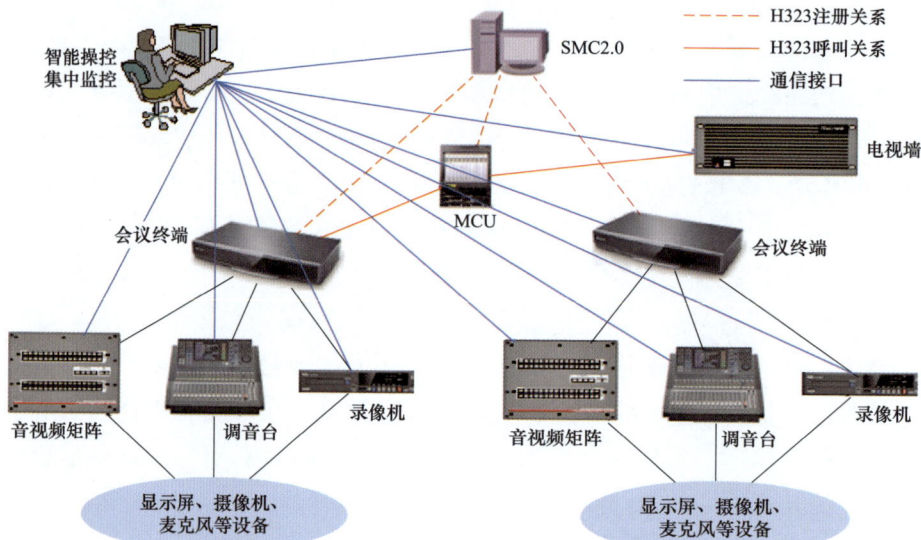

图 4-2-1 CMS 控制系统逻辑连接图

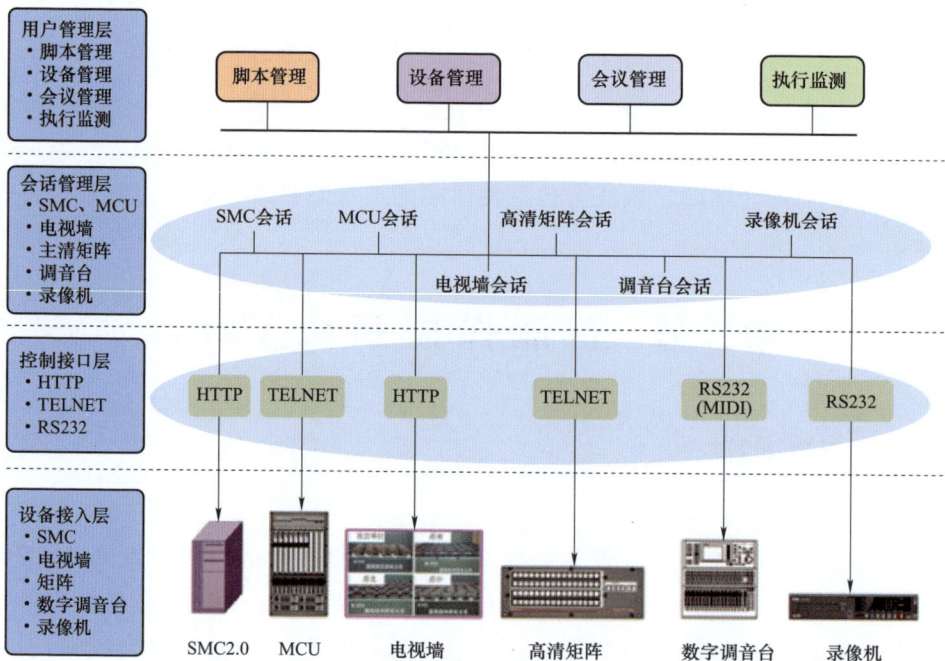

图 4-2-2 CMS 控制系统智能控制软件架构图

2. 框架结构

视频会议系统集中智能操控系统 CMS 整体框架分为分析查询、智能控制和数据处理。通过数据采集模块将不同类型、不同接口设备数据反馈到对应设备控制模块，并以分析查询模块的人机交互界面形式展示给用户，用户依据会议保障要求编辑会议脚本，控制指令通过电力专网传送给相应的设备，相应的框架及系统界面如图 4-2-3、图 4-2-4 所示。

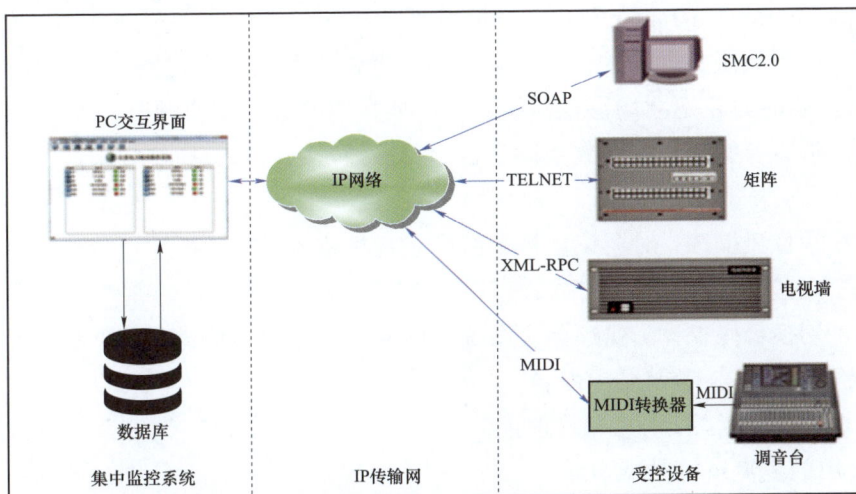

图 4-2-3 CMS 控制系统智能控制软件架构图

图 4-2-4 CMS 系统

二、功能特点

1. 基本介绍

CMS 基本功能介绍如下：

1）SMC 会议管理：创建、查看、管理会议，实现对会议召开实时操控。

2）音视频矩阵管理：对会议电视系统中音视频矩阵进行管理、操控，目前已实现对 Extron、Kramer 等厂商矩阵管理。

3）电视墙服务器操控：对电视墙服务器进行图像轮询切换，可与 SMC 进行配合，实时对轮巡会场图像监视，对将要播放的会场图像预监。

4）调音台操控：实现数字调音台远程操控，减轻人员操作复杂度，提升运行可靠性。

5）录像机操控：对会议电视系统中录像机进行管理、操控，实时录制和存储会议的视频和音频数据。

6）切换台操控：在视频会议系统中切换不同的通信信道，以便在会议过程中切换不同的参与者或显示内容。

7）麦克风操控：调控和管理视频会议系统中使用的麦克风设备，包括静音、选择使用的麦克风等功能。

8）脚本模块操控：提前设定会议的流程和设置，在会议开始时按照预设脚本自动进行相应配置，以便简化会议组织和减少人工操作。

2. 功能模块

（1）SMC 会议管理。界面变得简洁、直观，具备网管 SMC 会议操作所有功能。常用功能组合，实现一键操控，可实现反看本地画面，对取消广播、切换图像、点名发言等多步骤操作组合为一键控制，如图 4-2-5 所示。

（2）音视频矩阵管理。矩阵布局界面统一，通过状态预置，实现矩阵同时保障多场会议，避免不同品牌矩阵控制软件开启，在系统的当前组合可更换提前预置的矩阵模板，预设可设置会议保障的不同状态，通过提前预置的各类模板可避免操作延时和失误，提升操作准确性。如图 4-2-6 所示。

（3）电视墙服务器操控。集中管理和操控多台电视墙服务器，可与 MCU 有效配合，实现与会场轮巡顺序同步，能够对会场图像信号提前监视，可及时发现问题，或者通过会议管理模块及时切除故障信号。如图 4-2-7 所示。

（4）调音台操控。具备调音台所有功能，可以远程控制、保存、调用配置信息。通过状态预置，实现调音台同时保障多场会议。通过软件集中操作，可实现多调音台机柜安装。通过保存、调用调音台配置信息，可预置固定模式，开会直接调用，如图 4-2-8、图 4-2-9 所示。

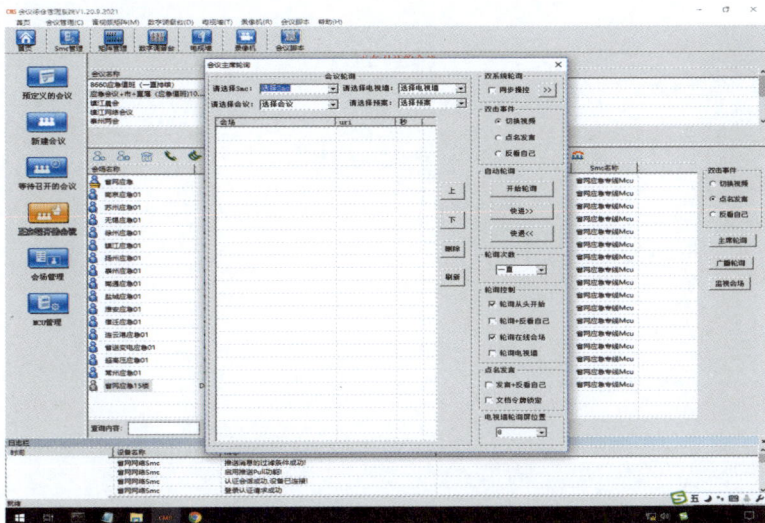

图 4-2-5　CMS 系统会议管理

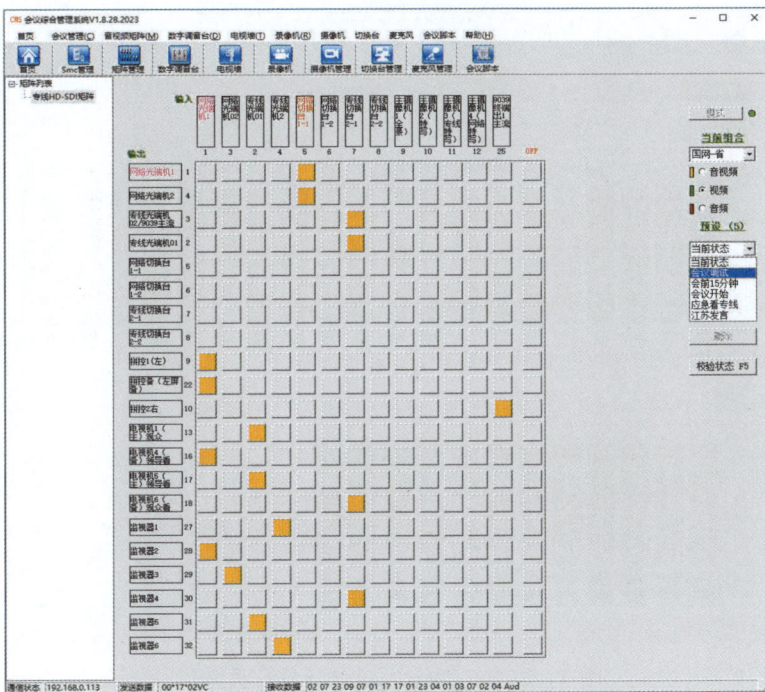

图 4-2-6　CMS 系统矩阵管理

111

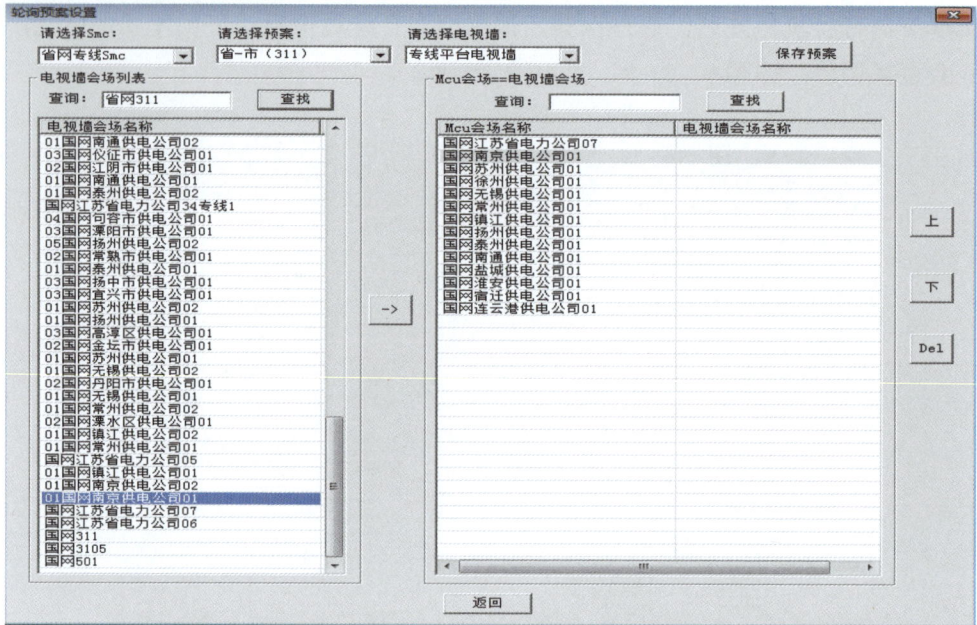

图 4-2-7 CMS 系统电视墙轮询

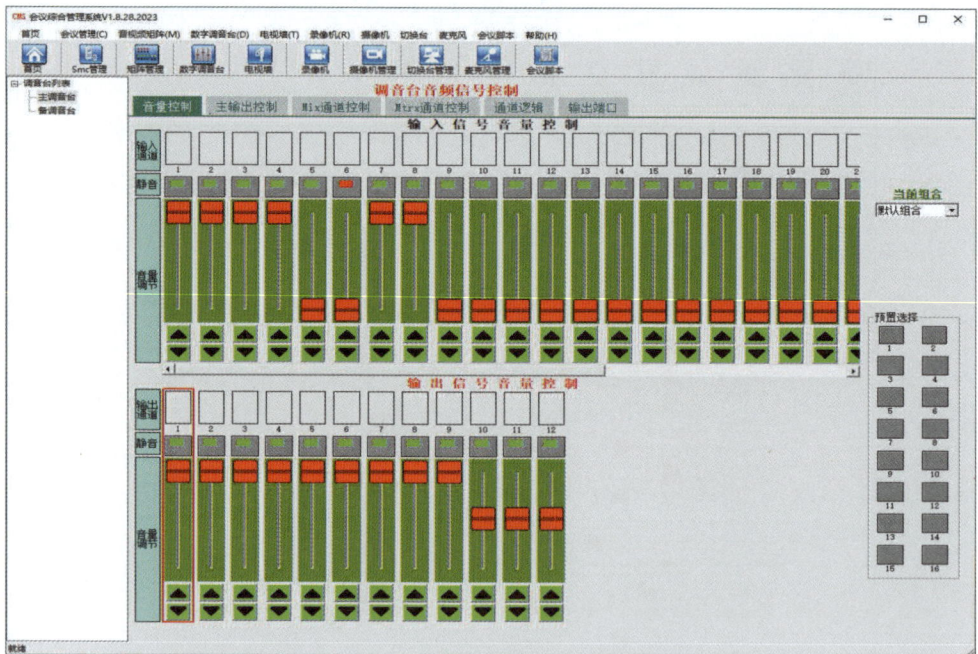

图 4-2-8 CMS 系统调音台音量控制

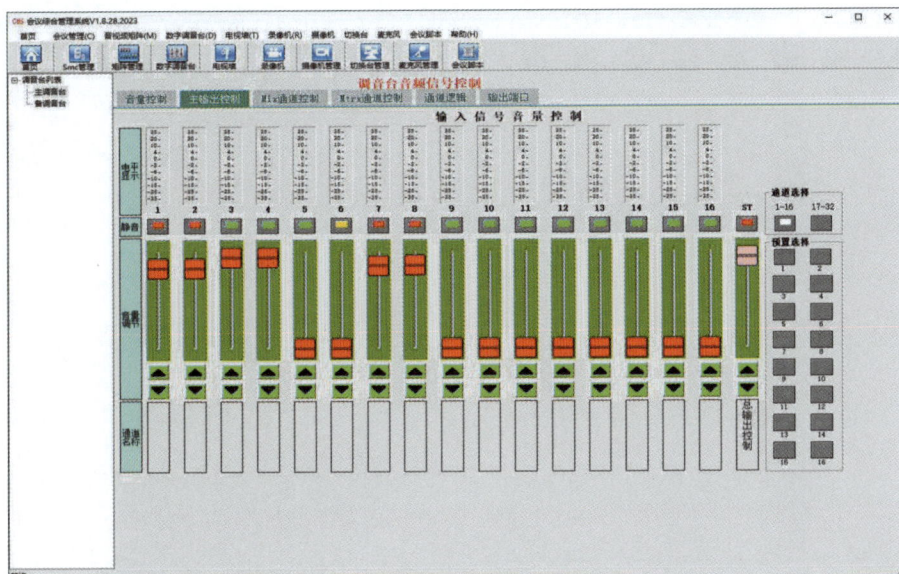

图 4-2-9 CMS 系统调音台主输出控制

（5）录像机操控。集中管理和操控多台录像机。操作界面统一，实现多设备集中操作，实时录制会议视频和音频，可以选择播放和控制已保存录像文件的播放进度，方便管理和按需回放。如图 4-2-10、图 4-2-11 所示。

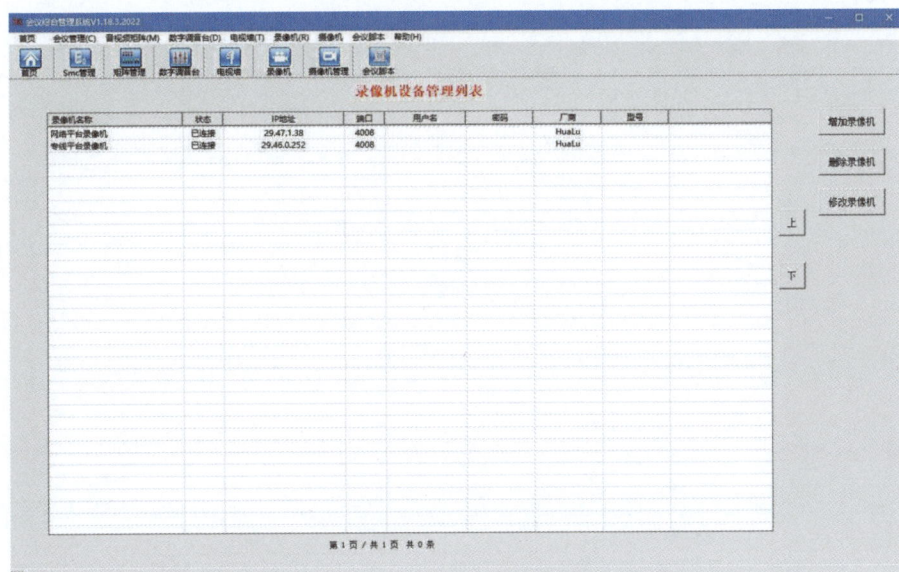

图 4-2-10 CMS 系统录像机首页

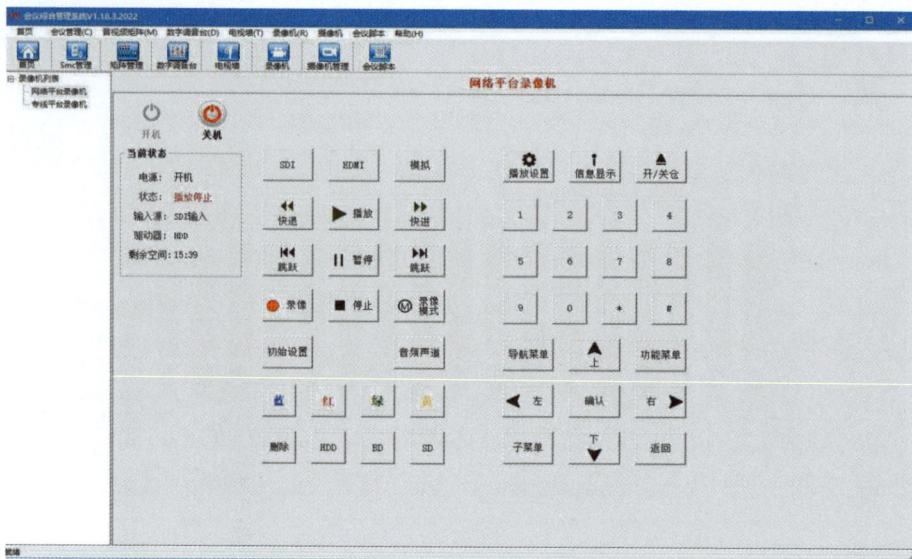

图 4-2-11 CMS 系统录像机操控

（6）切换台操控。切换不同的通信信道，实现显示内容的快速切换，实现参与者或显示内容的快速切换。会议保障人员可以灵活控制会议的流程，让会议参与者能够便捷地进行交流和展示相关内容。如图 4-2-12、图 4-2-13 所示。

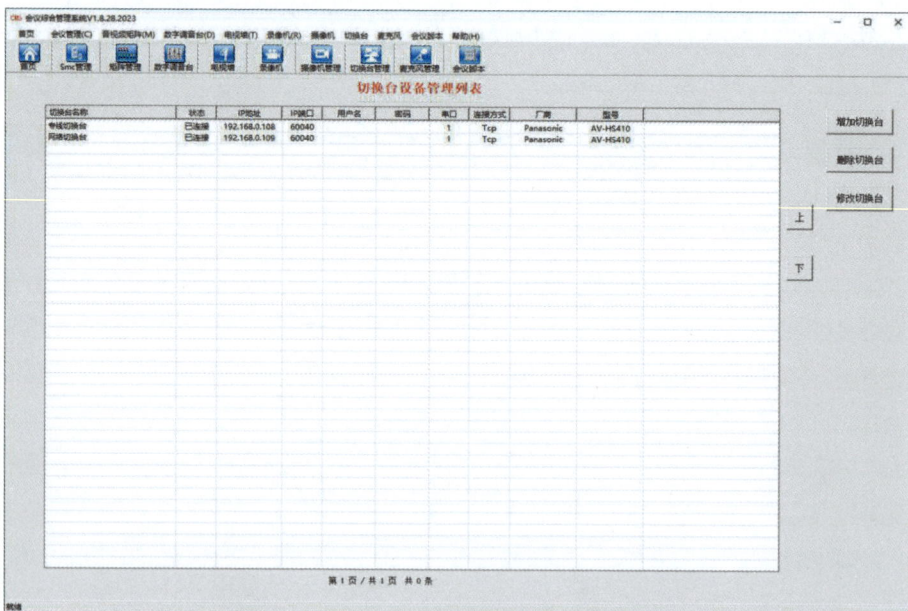

图 4-2-12 CMS 系统切换台管理列表

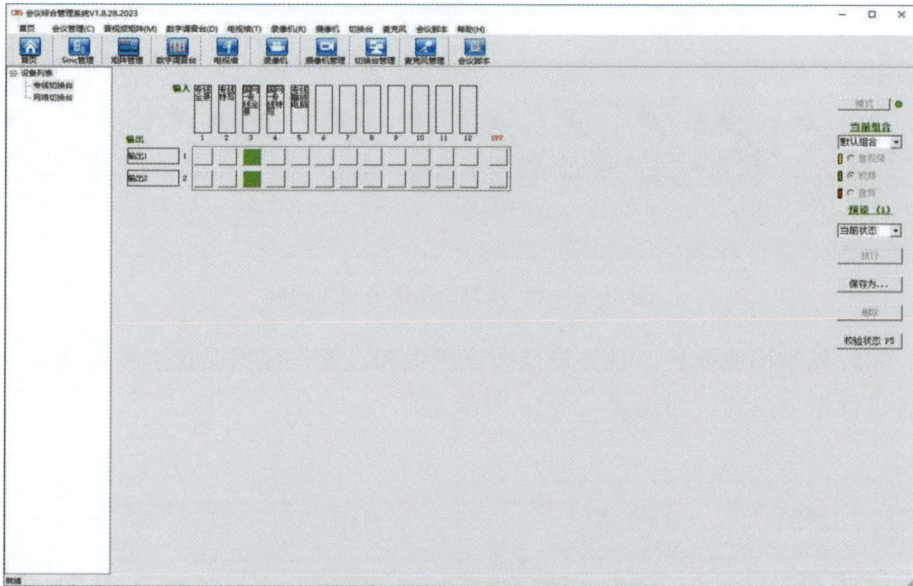

图 4－2－13　CMS 系统切换台操作界面

（7）麦克风操控。集中管理和操控多台麦克风主机。可以静音、调节音量和标记正在使用的麦克风。如图 4－2－14、图 4－2－15 所示。

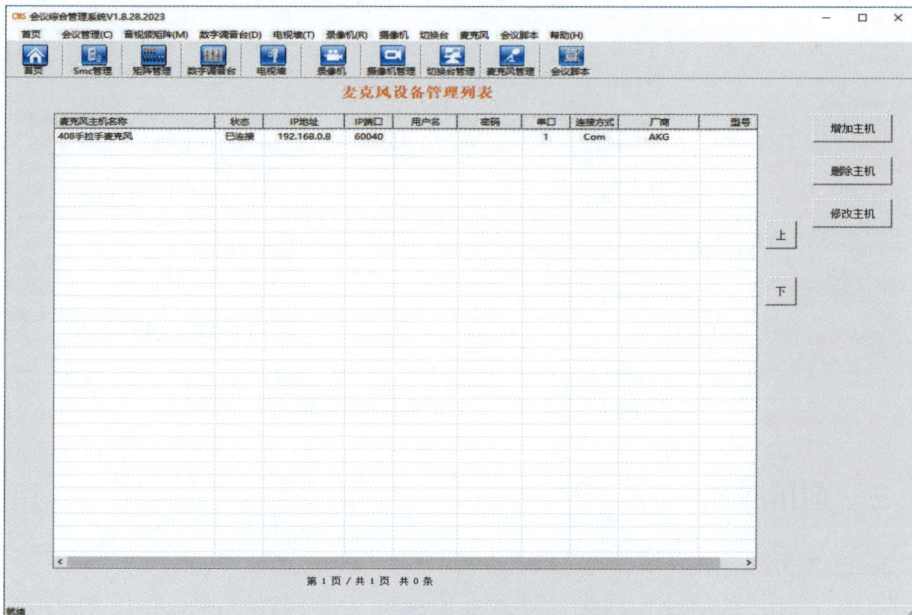

图 4－2－14　CMS 系统麦克风管理列表

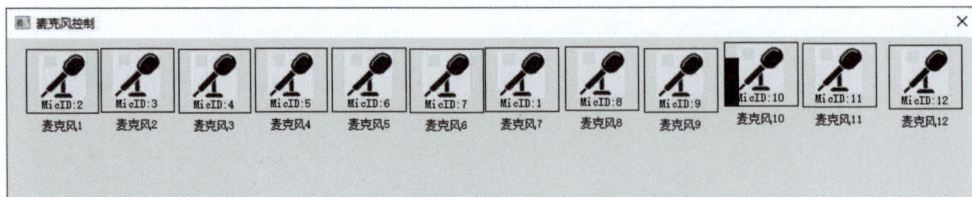

图 4-2-15 CMS 系统麦克风控制

（8）脚本模块操控。预先设定会议流程和设置，根据会议进程自动对相关设备进行指令控制。如图 4-2-16 所示。

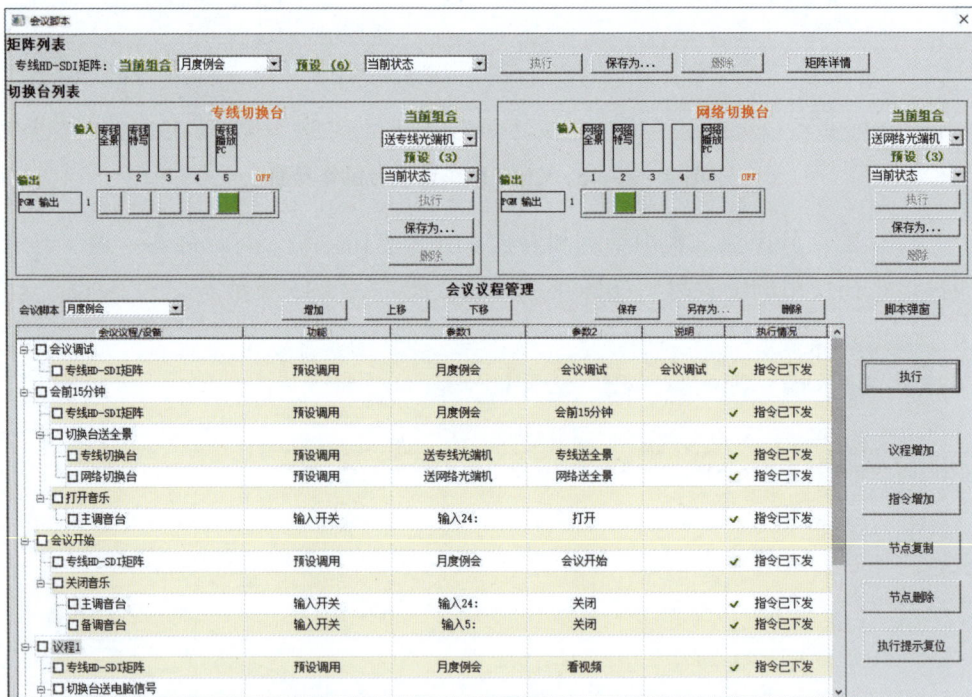

图 4-2-16 CMS 系统脚本模块

三、应用成效

1. 改善操作使用

应用 CMS 系统后，SMC、电视墙服务器、调音台、切换台及麦克风等多种类型设备均可实现在系统中集中管理和操作，同时可以预置不同会议模板，方便运维人员操作。原先需要机房操作及多台会控电脑操作，现只需一台电脑开展远程软件操作，精简了运维人员数量，一名运维人员即可替代原先多名人员需要的工作量。

2. 应用场景丰富

通过视频会议系统集中智能操控工具，目前已顺利完成了国网江苏省电力有限公司营销负控反事故演练、信通反事故演练、国网反事故演习等重大活动视频会议及千余场日常视频会议保障任务，有效提高了视频会议质量和办公效率，解决了设备协同性差、会控复杂、易于出错、生产经营成本高等问题，实现会议保障智能化，降低风险隐患，增加电网运行的可靠性与稳定性，提高了客户的满意度，提升了企业形象，更好的服务于电力生产和建设。

3. 提升性能指标

视频会议召开关系到全省乃至全国电力系统工作效率，本成果研究实施之前，全国尚无关于集中操控系统在视频会议的应用前例，在与国网信通公司调研交流中，该技术也得到国网信通公司高度认可。该技术适应面较广，较为先进、成熟，并能够结合各公司召开视频会议的实际情况要求，提高会议质量和办公效率、实现会议保障的智能化。在技术应用方面具备以下优势：

（1）风险前移。提前编辑会议保障脚本，固化保障方案，通过集中操控软件对脚本进行组合加载，实现在脚本编辑阶段规避可能存在的失误和风险，有效提升视频会议保障的稳定性和安全性。

（2）效率提高。由多人操控转变为 1 人操控；由智能自动控制代替人工操作，如果一场会议为 90 分钟，会议将由原先 90 分钟全程多人操控变为 10 分钟一人操控＋80 分钟智能自动控制，大大提高会议质量及工作效率。

第三节　无纸化会议系统

一、系统简介

国网江苏公司无纸化会议系统于 2020 年上半年建设并投入使用，目前在省公司新老大楼各部署一套服务器，分别为两个区域提供独立服务。截至 2023 年 5 月 24 日，新老大楼共 10 个楼层完成了无纸化专用网络环境部署，无纸化平板终端 205 台，专用升降显示设备 48 台。

无纸化会议系统硬件终端分布如表 4-3-1 所示。

表 4-3-1　　　　　　　　　无纸化会议设备名称与位置

序号	区域	所在位置	类别	数量
1	新大楼	3、4、5、6、7、27	会议平板	150
2	老大楼	6、8、9、12	会议平板	55
3	新大楼	504	升降屏	26
4	新大楼	508	升降屏	22
5	新大楼	25 楼信息机房	核心服务器	2
6	新大楼	25 楼信息机房	核心交换机	2
7	新大楼	25 楼信息机房	核心 AC	2
8	新大楼	3、5、27	楼层交换机	4
9	新大楼	3、4、5、6、7、27	楼层 AP	6
10	老大楼	6 楼弱电井	核心服务器	2
11	老大楼	6 楼弱电井	核心交换机	1
12	老大楼	6 楼弱电井	核心 AC	2
13	老大楼	6、8、9、12	楼层 AP	4

重要无纸化会议类型如表 4-3-2 所示。

表 4-3-2　　　　　　　　　重要无纸化会议类型

序号	区域	部门/单位	会议名称	频次	级别	备注
1	新大楼	办公室	党委会	每周	一类	
2	新大楼	办公室	中心组学习会	每周	一类	与党委会先后召开
3	新大楼	办公室	务虚会	每年	一类	
4	新大楼	办公室	董事会	按需	一类	
5	新大楼	经法部	规委会	每月		
6	新大楼	物资部	定标会	不定期		
7	新大楼	安监部	安委会	每月		
8	新大楼	人资部	业绩考评会	每季	一类	马总参加
9	新大楼	企协	战略评审会	按需		
10	老大楼	信通	周例会	每周一		
11	老大楼	信通	月度例会	每月		
12	老大楼	信通	安委会	每月		
13	老大楼	信通	周例会	每周一		

无纸化会议系统新老大楼连接图，如图 4-3-1 所示。

省公司新大楼无纸化会议系统连线图

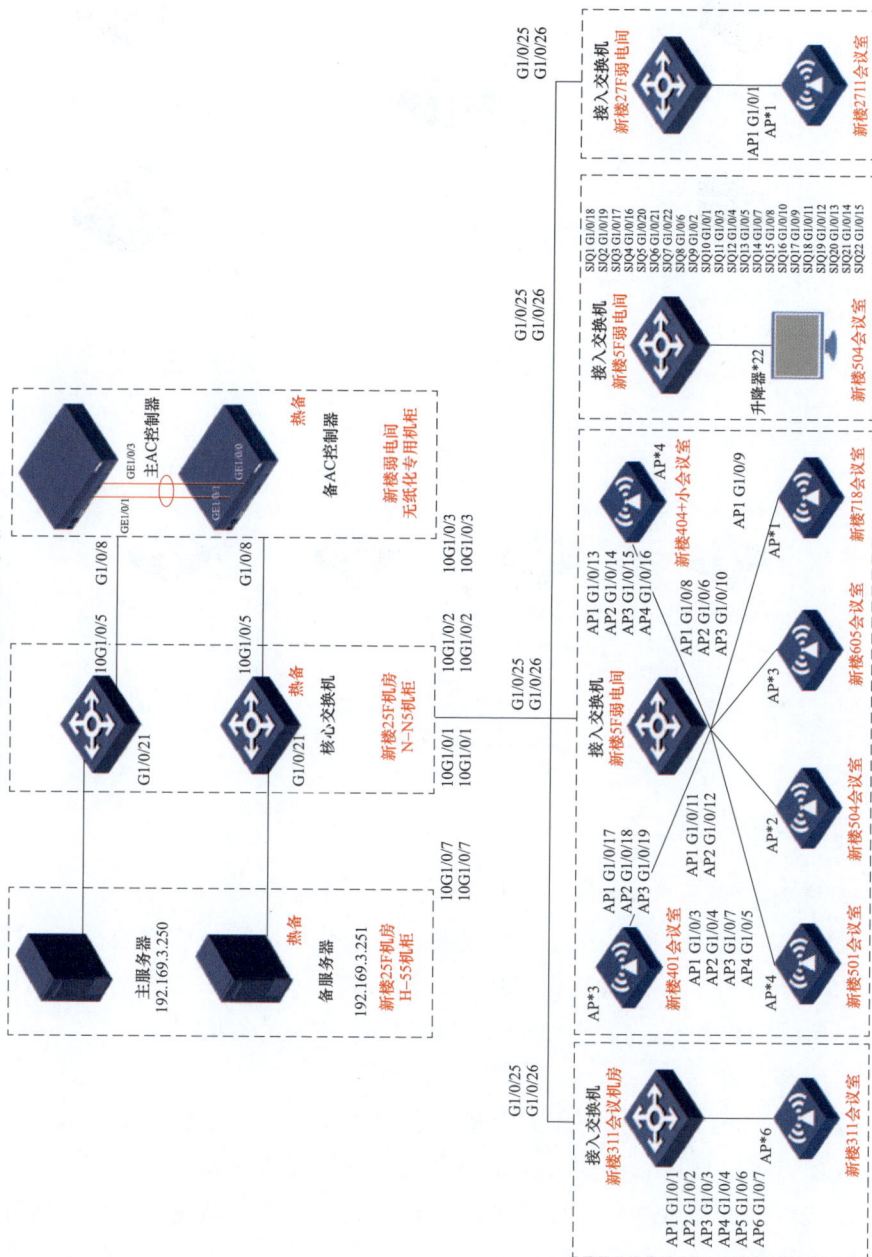

接入交换机
新楼27F弱电间

G1/0/25
G1/0/26

AP1 G1/0/1
AP*1

新楼2711会议室

主AC控制器
GEI/0/3
GEI/0/1

热备

备AC控制器
GEI/0/0

新楼弱电间
无纸化专用机柜

接入交换机
新楼5F弱电间

SIQ1 G1/0/18
SIQ2 G1/0/19
SIQ3 G1/0/17
SIQ4 G1/0/16
SIQ5 G1/0/20
SIQ6 G1/0/21
SIQ7 G1/0/22
SIQ8 G1/0/06
SIQ9 G1/0/02
SIQ10 G1/0/01
SIQ11 G1/0/03
SIQ12 G1/0/04
SIQ13 G1/0/05
SIQ14 G1/0/07
SIQ15 G1/0/08
SIQ16 G1/0/10
SIQ17 G1/0/09
SIQ18 G1/0/11
SIQ19 G1/0/12
SIQ20 G1/0/13
SIQ21 G1/0/14
SIQ22 G1/0/15

G1/0/25
G1/0/26

升降器*22

新楼504会议室

G1/0/8

G1/0/8

10G1/0/3
10G1/0/3

10G1/0/5

10G1/0/5

热备

核心交换机

新楼25F机房
N-N5机柜

10G1/0/2
10G1/0/2

10G1/0/1
10G1/0/1

G1/0/25
G1/0/26

G1/0/21

G1/0/21

AP*4

AP1 G1/0/13
AP2 G1/0/14
AP3 G1/0/15
AP4 G1/0/16

新楼404+小会议室

AP1 G1/0/9

新楼718会议室

AP1 G1/0/8
AP2 G1/0/6
AP3 G1/0/10

AP*1

接入交换机
新楼5F弱电间

G1/0/25
G1/0/26

AP*3

新楼605会议室

10G1/0/7
10G1/0/7

主服务器
192.169.3.250

热备

备服务器
192.169.3.251

新楼25F机房
H-55机柜

AP1 G1/0/17
AP2 G1/0/18
AP3 G1/0/19

新楼401会议室

AP1 G1/0/11
AP2 G1/0/12

新楼504会议室

AP*2

AP1 G1/0/3
AP2 G1/0/4
AP3 G1/0/7
AP4 G1/0/5

新楼501会议室

AP*3

AP*4

G1/0/25
G1/0/26

接入交换机
新楼311会议机房

新楼311会议室

AP*6

AP1 G1/0/1
AP2 G1/0/2
AP3 G1/0/3
AP4 G1/0/4
AP5 G1/0/6
AP6 G1/0/7

图 4-3-1 无纸化会议系统新大楼连接图 (一)

无纸化会议系统省公司老大楼连线图

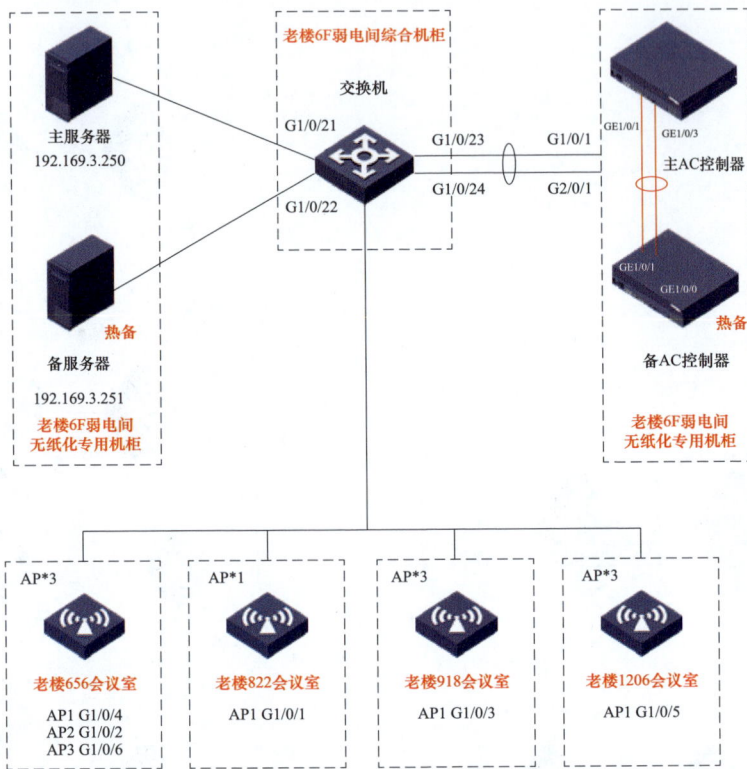

图4-3-1 无纸化会议系统老大楼连接图（二）

二、运维规范

1. 设备巡检

无纸化主备服务器、核心 AC 设备、无纸化核心交换机安装在新大楼信息机房 25 楼，硬件状态巡检由信息中心机房管理人员开展，软件巡检由信通调控中心终端组远程登录，每周一次检查服务器和网络设备状态。

2. 设备维护

每周五下午（若当天下午有会则待会议结束）对无纸化服务器及相连网络设备进行重启，重启后于当天在党委会会场测试无纸化终端材料缓存和广播功能，完成以上步骤后对所有终端进行充电，同时检查终端是否能正常使用，若升降屏故障需于当天联系厂商处理。

3. 会场改造及系统版本升级

若所在会议室完成改造（且涉及无纸化会议系统设备），改造完成后需进行多轮次会场模拟测试，检查无纸化升降屏、终端是否能在该会议室正常使用。若系统版本需进行升级，需提前向省公司办公室总值班处进行汇报，于党委会会前一周完成升级，并开展多轮模拟测试，若系统出现异常情况，则采取回退手段。

三、保障标准流程

1. 会前准备

（1）新大楼会议需求由省公司办公室统一归口后通知信通公司，信通调控中心终端组无纸化保障负责人承接需求；老大楼信通公司会议由信通办公室归口并通知终端组无纸化保障负责人。

（2）终端组收到需求后立即与会议需求部门对接，由需求部门提前 6 小时邮件告知会议时间、会议人员、会议标题、对接人员，和会议材料（敏感材料需压缩加密，密码通过电话告知）。

（3）收到会议需求后保障负责人及时通过工作群常态化发布无纸化会议信息，相关责任人熟知本场无纸化会议保障方案，并做好落实安排。

（4）一类会议需无纸化保障负责人到达现场，其余会议保障人员需在 3 人及以上，其中一人负责后台管理，一人负责材料审核，其余人员负责硬件配置和材料缓存。其他级别会议根据参会人数安排两人及以上，至少有一人负责后台管理，一人负责材料审核。

（5）会议保障人员需于会前 2 小时完成材料的接收，会前 90 分钟到达会议室现场。

（6）使用专用笔记本电脑转换文件格式、后台建会、完成材料上传。

（7）下载会议材料后，第一时间确认会议材料数量和议程是否对应，由后台管理专员转换会议材料至 PDF，材料审核专员核查转换后的材料数量和内容，会前 90 分钟完成。

（8）保障人员使用"台式机＋高性能路由器"准备一套备用无纸化服务设备，无纸化 WiFi 名称需与主用设备保持一致。

（9）会前 60 分钟联系用户前往会场检查材料缓存情况，并告知用户设备操作方法。

（10）按照席卡人员名单，登录对应人员账号并检查文件是否正常浏览，检查广播功能是否正常，以上工作需于会议开始前 60 分钟完成。

（11）会前 40 分钟，检查完毕后清洁屏幕并将界面切回参会人员席卡页面。

（12）原则上会议材料在会前 60 分钟内不再接受会议材料内容更新。若会议存在特殊情况，会议材料提供较晚，则使用测试文件检查终端文件缓存和广播功能。

（13）填写会议保障清单（附件 1），相关责任人签字。

2. 会中保障

（1）会议开始后，准备 10 台备机放置于控制室内，保障人员于控制室内等待，及时响应联络人员需求。

（2）若会中需进行翻台操作，需在有限时间内完成终端账号切换（可通过后台进行操作）。

3. 会后

（1）会议结束，待参会人员退场后，销毁会议电子材料，回收会议终端并充电，若为升降屏，需对升降屏关机后方可降下屏幕。见表 4-3-3。

表 4-3-3　　　国网江苏省电力无纸化会议终端保障工作清单

会议信息	会议时间	××××年××月××日：××至××：××（具体时间）			
	会议地点	省公司本部×××会议室			
	会议级别	一类（省公司主要领导）；二类（副职领导）；三类（副总师等）。其他（部门领导等）			
	主办部门		联系人	姓名+手机号码	
	会议标题				
	参会人员				
	材料数量				
	终端数量	主用××台，备用××台			
保障操作责任人			保障监管责任人		

序号	步骤		工作内容	完成
1	会前准备	提前一天	与主办部门确认好会议信息	
2			核查无纸化核心设备充电完好	
3			检查确认无纸化升降屏/终端能在本场会议室可以正常使用	
4			通过工作群常态化发布无纸化会议信息，相关责任人熟知本场无纸化会议保障方案，并做好落实安排	
5		会前120分钟	完成会议材料邮件接收（敏感材料需压缩加密，密码通过电话告知）	

序号	步骤		工作内容	完成
6		会前 90 分钟	到达会议室，内网邮箱下载会议材料	
7			确认会议材料数量____件，转换会议材料至 PDF，转换一份检查一份，检查会议材料总数为____件	
8			使用专用笔记本电脑后台建会和材料缓存	
9	会前准备	会前 60 分钟	按照席卡人员名单，登录对应人员账号并检查文件是否正常浏览	
10			检查广播功能是否正常	
11			联系主办部门联系人前往会场检查确认材料缓存情况无误，并告知用户设备操作方法	
12			使用"台式机+高性能路由器"准备一套备用无纸化服务设备，无纸化 WiFi 名称需与主用设备保持一致	
13		会前 40 分钟	检查完毕后，清洁屏幕，并将终端设备界面切回参会人员席卡页面	
14			准备 10 台备机放置于控制室内	
15	会中保障		保障人员于控制室内等待，及时响应联络人员需求	
16			若需进行翻台操作，通过后台操作完成账号切换并检查	
17	会议结束		待参会人员退场后，销毁会议电子材料，回收会议终端并充电	
18			若为升降屏，需对升降屏关机后方可降下屏幕	
19	应急举措		会议终端平板电量告警或升降屏设备死机：更换备机，升降屏会后进行处理	
20			会前调试时缓存功能或广播功能异常：重启服务器，若重启后仍异常，启用备用服务器加路由器，关闭现场 AP，若备用仍无法使用，使用 U 盘拷贝材料（需与业务部门沟通协商）	
21			会议期间系统服务器或网络设备发生故障：会议系统自动唤醒离线阅读功能，广播功能不可用，问题待会后处理	
保障总结			圆满完成/突发情况+处置…… 责任人签字：（操作+监护）	
工作结束时间			××××年××月××日：××（具体时间）	

第四节　移动式应急装备系统

一、系统简介

针对传统视频会议设备运输困难、外场会议现场环境复杂繁琐等情况，设计出便携、安稳可靠的移动式高清视频会议系统新型应急装备。

高清视频会议系统应急装备设备选型，主要包括视频会议终端、音视频矩阵、音视频光端机、调音台等相关设备，实现音视频信号无缝切换、合成显示、实时监视及记录等功能。

实现多设备兼容，支持多种视频格式转换，在确保视频会议功能需求的基础上，应急装备集成度高，体积小，携带方便。

实现应急装备专线、网络双平台接入，每次使用无需重新接线，避免经常性拔插带来的安全风险。

移动式应急装备系统硬件如图4-4-1所示。

图4-4-1　移动式应急装备系统

二、功能特点

1. 系统结构

移动式应急装备系统的软硬件设备如图4-4-2、图4-4-3所示。

前面板

TLM-170VM：从最上层的 1RU 储存位置滑出 Full HD 17.3 寸液晶监视器，具备 SDI/HD-SDI 及 HDMI 连线接口。可在视频上层显示标记（中心标记、比例标记、安全标记）和时间码（Timecode），并设置其他功能如扫描模式、画面比例选择、单色显示、波形显示、辅助对焦、图像翻转、讯号转换（SDI/HDMI）、伪色彩及音量表等。

NVS-33：网络直播编码器。

HDR-90：4K ProRes 硬盘录像机（具备可携式硬盘盒）。

AD-200 CTL：音频延迟器控制台。

ITC-300：8 通道导播通话系统并内建双色泰利灯，配备线材，子机，耳麦和泰利灯。

SE-3200 CTL：HD/SD 切换台由主机和控制台所组合，可提供 10 位元 4:2:2 广播画质视频。

图 4-4-2　前面板结构

后面板

RP：连接端口面板可透过以太网线连接 ITC-300 通话系统子机并连接 NVS-33 到网络。

AD-200：音频延迟器可延迟高达 3s 的主输出音频。

PD-2A：电源供应中心并具备交流电降压自动转换直流开关。

SE-3200 主机：主机背板已连接电源，控制台和多分割输出屏幕。

图 4-4-3　后面板结构

系统内部连接图如图 4-4-4 所示。

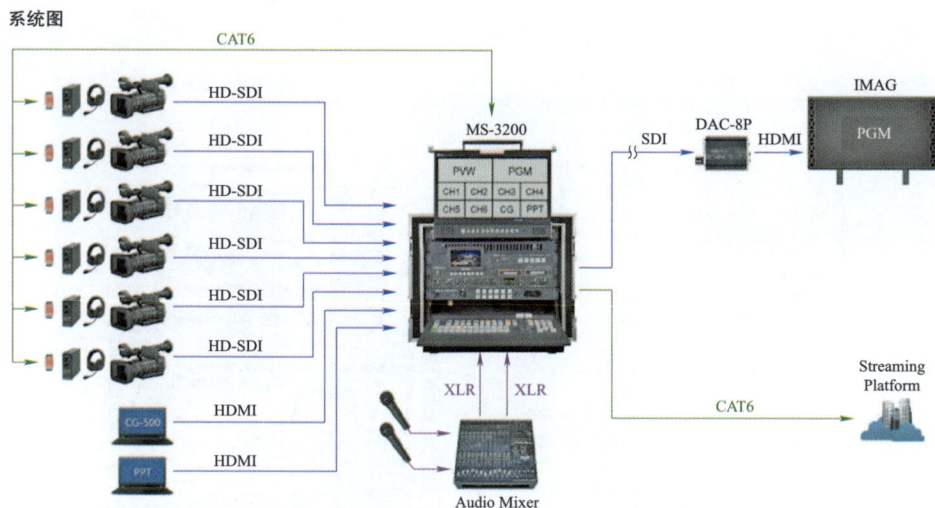

图 4-4-4 系统内部连接图

2. 重大活动保障

重大活动保障需要搭建专线、网络双平台，需要用到的应急装备系统设备如图 4-4-5 所示。

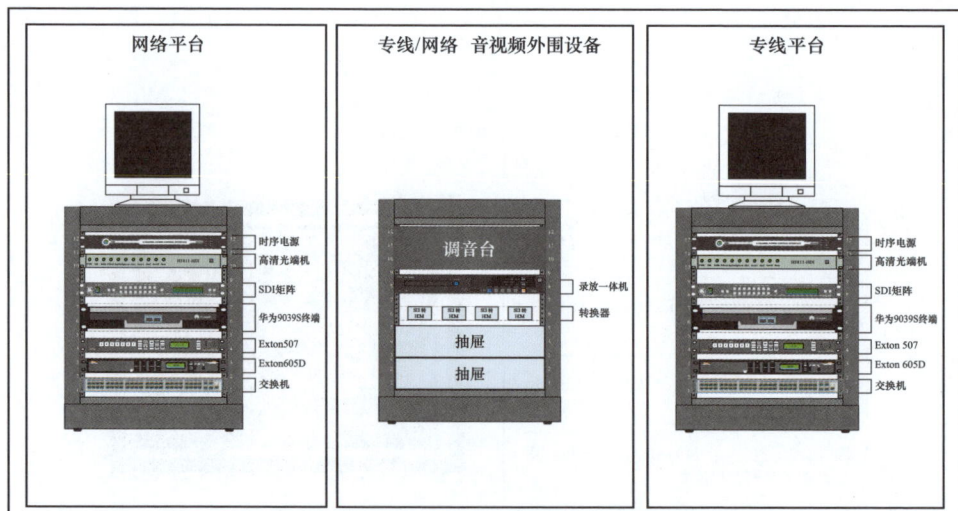

图 4-4-5 需要用到应急装备设备图

专线平台接线图如图 4-4-6 所示，网络平台接线图如图 4-4-7 所示。

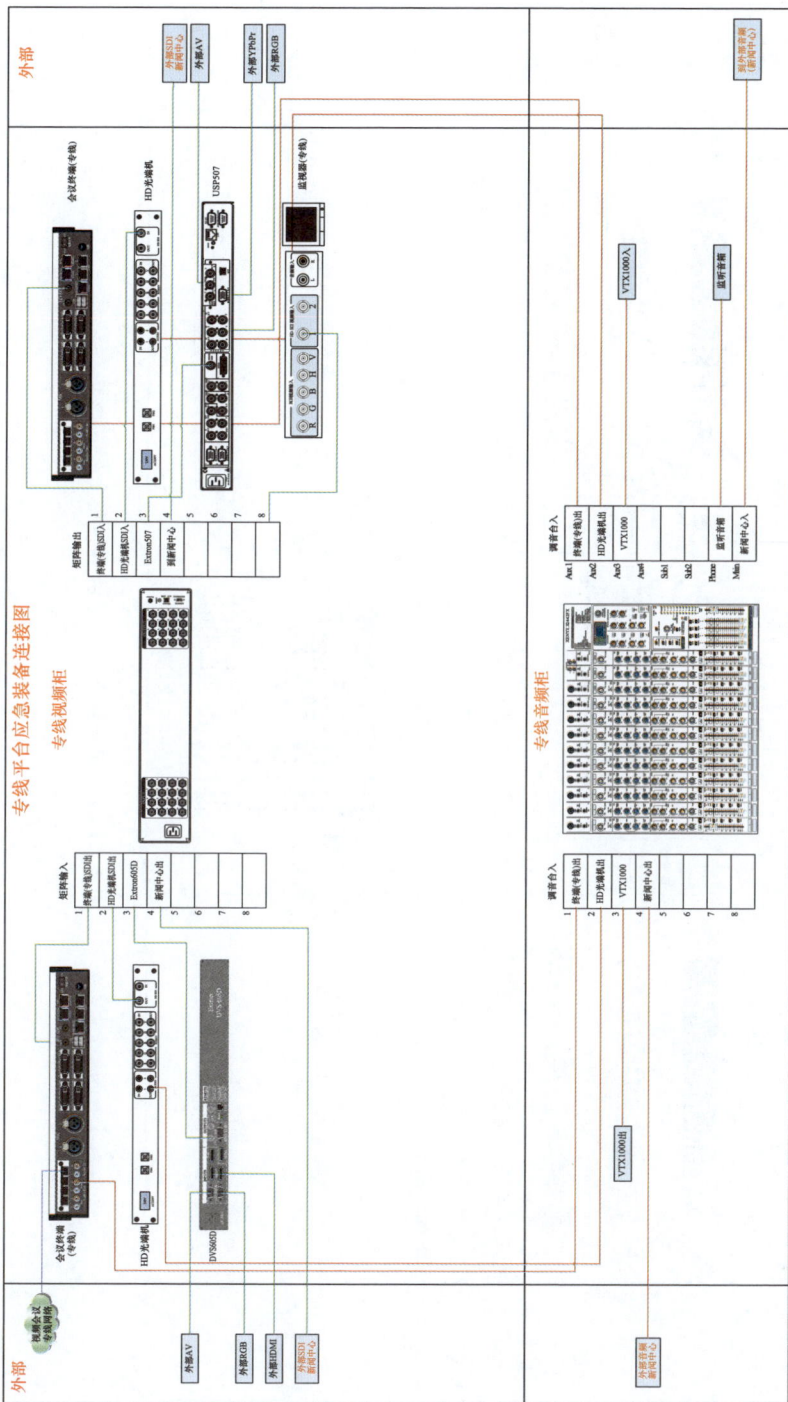

图 4 - 4 - 6 应急装备专线平台接线图

127

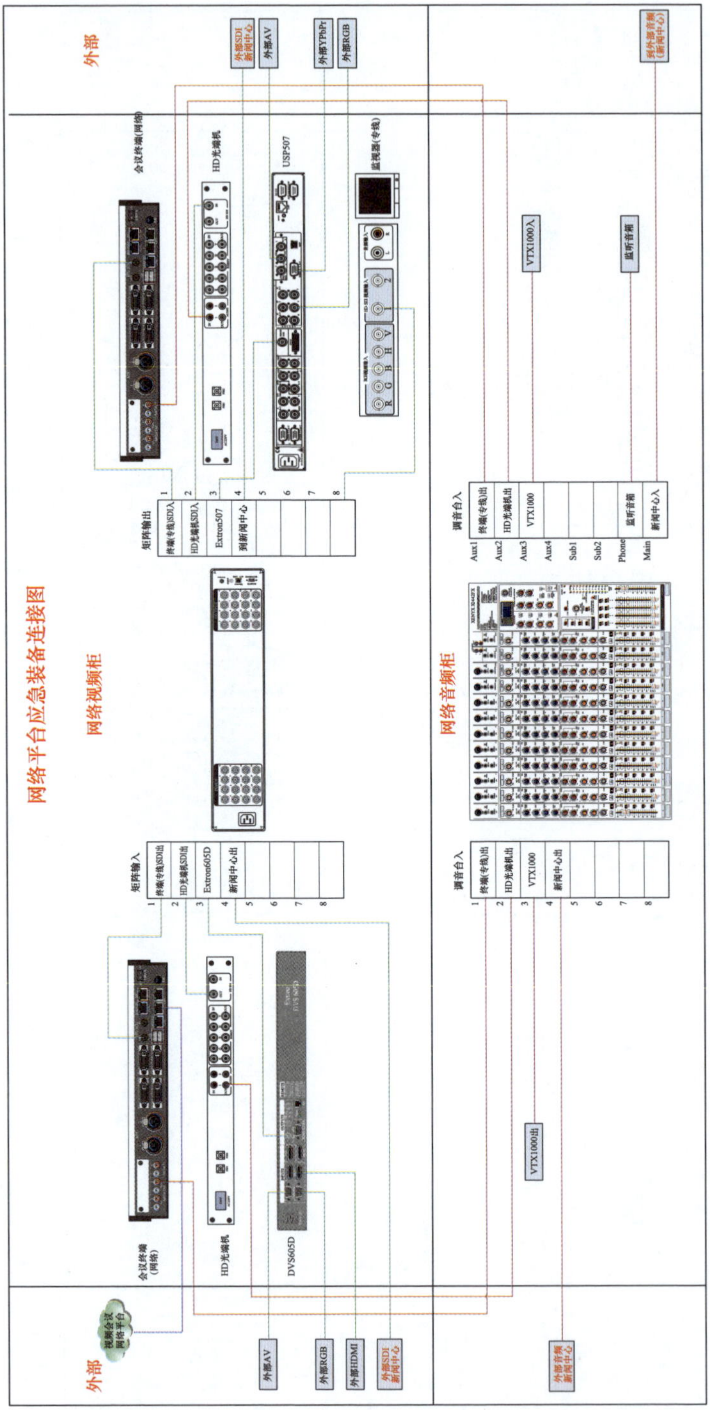

图4-4-7 应急装备网络平台接线图

国网江苏信通公司演习为实现主会场 4 台显示器显示内容可实时无缝切换，在主会场安装一台切换台，将所有可能需要展示图像设备先连接至切换台，经过切换台处理后再连接到各个显示器及视频会议终端，如下图 4-4-8 所示。

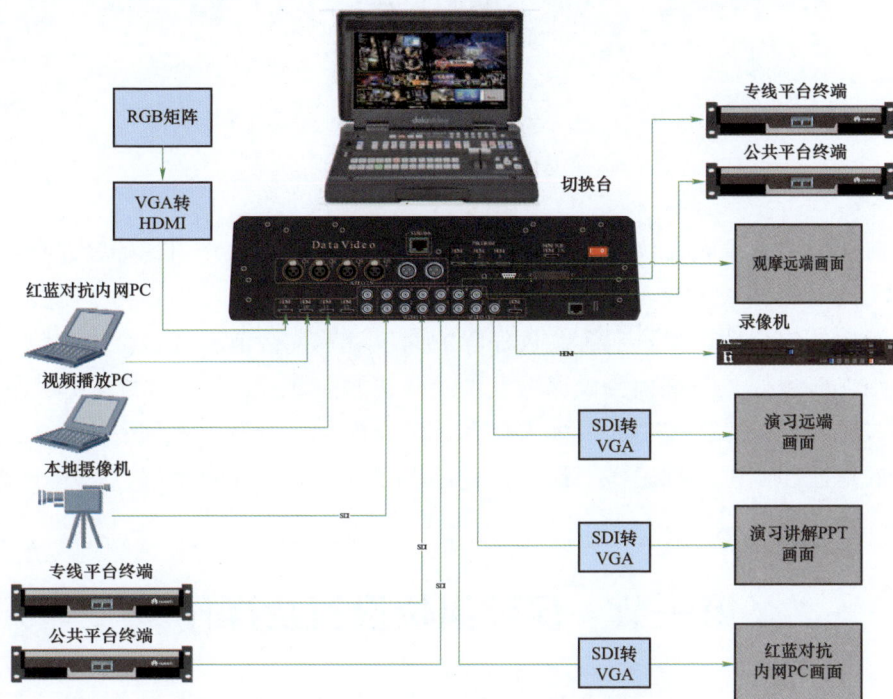

图 4-4-8　增加切换台的应急装备接线图

三、应用成效

1. 强创新性

移动式应急装备系统将开会所需设备集成至可移动的设备箱内，体积小，携带方便，在外观及设计使用上均体现了较强的创新性。

2. 高可靠性

移动式应急装备系统解决外场会议保障现场临时搭建问题，将应急装备移运到现场即可实现视频通信，同样解决了外场会议保障中对音视频等信号的实时监控问题。

3. 可推广性

研究结果投入使用后，减少视频会议系统的重复建设，提高经济性，有效提升会议设备的安全性、可靠性和稳定性，且具有极大的推广价值。

第五章 视频会议保障

前面介绍了视频会议系统的运行维护工作，本章开始介绍视频会议保障工作。无论是硬视频运维、软视频运维，还是各类辅助系统，均是为了增强会议保障工作的安全性。本章包含会议保障的岗位设置、会前准备、会中保障、会后总结、应急处置和重大会议保障典型经验共六大部分。通过本章，读者将了解到视频会议保障工作中的具体岗位及其工作内容，也将了解到会议的组织、系统的搭建和调试彩排工作。最后，通过近年重大会议保障案例，总结出典型保障经验模板。

第一节　保障岗位设置及操作

一、岗位能力要求

各单位应制定通信保障人员培训计划，并按计划组织技术培训，培训内容应包括理论知识及实操技能。所有在岗从事会议保障工作人员均需参加培训并考试合格。

理论知识应掌握通信规程、视频会议基础知识、网络通道基础知识、常见故障处理及排查方法等内容。实操技能应具备设备配置、线缆制作、故障处理、音视频设备配置及操作、线缆接头制作、故障定位及处理等能力。详情可参见表 5-1-1。

表 5-1-1　　　　　　　　岗位能力要求表

岗位能力	内容	具体要求
通信规程	《国家电网公司电力安全工作规程》（电力通信部分）、《国家电网有限公司安全事故调查规程》	熟练掌握规程内容，熟悉事故定级标准

岗位能力	内容	具体要求
通信规程	《国家电网有限公司十八项电网重大反事故措施》相关内容	熟练掌握规程内容
	电力通信运行管理规程	熟练掌握规程内容
视频会议基础知识	音视频编解码技术及视频会议系统标准通信协议	了解音视频基础知识及主要技术参数，掌握 H.323、SIP 等通信协议
	视频会议系统组网架构	掌握视频会议系统组网结构及各网络元素的功能，了解会议系统的通信流程
	音视频核心、外围设备原理及功能	熟练掌握 MCU、视频会议终端、音视频矩阵、显示系统及其他外围设备的原理及功能
	在运设备运行情况	熟练掌握在运设备运行方式，包括设备品牌型号、接口类型、重要参数、接线方式、应急预案等
	《会议电视系统技术规范》《会议电视系统运行维护规程》等公司发布的标准规范	熟练掌握会议电视系统技术规范、运行维护规程等内容
网络通道基础知识	网络基本理论	掌握 OSI 七层网络模型；掌握 IP 地址计算，能够独立完成地址规划；掌握网络协议、作用
	交换机、路由器业务配置方法	掌握交换机、路由器 VLAN 划分、端口汇聚、生成树协议、动态路由、静态路由等业务配置方法
	SDH 基础知识	掌握 SDH 传输原理及帧结构、复用方式等基础知识
	网络故障排查方法	掌握网络的互通原理，排查方式
视频会议实操	MCU 配置操作	掌握 MCU 参数配置、状态监测和分析等操作
	会控服务器配置操作	掌握会控服务器相关设置、状态监测和分析、会议调度、会议控制等常用操作
	开通通道	掌握 SDH 以太网业务开通网管操作
	终端配置操作	掌握终端 IP 地址、GK 地址、会场显示信息、音视频参数等相关配置操作；掌握终端状态监测和分析、会议控制、视频源切换等操作
	音频操作	掌握话筒、调音台（或音频处理器）、音响设备等常用操作及应急处置方式
	视频操作	掌握云台操作、摄录一体机接线及调焦等操作；掌握视频矩阵、显示系统接线及参数配置、应急处置方式
	缆线接头制作	熟练掌握 RJ-11、RJ-45、卡农口、SDI 接口等音视频常用线缆接头制作
	会议应急处置	全范围视频会议系统备用手段和方式，应急处置场景和方式方法

二、岗位设置及职责

视频会议保障应设置导播、网管（终端）操作员、云台控制器操作员、视频切换操作员、音频切换操作员、现场保障员、一体化终端保障员等岗位，会议保障时应根据会议类别合理安排岗位人员。岗位设置及职责一览见表 5-1-2。

表 5-1-2　　　　　　　　　岗 位 设 置 及 职 责

岗位	岗位设置及职责
导播	应熟悉保障人员技术水平、熟悉相关会议系统情况、熟悉各项基本规程、能熟练操作音视频设备，并具有相关保障经验。负责会议保障现场的音视频切换、应急突发事件等指挥工作，承担与相关领导的协调沟通职责
网管（终端）操作员	熟悉会议控制系统的各项操作，熟悉终端相关接线方式，掌握终端音视频、网络等的配置及相关操作。负责会议控制系统的切换操作，根据会议议程完成点名、发言、轮询、选看等操作；负责操作终端开关机及相关配置
云台控制器操作员	熟悉并负责控制云台控制器，实时监测主、备用云台控制器是否正常工作，各摄像机显示是否正常，并按照导播的要求及时调整拍摄内容
视频切换操作员	熟悉并负责矩阵、特效机信号切换操作，负责根据会议流程切换视频信号显示和上送
音频切换操作员	熟悉并负责操作调音台，保证会场内话筒拾音正常，会场内各位置音量适中，无杂音、无啸叫，并根据发言人声音情况进行动态调整，确保会议音频效果
现场保障员	熟悉相关会议系统备用手段和方式，掌握应急处置的相应方式方法。负责观察会场状态并及时反馈给其他会议保障人员，并对会场内设备进行应急处置
一体化终端保障员	负责确认会议室回执，负责一体化终端开机、注册、配置、调试和保障，确保会议声音、画面、辅流效果

三、人员数量配置

岗位人员数量按照总部会议级别和省公司会议级别可分别参照表 5-1-3～表 5-1-6 进行配置。

表 5-1-3　　　　　　　　　总 部 一 、 二 类 会 议

岗位	主会场（人）	发言分会场（人）	收听收看分会场（人）
导播	1	1	
网管（终端）操作员	2	1	1
云台控制器操作员	1	1	1
视频切换操作员	2	2	

岗位	主会场（人）	发言分会场（人）	收听收看分会场（人）
音频切换操作员	1	1	1
现场保障员	1		
总计	8	6	3

注　1. 不涉及特写与全景画面切换，可不设置云台控制器操作员。

　　2. 若会场为一体化会场，则应设置一体化终端保障员。

　　3. 表中为建议人数，根据各公司实际情况，可酌情兼任。

表5-1-4　　　　　　　总　部　三　类　会　议

岗位	主会场（人）	发言分会场（人）	收听收看分会场（人）
导播	1		
网管（终端）操作员	1	1	1
云台控制器操作员	1	1	1
视频切换操作员	1		
音频切换操作员	1	1	1
现场保障员			
总计	5	3	3

注　1. 不涉及特写与全景画面切换，可不设置云台控制器操作员；不涉及特写与全景画面切换；不涉及演示文档等播放，可不设置视频切换操作员。

　　2. 若会场为一体化会场，则应设置一体化终端保障员。

　　3. 表中为建议人数，根据各公司实际情况，可酌情兼任。

表5-1-5　　　　　　　省公司一、二类会议

岗位	主会场（人）	发言分会场（人）	收听收看分会场（人）
导播	1		
网管（终端）操作员	2	1	1
云台控制器操作员	1	1	1
视频切换操作员			
音频切换操作员	1	1	1
现场保障员			
一体化终端保障员			
总计	5	3	2

注　1. 若会场为一体化会场，则应设置一体化终端保障员。

　　2. 表中为建议人数，根据各公司实际情况，可酌情兼任。

表5-1-6　　　　　　　　　　省公司三、四类会议

岗位	主会场（人）	发言分会场（人）	收听收看分会场（人）
导播			
网管（终端）操作员	1	1	1
云台控制器操作员	1	1	
视频切换操作员			
音频切换操作员	1	1	1
现场保障员			
总计	3	3	2

注　1. 若会场为一体化会场，则应设置一体化终端保障员。

　　2. 表中为建议人数，根据各公司实际情况，可酌情兼任。

第二节　会　前　准　备

一、会议预约及组织

1. 需求对接

了解主办方对会议的每一项具体要求，掌握会议召开的时间、形式、地点、参会单位、发言单位等。所有参与保障工作的单位或部门，彼此之间应保持有效沟通。

根据会议预约信息，及时联系会议主办部门确认会议发言模式、多媒体运用等需求，制定保障计划，协调人员开展调试工作。针对会议保障中的操作分工，可以按照工作场所分为系统侧、导播侧和会场侧。其中，系统侧由网管操作员组成，主要负责会议控制系统SMC或CMS上的的点名、发言、轮询操作，以及音视频信号送出至远端的操作；导播侧和会场侧位于现场的会议室及控制室，由导播、音视频切换操作员、现场保障员组成，负责会场声音、图像的切换保障。

与主办方的对接由系统侧保障员负责，对接内容可参考表5-2-1。导播侧和会场侧保障人员通过与系统侧保障人员联系获取会议信息，需清楚了解的内容见表5-2-2、表5-2-3。

表 5-2-1　　　　　　　　　　　系统侧会议信息清单

序号	阶段	工作内容	记录	其他
1	明确会议要求	会议系统		
2		会议范围		
3		参会领导		
4		本地是否有 PPT 等材料，若有请主办方调试时拷贝至主会场会控室进行播放测试		
5		本地是否需要设发言席		
6		发言单位		
7		发言单位是否有 PPT		
8		发言单位是否设发言席		
9		摄像机控制，由主办方通知相关单位		
10		布置会场，由主办方通知相关单位		
11		会议议程		
12		录像		

表 5-2-2　　　　　　　　　　　导播侧会议信息清单

序号	阶段	工作内容	记录	其他
1	明确会议要求	会议类型		
2		会议级别		
3		参会领导，发言人数		
4		本地是否需要设发言席		
5		本地是否有 PPT 等材料，若有请主办方调试时拷贝至主会场会控室进行播放测试		
6		摄像机数量及机位		

表 5-2-3　　　　　　　　　　　会场侧会议信息清单

序号	阶段	工作内容	记录	其他
1	明确会议要求	会议系统		
2		会议要求		
3		发言单位（发言席）		
4		会议议程（纸质资料最好）		
5		与导播侧确认会场摄像机、话筒、显示设备等布置到位		
6		PPT 等资料就位		
7		与"系统侧人员"测试本地话筒（发言话筒、备用话筒）		
8		与"系统侧人员"确定本地图像上传正常（摄像机图像、PPT 正常）		
9		大屏显示的专线、网络图像		

2. 现场勘查

通过实地勘察，或是与会场所在单位沟通调研的方式，掌握会场环境、通信通道、现场供电、会议系统及音视频设备情况，并向主办方提出合理化建议，避免出现无法满足会议要求的情况。

3. 技术保障方案制定

根据会议需求及现场勘察情况编制技术保障方案，明确组织机构、各单位职责、主分会场通道组织方式、音视频系统连接方式、工作计划、设备线缆清单、备品备件及会场联系人。

4. 部署会召开

专业管理、运维单位组织召开通信保障工作部署会，向各参会单位宣贯会议总体情况和通信总体技术保障方案，明确各单位职责及注意事项，协调解决会议保障相关事宜。

5. 通道开通

按照通信技术保障方案要求，开通会议所需通信通道。通道开通后，需与主会场进行长稳测试，确保通道稳定可靠。

6. 会场搭建或布置

按照通信技术保障方案要求，完成会场视频会议系统、音视频设备的搭建。会场搭建应确保现场整齐，同时确保现场实现良好的音视频效果；设备的安装、摆放位置和线缆走向应合理、有序，固定应可靠、牢固，标识应直观、准确。线缆布放要做到强弱电分离，双电源设备应分别接入两路不同的电源。户外会场应根据现场情况，采取防水、防风、防寒、散热等措施。

二、调试及彩排

根据公司视频会议管理要求，行政视频会议至少提前一天调试、资源池会议至少提前 1h 调试。另按省调要求，形成全省会议保障人员蓝马甲着装规范。调试及彩排环节分为本地调试和远端联调两个阶段。其中，本地调试由各参会单位自行开展，需在约定的联调时间前完成。

各会场完成本地音视频环境调试后，主会场会议保障单位组织开展整体系统联调，即远端联调。会议彩排应按照正式的会议议程开展，参照正式会议标准执行，彩排期间会议保障人员全部到位。调试、彩排结束后，未经会议主办部门允许，不得擅自更改会场音视频连线（含供电线路）及摄像机预置位。

1. 本地调试

会议保障人员应对会场安装的设备进行本地调试，确认相关设备运行正常，重点内容包括确认音视频系统各路输入输出信号正常，音视频设备操作正常，显示屏显示内容比例合适、画面清晰、播放顺畅，本地音频系统扩声正常，主备设备切换正常。

（1）系统侧

根据时间要求，做好会议调试相关工作准备。

系统侧人员接到会议通知后，与主办方明确会议要求并通知到"会议调度""会场侧人员""导播侧人员"，调试前填写"系统侧会议信息清单"，编辑并发送会议通知短信。随后依次完后系统侧设备开机、操控大屏监控软件、启动专线平台和网络平台电视墙服务器、调音台检查、启动专线平台和网络平台 SMC 软件、启动专线平台和网络平台 CMS 软件等工作。具体可参考表 5-2-4。

表 5-2-4　　　　　　　　　系 统 侧 操 作 流 程 表

序号	阶段	工作内容		记录	其他
1	会前准备	发会议通知短信			
2		拨入协调指挥			
3		SMC 建会（双平台）			
4		发言单位登录 WEB（双平台、检查音频）			
5		电视墙操作			
6		CMS 矩阵管理系统	SDI 矩阵管理系统：① 注意专线、网络平台会场图像备份 ② 605D（监视）		
7			RGB 矩阵管理系统：明确公共平台、录像等是否收听两路声音		
8			监听输出：本地会场（音量：55）		
9		调音台检查（专线、网络本地话筒声音备份）			
10		CMS 会控（只有网-省会议则不用会控）	左侧主用、右侧备用		
11			同步操作		
12			双击事件：点名发言		
13			轮巡控制		
14			点名发言		
15			设置电视墙轮巡位置		

（2）导播侧

会场设备及控制间保障由导播人员及音视频切换操作员负责：接到会议通知后，与"系统侧人员"明确会议要求，调试前填"导播侧——视频会议调试规范化流程单"。与音视频切换操作员提前到达会场搭建外围设备。会场控制室保障由导播人员负责：检查会场及控制室设备是否开机正常，光端机、矩阵、调音台等设备功能是否正常，监视器监视及音箱监听是否正常，会场大屏、电视机画面是否正常、会场话筒、功放功能是否正常；检查会场侧送往光端机声音图像是否正常。可参考表5-2-5。

表5-2-5　　　　　　　　　导播侧操作流程表

序号	阶段	工作内容		记录	其他
1		① 通知视频切换操作员布置会场			
2		② 会场控制室设备开机	电源控制柜，空气开关全都推上		
3			打开调音台		
4			机柜中需打开电源时序器		
5			打开切换台		
6			打开各个电脑		
7			打开视频监控		
8		③ 信号记录	摄像机输入信号记录		
9			话筒输入信号记录（发言提示卡就位）		
10	会前准备	④ 调音台检查	主调音台：TO：备调音台话筒输入信号		
11			备调音台：TO：主调音台话筒输入信号		
12			主调音台：TO：备调音台信通专线		
13			备调音台：TO：主调音台信通网络		
14			主调音台：TO：会议电话		
15			主调音台：TO：i国网		
16			主调音台：本地监听		
17			备调音台：本地监听		
18			主调音台：信通专线		
19			备调音台：信通网络		
20			主调音台：主音量		
21			备调音台：主音量（mute）		

续表

序号	阶段		工作内容	记录	其他
22	会前准备	⑤ 话筒及功放测试	主功放测试话筒（主备话筒均需要测试）		
23			备功放测试话筒（备话筒）		
24		⑥ 确认图像收发	CMS 矩阵操作： ① 切换"会议调试"模式至会场 ② 主会场、PPT 画面送至切换台 ③ 切换台操作		

（3）会场侧。根据省公司调试会议时间要求，做好会议调试相关工作准备。

会场侧由现场保障人员负责。接到会议通知后，与"系统侧人员"明确会议要求，调试前填写表 5-2-3。现场保障人员按照调试时间规定，提前到达会场，确认系统侧送至会场侧的两套音视系统信号正常，确保"一主三备"音视频符合国网规范。检查会场侧摄像机、电视机、话筒等设备已布置到位，根据话筒数量及类型放好话筒提示卡。与"系统侧人员"确认送至远端的摄像机图像（SDI 720P/50Hz）满足会议要求、同时与"系统侧人员"测试本地话筒（主用话筒、备用话筒），确定会场声音上传正常。最后与导播侧人员区分不同的显示器上显示的专线、网络图像，且左侧均显示网络画面、右侧均显示专线画面。

2. 远端联调

远端联调总体工作由主会场统一组织，分会场应按照主会场要求进行逐一测试，并进行主备系统切换、电源切换等应急演练。远端联调重点内容包括各会场观看远端画面时比例合适、画面清晰无卡顿，会场内各位置音量适中、无杂音无啸叫，需对话的会场对话时无回音、无啸叫。

（1）系统侧。在调试地区图像时，要加入字幕机一起调试。在字幕机中制作九条线，水平线 6 条，垂直线 3 条，通过在矩阵中切换，让字幕机中的九条线叠加在地区图像上，以水平线和垂直线为基准调试地区图像是否水平和图像分布均匀。具体操作如图 5-2-1 所示。

调试结束后需要恢复正常图像送至会场。如图 5-2-2 所示。

所有设备系统核查无误后，CMS 会议管理系统开始 10 秒周期的轮巡，严格按照导播方案执行，不允许擅自操控任何设备。

调试时，根据流程单进行操作，完成后在对应栏勾选，有问题及时记录并处理。如表 5-2-6 所示。

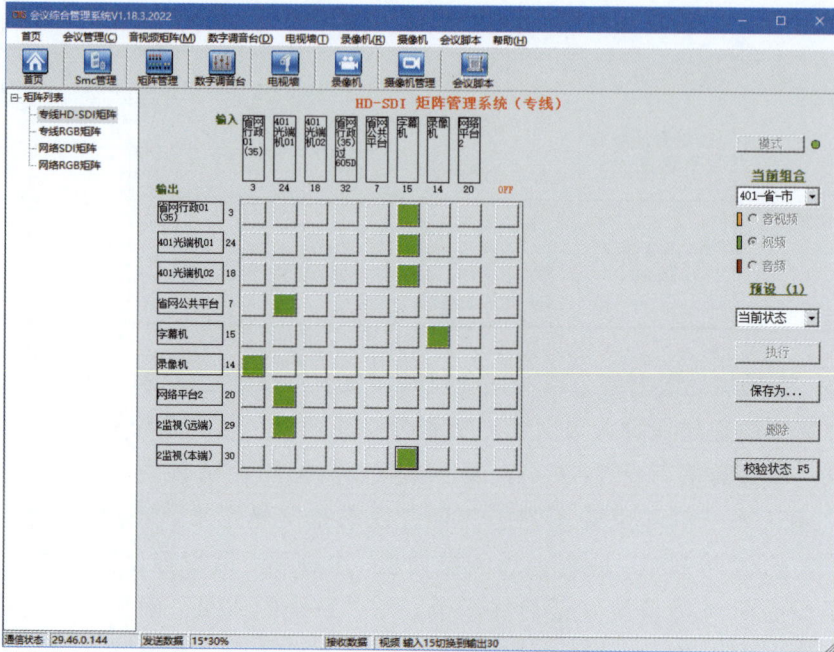

图 5-2-1 CMS 矩阵操作图

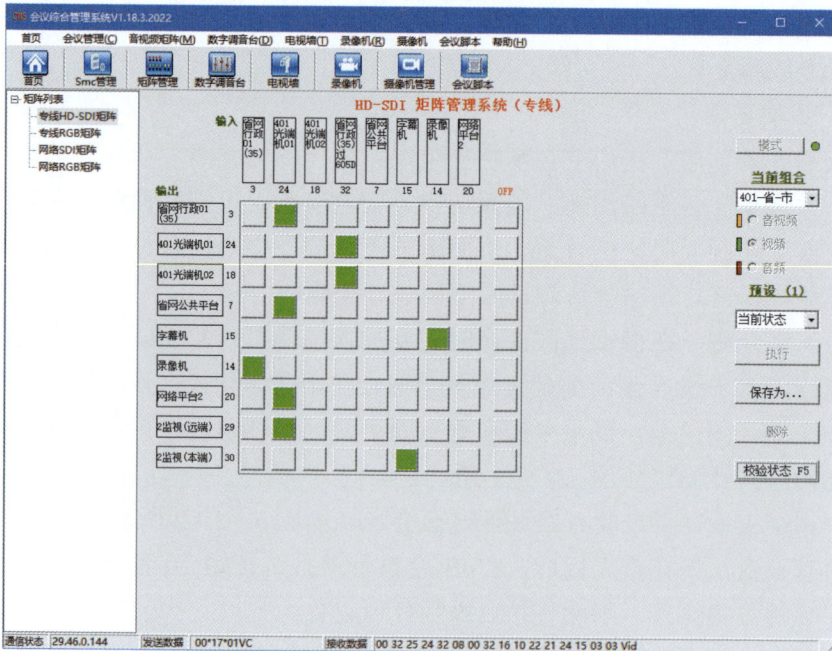

图 5-2-2 CMS 矩阵恢复操作图

表 5-2-6 系 统 侧 调 试 表

序号	阶段	调试内容		记录	其他
1	会议调试	拨入协调指挥			
2		SMC 建会（双平台）			
3		发言单位登录 WEB（双平台、检查音频）			
4		电视墙操作			
5		CMS 矩阵管理系统	SDI 矩阵管理系统：① 注意专线、网络平台会场图像备份 ② 605D（监视）		
6			RGB 矩阵管理系统：明确公共平台、录像等是否收听两路声音		
7			监听输出：本地会场（音量：55）		
8		调音台检查（专线、网络本地话筒声音备份）			
9		CMS 会控（只有网-省会议则不用会控）	左侧主用、右侧备用		
10			同步操作		
11			双击事件：点名发言		
12			轮巡控制		
13			点名发言		
14			设置电视墙轮巡位置		
15		确定主会场图像（主备摄像机；主备电脑信号）			
16		确认主会场声音（主备用话筒）			
17		电视墙确定远端图像			
18		电视墙确定本地图像			
19		通过协调指挥与发言单位明确发言、参会纪律			
20		CMS 控会确认远端图像			
21		查看发言单位 WEB 界面：音频、信号源			
22		点名主席；开始轮巡			
23		发会议调试短信			
24	调试结束会前准备	会前 15min	校验矩阵状态（云会议）		
25			校验调音台状态（云会议）		
26			检查 CMS 状态		

续表

序号	阶段	调试内容		记录	其他
27		左侧主用、右侧备用			
28		同步操作			
29	调试结束 会前准备	双击事件：点名发言			
30		轮巡控制			
31	会前 15min	点名发言			
32		设置电视墙轮巡位置			
33		开始录像			

（2）导播侧。准备工作完成后，需要与系统侧确认发送到省网专线、省网网络的本地会议模拟话筒、无线话筒是否正常，并把 3 套音频分别切换，与会场侧测试功放是否正常；另外还需与系统侧确认主会场发送到省网专线、省网网络的摄像机、电脑信号是否正常，并与现场保障员确认大屏、电视机等设备输出图像是否正常。

调试时，根据流程单进行操作，完成后在对应栏勾选，有问题及时记录并处理。如表 5-2-7 所示。

表 5-2-7　　　　　　导 播 侧 调 试 表

序号	阶段	调试内容		记录	其他
1		① 确认会场 收视	根据"现场保障员"指令切换声音图像		
2		② 备功放测试	调试结束，备功放测试远端声音大小并 mute		
3		音视频切换至会前状态			
4			会议调试：（左屏主用图像；右屏备用图像）		
5	会议调试		会前准备：（左屏主用图像；右屏本地图像）		
6		CMS 矩阵状态 预设和校验	会议开始：（两侧大屏均收视主用图像）		
7			本地发言：（左屏主用图像；右屏主用电脑信号图像）（按实际切换）		
8			应急看备用：（两侧大屏均收视备用图像）		
9		会议彩排			

序号	阶段	调试内容		记录	其他
10	会前检查	① 调试结束，主会场大屏恢复"会前准备"状态，检查监视器及大屏图像			
11		② 调音台检查	主调音台：TO：备调音台话筒		
12			备调音台：TO：主调音台1话筒		
13			主调音台：TO：备调音台信通专线		
14			备调音台：TO：主调音台信通网络		
15			主调音台：TO：会议电话		
16			主调音台：TO：i 国网		
17			主调音台：本地监听		
18			备调音台：本地监听		
19			主调音台：信通专线		
20			备调音台：信通网络		
21			主调音台：主音量		
22			备调音台：主音量（mute）		
23		③ 检查发言提示卡			
24		④ 播放音乐			
25		⑤ 会前5分钟矩阵切换至"会议开始"状态			
26		⑥ 领导进场后停止播放音乐			

（3）会场侧。现场保障人员对地区声音图像的调试需严格按照国网公司及江苏省电力公司视频会议运行管理规范中会场要求执行。现场保障人员需在镜头内参加调试。

调试语言格式见表5-2-8、表5-2-9：

省公司：各单位，请注意；省公司马上开始调试会议。首先，省公司将读一段内容，请各单位做好收听、收看准备，朗读完毕后将逐一调试各分会场，如有问题请拨协调指挥系统。

1）地市公司不发言。

不发言单位：

表 5-2-8 不发言单位调试语言规范

阶段	省公司	不发言单位
一、市公司：分会场收听收看是否正常	×××供电公司，两套系统收听、收看省公司声音、图像是否正常	×××供电公司，两套系统收听、收看省公司声音、图像均正常
二、图像是否满足要求	图像满足要求	
	不满足要求，调试图像	依据要求调试图像直到满足要求
三、查看本地区县公司图像是否满足要求	图像满足要求：×××供电公司，图像正常	
	不满足要求，调试图像	依据要求调试图像
下一单位，以此类推		

2）地市公司发言。

发言单位：

表 5-2-9 发言单位调试语言规范

阶段	省公司	发言单位
一、分会场收听收看是否正常	×××供电公司，两套系统收听、收看省公司声音、图像是否正常	×××供电公司，两套系统收听、收看省公司声音、图像均正常
二、声音是否满足要求	×××供电公司，长读一段，我们测试下声音	开始朗读文章
	正常：×××供电公司，这个 MIC 正常，请换一个 MIC 再读一段内容	开始朗读文章
	不正常：×××供电公司，声音不正常，请检查	检查设备，并及时与省公司保持联系
三、图像是否满足要求	图像满足要求	
	不满足要求，调试图像	依据要求调试图像直到满足要求
下一发言单位，以此类推		

如果现场保障员无法调试地区，则系统侧人员可直接调试非发言地区图像。有问题通过协调指挥与地区联系。

调试时，根据流程单进行操作，完成后在对应栏勾选，有问题及时记录并处理。如表 5-2-10 所示。

表 5-2-10 会 场 侧 调 试 表

序号	阶段		调试内容	记录	其他
1	准备		提醒地区拨入协调指挥，并让"系统侧人员"与其对话，告知发言注意事项		
2			找参照音量（找 2~3 家发言单位，以参照音量调整本地功放和调试地区声音）		
3			让发言单位明确两路声音在话筒合并器上的增益和 master 在几点钟位置		
4	调试发言单位	调试声音	确定会场听专线声音		
5		发言单位	调试声音（切换顺序：专线-网络-专线） 1）声音清晰（无明显背景噪声、回声、唇音同步等）； 2）发言单位准备发言提示卡，告知地区与发言领导说明两路话筒都开		
6		调试图像	"系统侧人员"切 9 条线图像给主会场和分会场		
7		发言单位	1）确定发言单位摄像机手动聚焦； 2）发言席位置居中、有发言席卡、确定领导身高、头顶距离有余量； 3）取景恰当（取景居中，背景墙图标文字居中、不压字等）； 4）图像清晰（人面部真实、灯光均匀、国网徽标轮廓明朗等）； 5）PPT 图像切换、全屏展示、全部播放（确定是否需要停留摄像机 5 秒后再切换 PPT）		
8	调试非发言单位	调试图像	1）取景恰当（取景居中，背景墙图标文字居中、不压字等）； 2）图像清晰（人面部真实、灯光均匀、国网徽标轮廓明朗等）		
9	调试本地会场	调试声音	与"系统侧人员"试话筒		
10		调试图像	与"系统侧人员"确定主会场主备摄像机、主备 PPT（播放完）等音视频信号切换是否正常，并让地区确认收视并在"工作沟通群"中反馈		
11			会议彩排		
12	调试结束		告知地区会议第二次调试时间		

3. 会议彩排

会议彩排应按照正式议程开展，人员全部到位，一切按照正式的要求进行。会议彩排应根据彩排实际效果安排多次演练，确保所有保障人员之间操作配合默契。

第三节 会 中 保 障

各岗位保障人员应高度集中注意力，全程监听、监看所辖保障任务的本端及远端展示效果，如有问题即时报告导播，并采取相应的主备切换应急处置措施，确保会议音视频流畅。

总部召开的一、二类会议及省公司召开的一类会议，主分会场应有现场保障人员，能及时和导播沟通，反馈现场音视频效果，并处理现场突发情况。

一、系统运行监视

各岗位按照职责分工，做好本级传输网、数据网及相应支撑系统的运行监视。运维部门（单位）重点做好主、分会场内临时铺设光缆保护措施，并加强通道运行情况监视，出现情况及时向同级信通相关部门负责人汇报。

按照会议议程，主要将会议分成 4 个阶段：会议开始前 15 分钟、会议开始、地区发言、发言结束至主会场发言。不同阶段的各岗位职责内容见下。

1. 阶段一（会前 15 分钟）

（1）系统侧。矩阵模式保持不变。

开始录像。（一类会议默认录像，其他录像要求询问主办方）。

控制机房内打开高清专线、网络两台录像机，点击开始按钮，开始录像或者点击 CMS 中录像机控制中的开始按钮。如图 5-3-1、图 5-3-2 所示。

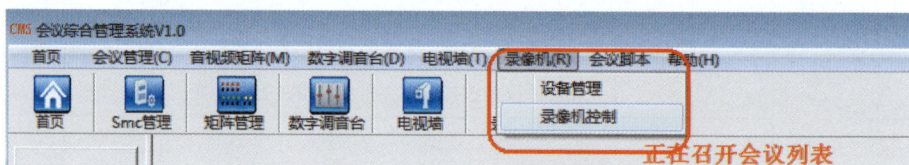

图 5-3-1 录像机菜单键

（2）导播侧。矩阵切换至"会前准备"（左屏显示省网主用图像、右屏显示本地摄像机图像）状态，调音台中将暖场音乐声音打开送至会场及远端。

矩阵在会前 5 分钟时将模式切换至"会议开始"状态（左右屏均显示省网主用图像）。

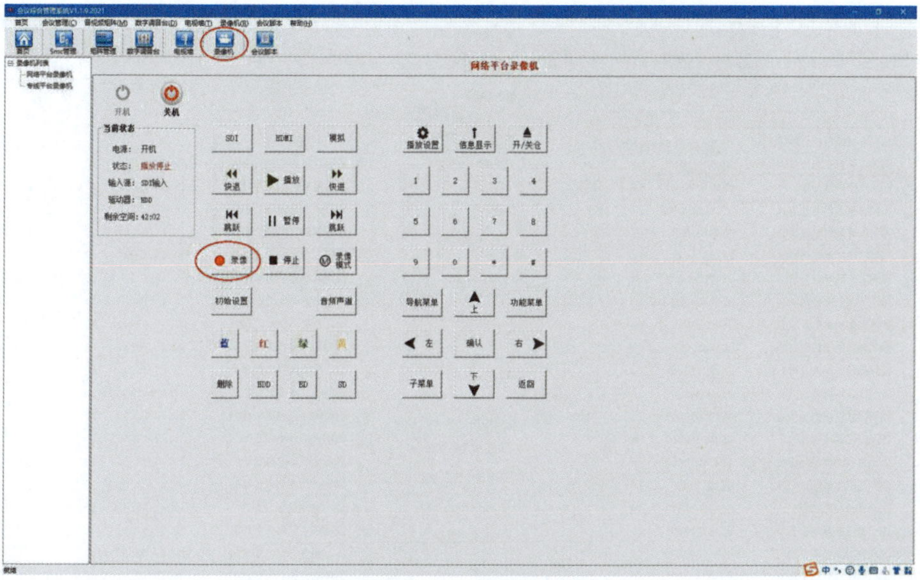

图 5-3-2　录像机控制

调音台在领导进场后将音乐停止。

（3）会场侧。注意大屏图像为"会前准备"状态（左屏显示省网主用图像、右屏显示本地摄像机图像）。

2. 阶段二（会议开始）

（1）会控侧。矩阵模式保持不变。

主席轮询会场。

会前领导就位后停止轮询→点名发言主席→开始轮询，只有主会场看到轮询画面，地市公司均观看主会场画面。注：检查双击事件选择点名发言，轮询控制所有选项必须全部勾选，点名发言选择发言＋反看自己。如图 5-3-3 所示。

注意会议议程，发送发言准备指令给地区，及时通知地区做好发言准备工作。

（2）导播侧。矩阵根据会议议程由"会议开始"预案切换到"省公司发言"预案。

专线、网络切换台根据会议议程切换图像。

调音台根据会议议程作切换。

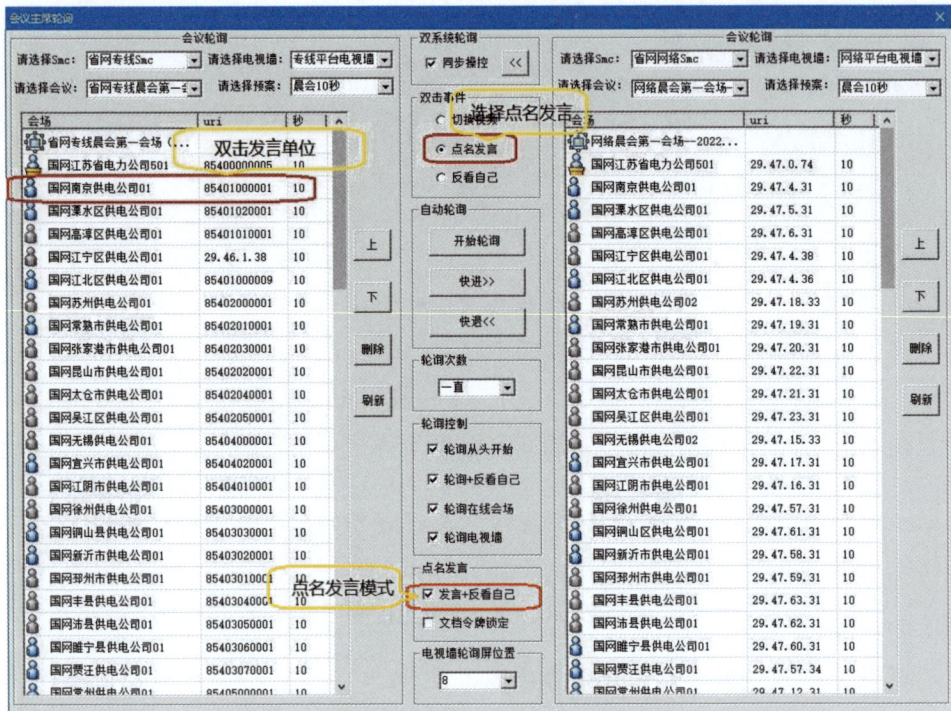

图 5-3-3　CMS 操作图

（3）会场侧。会议开始时注意大屏、电视机图像为"会议开始"状态。

省公司发言时注意大屏、电视机图像切换为"省公司发言"状态。

省公司发言时确保发言话筒都被打开，有问题及时上前处理、确保本地功放音量合适。

3. 阶段三（地区发言）

（1）会控侧。在主会场最后一个部门发言时，通过协调指挥系统通知即将发言的市县公司，做好发言准备。

基层发言的单位进行发言。步骤如下：

1）将"双击事件"更改为"点名发言"模式。

2）停止轮询。

3）在轮询会场列表中，双击"发言单位"，实现会场具备发言条件。如图 5-3-4 所示。

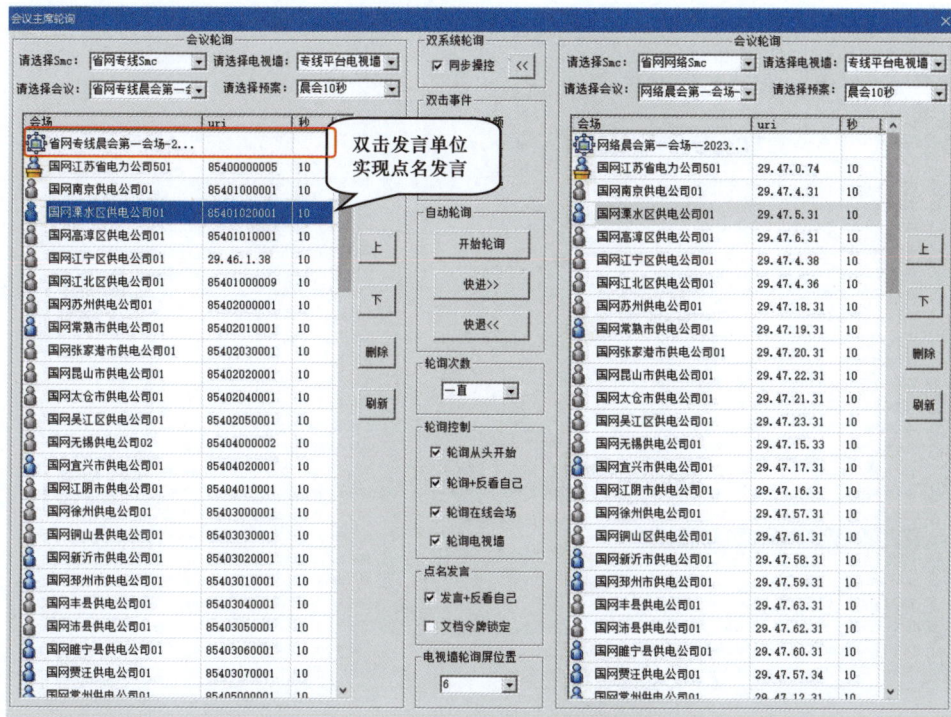

图 5-3-4 CMS 操控发言单位

4）通过协调指挥系统通知下一家发言单位做好发言准备。

5）下一会场发言，仅需在轮询会场列表中双击发言单位即可。如图 5-3-5 所示。

6）其他发言单位重复 2）、3）步骤。

矩阵模式根据会议要求切换：如需要云会议转播，则需要将地区声音图像送至云会议等。

注意会议议程，通过协调指挥发送发言准备指令给下一个发言单位，及时通知地区做好发言准备工作。

（2）导播侧。矩阵根据会议议程将矩阵切换至"地区发言"预案。

1）专线、网络切换台根据会议议程切换图像。

2）调音台根据会议议程作切换。

（3）会场侧。注意大屏、电视机图像为会议"地区发言"状态。

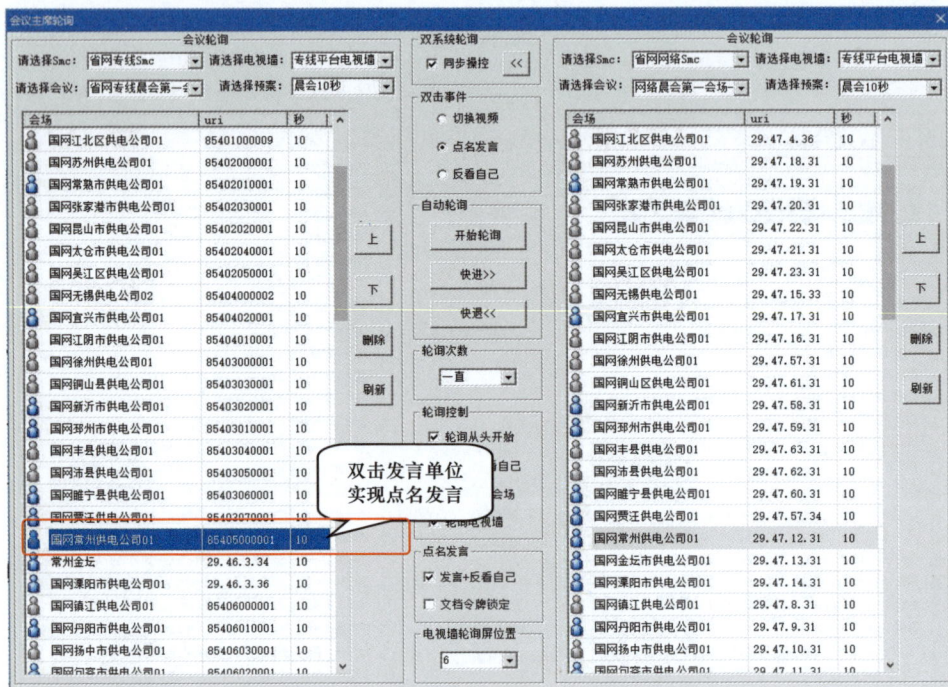

图 5-3-5 CMS 操控下一家发言单位

4. 阶段四（发言结束至主会场发言）

（1）系统侧。基层发言单位发言结束→点名发言主会场→开始轮询，此时主会场观看轮询画面，地市公司观看主会场画面。

1）网管操作员在 CMS——SMC 轮巡界面中检查操作是否正确：① 通过电视墙、监视器、调音台音柱同步检查"点名发言"及开会轮巡操作是否正确；② 在 CMS——SMC 会控界面检查操作后系统状态是否正常。

2）矩阵模式根据会议要求切换，如需要云会议转播，此时则需要将主会场声音图像送至云会议等。

注意收听省网协调指挥系统，注意与地区、会场之间的及时沟通。

（2）导播侧。矩阵根据会议议程将矩阵切换至"会议开始"预案。

专线、网络切换台根据会议议程切换图像。

调音台根据会议议程作切换。

（3）会场侧。注意大屏、电视机图像为会议"会议开始"状态。

二、会议效果保障

各阶段系统侧、导播侧、会场侧的工作内容详见下文。

1. 阶段一（会议开始）

（1）系统侧。网管操作员通过电视墙服务器或者通过本端和远端监视器实时监视专线、网络平台会场发送、接收远端图像状态。如系统设备发生异常与会场做好及时沟通处理。

此时主会场观看轮询画面，地市公司观看主会场画面。如图 5-3-6 所示。

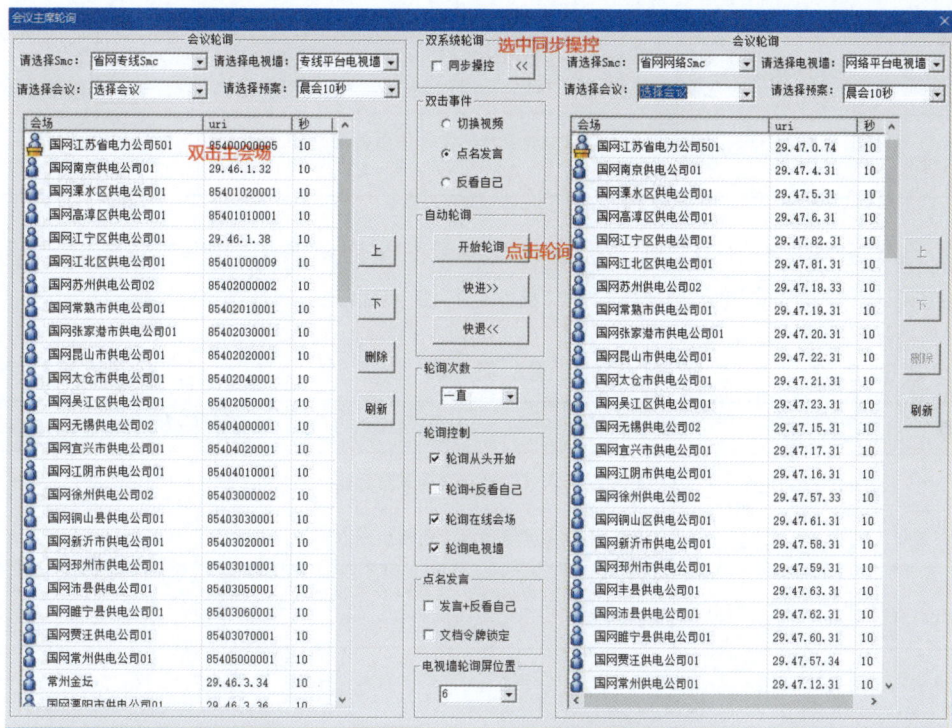

图5-3-6 CMS轮询图

（2）导播侧。通过监视器、监听音箱确保本地会场收听、收看声音、图像均正常，音频上传均正常。并随时做好与会场侧人员、系统侧人员沟通的准备。如主系统设备发生异常需及时做好系统切换。如表5-3-1所示。

表 5-3-1　　　　　　　　　　　　　导　播　侧

序号	阶段	调试内容		记录	其他
1	会议开始	与"系统侧人员"确定光端机输入输出音视频			
2		监视器监视会场大屏等显示设备输出正常			
3		与"现场保障人员"确定主功放音量合适			
4		按会议议程切换矩阵、切换台、调音台			
5		应急方案	接收的主用系统画面异常：切换至备用系统画面		
6			主用系统声音异常：主调音台切换至备用系统声音		
7			本地主用话筒声音异常：主调音台切换至备用本地主用话筒声音		
8			主功放或主调音台异常：使用备调音台、备功放播放声音		

（3）会场侧。在会场确定会场收视声音图像是否正常，如有异常需及时与系统侧人员、导播侧人员沟通。如表 5-3-2 所示。

表 5-3-2　　　　　　　　　　　　　会　场　侧

序号	阶段	调试内容	记录	其他
1	会议开始	与"导播人员"确定会场音量合适		
2		确定会场大屏等显示设备输出图像正常		
3		突发情况紧急处理：话筒没开等情况下，从容上前开话筒		

2. 阶段二（地区发言）

（1）系统侧。通过电视墙服务器或者通过本端和远端监视器实时监视专线、网络平台会发送、接收远端图像状态。如系统设备发生异常与会场做好及时沟通处理。

注意会议议程，发送发言准备指令给地区，及时通知地区做好发言准备工作。如表 5-3-3 所示。

表5-3-3　　　　　　　　　　　　系　统　侧

序号	阶段	调试内容		记录	其他
1	会议开始	（领导进场）停止轮巡、点名主席、开始轮巡			
2		第一家发言单位	协调指挥通知第一家发言单位做好准备		
3			停止轮巡后点名第一家发言单位		
4			SDI矩阵管理系统切换：将地区图像送至公共平台等		
5			协调指挥通知第二家发言单位做好准备		
6		第二家发言单位	点名第二家发言单位		
7		其余发言单位	同步第二家发言单位操作		
8		发言结束	点名主席；开始轮巡		
9			SDI矩阵管理系统切换：将主会场图像送至公共平台等		
10		发言结束	点名主席并开始轮巡		
11		按会议议程切换			

（2）导播侧。通过监视器、监听音箱确保本地会场收听、收看声音、图像均正常，音频上传均正常。并随时做好与会场侧人员、系统侧人员沟通的准备。如主系统设备发生异常需及时做好系统切换。

（3）会场侧。在会场确定会场收视声音图像是否正常，如有异常需及时与系统侧人员、导播侧人员沟通。

3. 阶段三（发言结束至省主会场发言）

（1）系统侧。通过电视墙服务器或者通过本端和远端监视器实时监视专线、网络平台会发送、接收远端图像状态。如系统设备发生异常与会场做好及时沟通处理。

此时重复阶段一（会议开始），系统侧设置轮询操作。

（2）导播侧。通过监视器、监听音箱确保本地会场收听、收看声音、图像均正常，音频上传均正常。并随时做好与会场侧人员、系统侧人员沟通的准备。

如主系统设备发生异常需及时做好系统切换。

（3）会场侧。在会场确定会场收视主用声音图像是否正常，如有异常需及时与系统侧人员、导播侧人员沟通。

4. 阶段四（会议结束后）

（1）系统侧。

1）停止轮询，并关闭轮询界面。如图 5-3-7 所示。

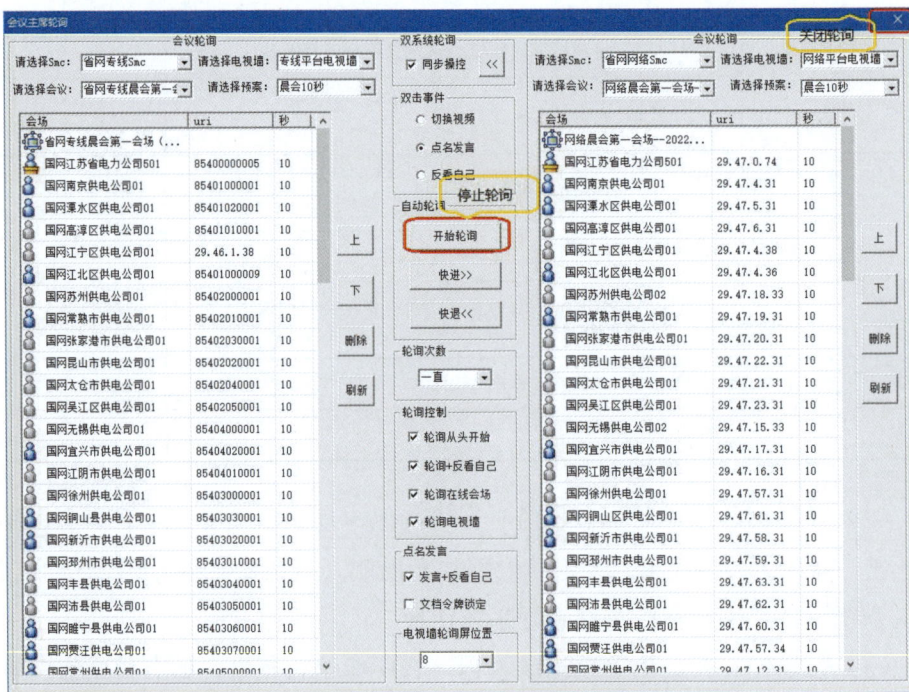

图 5-3-7　CMS 操作图

2）结束会议。

监视器中观察到主会场领导已离场，点击会议控制区域中的 📞 按钮图标，结束会议。如图 5-3-8 所示。

3）停止刻录录像机、关闭所有监听声音（矩阵及调音台）。

4）系统侧人员发保障短信（仅限保障一、二类会议）。

5）会议保障服务验收单、系统侧视频会议调试规范化流程表，如表 5-3-4 所示。

图 5-3-8　CMS 挂会操作图

表 5-3-4　　　　　　　　　　　会　控　侧

序号	阶段	调试内容	记录	其他
1	会议结束	停止录像		
2		结束会议		
3		发会议保障短信		
4		验收单		
5		到岗到位单		
6		收集调试单并放置到位 （会控侧－会场侧－导播侧顺序装订成册）		

6）总结会议保障。

系统侧人员收集会议调试表、上报问题至隐患排查汇总人，扣分表及扣分情况上报相关人员。

（2）导播侧。依次关闭控制间相关设施设备，填写导播侧视频会议调试规范化流程表，如表 5-3-5 所示。

表 5-3-5　　　　　　　　　　　导　播　侧

序号	阶段	调试内容	记录	其他
1	会议结束	等待会议挂断后停止播放音乐		
2		会场设备按顺序关机		

（3）会场侧。回收发言提示卡。

第四节 会 后 总 结

一、故障分析到位

视频会议系统的各类设备及辅助设施设备应纳入通信生产运行体系管理，执行通信缺陷单制度，实现闭环管理。会议期间相关设备设施一旦发生故障，会议保障涉及的最高一级通信调度应下发相应通信缺陷单，缺陷单接收部门（单位）应按照时间节点复盘故障时刻的问题现象和处置过程，进行故障复现，逐段进行设备和线缆排查，分析查明故障原因。

二、整改措施落实

编写故障分析报告，开展故障分析讨论会，对存在问题进行深入分析，按照管理问题和技术问题深挖问题本质，从思想认识层面、组织机制层面、管理手段层面、基础配置层面、标准规范层面制定切实有效的整改措施，明确整改时间计划，确保问题整改到位，避免类似故障再次发生。

（1）加强视频会议运维人员技能培训。通过专项培训切实提升视频会议运维人员的业务水平及对故障情况的判断和处置能力，不断提高会议保障人员的问题发现能力，优化视频会议保障服务质量。增换设备时，需提前了解该设备的各功能选项的具体含义，熟悉设备各接口基本引脚定义，需了解学习设备的说明文档。

（2）加强定期巡检质量。定期对视频会议系统终端、音视频外围设备、通道等进行巡检，提高问题意识，发现问题及时整改，确保设备运行正常，会场环境符合视频会议系统会议室环境标准，提前谋划相关项目或资金储备工作，做好会场设备备品备件储备工作。

（3）针对会议中出现的故障，形成会议保障缺陷记录表，如图 5-4-1 所示。

（4）对每一场会议进行考核评分，相关部门负责人考核签字确认，视频会议驻场服务验收单见表 5-4-1。

国网江苏信通公司会议保障缺陷处置记录表

日期	发现缺陷				办理人	处理方式	消缺情况			备注
	发现时间	地点	缺陷类别	具体缺陷			完工时间	消缺内容	结论	
1月11日	9:58	省公司	GK不通及辅流无法连接	会议开始前最终调试时发现GK不通、辅流连接异常的情况	马静	省公司会议保障人员对现场进行排查	1月11日	9:58江苏公司会场保障人员调试时发现辅流无法正常连接发送,系统提示无视频源或分辨率问题,保障员怀疑主办方电脑不适配,立即与主办方沟通,10:01,主办方重新更换电脑,接入终端辅流线,此时显示辅流正常连接,发送正常。9:59 会议中断。保障人员立即检查终端状态,发现终端提醒GK不通。怀疑是网络问题。现场保障员再次将设备网线两端都重新插拔,发现终端侧网线接触不良。重新插拔后网络正常,重新入会。11:00,会议结束。现场重新更换网线,并联调测试,系统正常	处理完毕	
3月6日	9:38	省公司408会议室	溧阳发言时,个别单位反映溧阳专线声音有问题	溧阳发言时,电科院反映听不到溧阳专线声音;个别单位反映溧阳专线声音特别小,其余单位收听收看均正常	陈雪姣	联系常州公司让溧阳公司保障人员进行问题排查		会前调试均正常,会议9:00开始,当会议进行到溧阳发言时,部分单位反映溧阳专线声音有问题,后各单位及时切换收听溧阳声音,会议结束后,联系常州公司、溧阳公司及反映有问题的单位进行调研,初步判断,由于溧阳终端型号为box600,可能存在音频左右声道输入异常,各分会场音频输出左右声道不统一,造成个别单位听声音异常。溧阳已联系厂家正在排查中	正在处理	
3月9日	8:00	省公司311会议室	图像闪黑抖动	34楼发现会前调试时311会场PPT送至34楼光端机图像出现闪黑抖动	朱和梅	省公司会议保障人员对信号源、光端机、切换台进行排查		修改电脑分辨率或电脑直连等无法起作用,经现场验证只有PPT白底时候图像抖动明显,考虑是视频信号弱,在切换台中将输出信号亮度调亮后,信号正常	处理完毕	

图 5-4-1　会议保障缺陷记录

表 5-4-1　　　　　　　　省公司侧视频会议驻场服务验收单

序号	会议名称			
1	会议组织者		会议级别	
2	与会领导		会议范围	
3	会议地点		会场数量	
4	开会时间		调试时间	
5	参会单位		会议系统	
6	会议要求/发言单位			
7	会议及调试保障情况			
8	评价细则		评价结果	备注
8.1	是否按时到达服务现场			
8.2	人员配置是否满足保障级别要求			
8.3	调试效果是否满足保障情况要求			
8.4	是否严格按照会议导播方案执行			

续表

序号	会议名称		
8.5	音视频信号切换是否快速、准确		
8.6	音频音量控制是否准确、得当		
8.7	MCU 信号切换是否准确		
8.8	主备用系统切换是否准确、无误		
8.9	发生故障时，应急处置是否快速、妥当		
8.10	会议保障结束后，相关设备是否全部关闭，会控室是否整理到位		
9	综合评价	□优秀　□合格　□不合格	
10	会议调度确认	组长确认	
11	服务商确认		

第五节　应　急　处　置

视频会议保障应按照"先恢复，后处置；先音频，后视频"的原则进行应急处置。

会议中出现故障时，应听从现场导播统一指挥，进行系统、设备主备用应急切换操作，首先保证音频信号传输，随后进行视频信号切换，确保会议正常进行。

事故发生后应第一时间汇报现场导播，并按应急预案进行故障处置，现场导播应将故障情况与处置情况同步向主会场汇报，主分会场通过指挥系统进行沟通协调。若故障涉及通信通道，需由导播汇报至本级通信调度，由通信调度组织排查和抢修。

系统侧由网管操作员组成，负责包括会议控制系统 SMC 或 CMS 上的音视频主备用切换，送地区的音频、视频信号，会议议程的点名、发言、轮询、选看，终端开关机及相关配置等的应急处置；现场侧由导播、音视频切换操作员、现场保障员组成，负责会场声音、图像异常情况下的应急处置。

一、音频系统应急处置

1. 系统侧应急处置

（1）地区反馈主用专线平台收听声音异常。

1）系统侧网管操作员通过调音台将送地区的声音推大。

2）若地区还是反映声音小，在专线平台调音台和网络平台调音台已互通的前提下，可将网络平台的声音信号通过调音台互联送出。

3）否则通知地区自行通过网络平台进行收听。

（2）向上发言时，备用平台无声音送出。在专线平台调音台和网络平台调音台已互通的前提下，可将主用平台的声音信号通过调音台互联送出至备用平台。

2. 现场侧应急处置

（1）会场听远端声音异常。主用声音出现异常，无需请示领导，自行切换至备用声音。

（2）地区听主会场声音异常。

1）地区听主会场声音大小异常，会场音频导播检查光端机，记录状态，不做操作。由系统侧网管操作员进行操作。

2）地区听主会场声音其中一路无声音，会场音频导播检查光端机，记录状态，不做操作。由系统侧网管操作员进行操作。

（3）会场有线话筒异常。

1）若话筒未打开，会场保障人员上前打开；若打开后仍无声音，跳转至步骤 7 应急处置。若是在会议调试过程出现问题，跳转至步骤 3 处理。

2）若由于多只话筒未关导致啸叫，需要会前提前调试，调试过程中同时打开几组话筒，测试现场声音是否啸叫。

3）检查机房机柜内的音频处理器设置是否正确。如设置正常，则跳转下一步检查。

4）检查机柜内功放工作是否正常。如功放故障，则调整功放进行使用。

5）检查话筒线缆连接是否正常有无脱焊、松动。如存在脱焊、松动等问题，则需进行维修恢复。

6）检查机柜内会议主机工作是否正常。如不正常进行重启或参数设置。

7）启用备件话筒临时代替。

（4）会场无线话筒异常。

1）检查话筒是否有电，打开话筒充电电池进行检查。

2）检查调音台设置是否正确。如设置正常，则跳转下一步检查。

3）检查无线话筒频率，通道是否与主机匹配，如存在不匹配，需重新设置。

4）检查 1 号机柜内的音频处理器设置是否正确。如设置正常，则跳转下一步检查。

5）检查无线话筒的主机是否设置是否正常、线路连接是否正常。如不正常进行重新设置，如正常则跳转下一步检查。

6）检查机柜内功放工作是否正常。如功放故障，则调整至备用功放进行使用（机房机柜内一般有多台功放，必要时可进行轮换）。

（5）大厅音柱无声音。

1）检查调音台信号是否都发送出去。

2）检查机柜音频处理器设置是否正确。如设置正常，则跳转下一步检查。

3）检查机柜内大厅功放工作是否正常。如功放故障，则调整至备用功放进行使用（机房机柜内一般有多台功放，必要时可进行轮换）。

4）检查音频信号源是否正常。话筒或笔记本电脑播放的音乐远端传送来的音频。

（6）吸顶音箱无声音。

1）检查调音台信号是否都发送出去。

2）检查音频处理器设置是否正确，如设置正常，则跳转下一步检查。

3）检查机柜内功放工作是否正常，如功放故障，则调整功放进行使用。

4）检查音频信号源是否正常（话筒或电脑播放的音乐或远端传送来的音频）。

二、视频系统应急处置

1. 系统侧应急处置

（1）召开省-市会议过程中，会场专线摄像机、PPT图像黑屏或者闪烁。

1）通知地区自行收视正常的一路。

2）在矩阵里把网络图像打通送给地区。

3）会后检查是摄像机问题，还是光端机问题。

（2）召开国网-省会议过程中，会场专线摄像机、PPT图像黑屏或者闪烁。在矩阵里把网络图像打通送给国网。

（3）地区轮询图像模糊。

1）系统侧网管操作员第一时间发现后，在会控软件中点击快进，切至下一家地区的画面。

2）通过协调指挥系统告知地区图像模糊问题，请地区尽快处理。

3）同时将该地区画面投放在电视墙或监视器中单独监视，如若画面一直模糊，询问主办方领导是否将其踢出轮询列表。

2. 现场侧应急处置

（1）会场图像异常。切备用图像至会场，无需调预案，直接矩阵单点操作。

（2）会场摄像机异常。

1）摄像机异常，应立即切换到辅助摄像机，进行应急使用，会后进行故障处理。

2）观察摄像机指示灯是否正常，判断设备是否有电或故障。

3）使用遥控器进行控制，如不能控制则进行下一步检查。

4）检查摄像机后视频信号线是否正常有无脱焊、松动。如存在脱焊、松动等问题，则进行维修恢复。

5）如不能恢复启用，联系厂家进行设备更换。

（3）特技台无显示信号输出故障。

1）检查导播席上的特技台，电源供电是否正常。

2）检查对应的视频信号输入、输出线缆连接是否可靠、正常。

3）检查特技台直连的显示器上预监多画面是否显示正常。

4）检查 HDMI 矩阵端与对应的切换连接的视频信号预览窗口是否有显示。

5）启用切换台（备）进行紧急备用。

三、其他应急处置

1. 视频会议系统故障

（1）视频会议终端无显示信号。

1）检查机柜内视频会议终端是否打开，电源供电是否正常。

2）检查终端视频显示模式是否设置正确。

3）检查对应的视频信号、音频信号线缆连接是否正常，端口绿色指示灯是否处于绿色跳亮状态。

4）检查 HDMI 矩阵端，对应的信号预览窗口是否有信号显示。

5）检查接入平台网络连接是否正常，网络平台、专线平台接入交换机对应的端口工作是否正常。PING 国网 – 省网会议终端地址进行网络连通性测试。

6）启用备机进行紧急恢复。

2. 监控系统故障

（1）硬盘录像机工作不正常。

1）检查硬盘录像机工作是否正常，通过网页或者直接外接显示器进行登录操作，查看运行日志、告警事件等信息。

2）检查视频监控各个位置摄像头有无信号显示。

3）检查硬盘录像机、监控控制电脑、摄像头之间的网络连接是否正常。

4）网络不正常时，依次分析排查 POE 监控交换机、各设备通断电情况、网线、网口等故障。

3. 大屏系统故障

（1）大屏图形工作站异常屏幕显示黑屏。

1）检查工作站供电是否正常。

2）检查工作站是否正常开机。

3）检查工作站至分布式节点或发送卡的视频线路是否正常。

4）如故障还未消除，则需更换相关设备节点或线缆。

（2）通过中控触摸屏的"开机"键无法使大屏开机。

1）直接使用分布式系统平台进行操作。

2）检查触摸屏控制是否正常。观察中控触摸屏上的无线网络信号是否正常，如信号连接正常，中控系统无法控制，检查集中控制主机工作是否正常，如中控操作正常，则跳转下一步检查步骤4。

3）如中控控制系统不正常，重启集中控制主机和中控触摸屏。

4）检查 LED 屏供电是否正常。

5）检查机房及 PLC 配电柜设备是否处于通电状态，如有电源指示，通电均正常，则跳转下一步检查。

6）检查机柜内大屏拼接控制器是否正常，如工作异常则先进行重启观察。如大屏仍无法开启，则跳转下一步。

7）联系厂家进行维修或更换设备。

（3）大屏信号节点白屏、花屏、蓝屏故障。

1）根据故障现象，一般确认为分布式节点信号源故障引起，将发送卡设备断电重启后。

2）如还不能解决，再依次排查相关线路节点等问题，需要较长时间处理（如有参观接待等活动将受影响）。

（4）大屏模组显示异常。

1）首先确定故障模组的位置，是否需要使用升降机或梯子。

2）如不需要登高作业，则使用专用吸盘把故障模组拆下来，查看是上排线还是下排线。

3）然后根据排线情况，更换对应的备用模组，更换时先对没有排线的一段，再对齐另一端，吸附上后，查看显示是否正常。

4）如需要升降机，则要先把升降机拉出来，详见步骤5"升降机使用注意事项"，其他操作都正常进行更换。

5）升降机使用注意事项。

① 使用前，先检查机器的各项按钮是否可以正常使用；电源是否插好；输油管是否完好；升降机平台的护栏是否安装牢固；螺栓是否有松动。

② 如果启动升降机后，上升按钮的电源指示灯亮起，但是平台却不向上运动，原因可能是线路接反，只要把线路重新接正确就可解决问题。

③ 升降机平台上的载物或人的重量不能超过额定重量，否则会有危险。

④ 没有安装护栏的升降平台，非常不安全，最好不要使用，以免造成人员伤亡或货物的损失。

⑤ 启用升降机时，要把支腿打开，调整螺栓，使支腿的受力平衡。

⑥ 在使用升降机的过程中，严禁随意移动或是摇晃升降平台。

⑦ 使用过程中，如果机器发出不正常的声音，工作人员应该立即把机器停下来，检查发出异声的原因，以防造成更大的损失。

⑧ 每次使用升降机前，都要刷一次润滑油。

⑨ 升降机使用完毕后，如果品台还在上面，应该把它降到最低的位置，然后进行擦洗清洁。

4. 电源系统故障

1）检查STS电源切换装置是否有异常报警显示或异常声音出现。

2）若不能及时排除故障，需立刻联系设备厂商第一时间到现场进行处理。同时现场做应急处理，按需要关闭大屏幕展示系统相关设备。

3）及时上报用户及相关部门，做好电源调配准备。

第六节　重大会议保障典型经验

一、行政视频会议

下面以"国家电网有限公司数字化转型培训及2023年数字化工作会议"江

苏信息通信保障工作为例，介绍重大行政视频会议保障典型经验。

1. 总体方案

根据国网江苏省电力有限公司统一安排，定于 2 月 23 日、24 日上午 09:00 召开"国家电网有限公司数字化转型培训及 2023 年数字化工作会议"，会议级别为国网二级、省公司一级，陈国平总参会。视频会议使用"一主两备"方式，主用系统为国网行政数据网平台，备用系统为国网行政专线平台、i 国网系统。视频会议期间，使用无纸化系统。

（1）会场设置。

1）主会场。

国网江苏省电力有限公司老大楼行政视频会议室。

2）国网观摩分会场。

国网总部、各分部、各省公司及直属单位行政视频会议室。

3）省公司观摩分会场。

江苏省内市县公司、直属单位行政视频会议室。

（2）组织机构。为确保会议各项通信保障工作有序推进，各参会部门成立领导小组和工作小组，具体如下：

1）领导小组。

组　　长：主办部门领导。

副组长：信通公司领导。

成　　员：省公司相关部门领导及各单位分管领导。

2）工作小组。

组　　长：省公司相关部门领导及各单位分管领导。

副组长：省公司相关部门主任及各单位相关部门负责人。

成　　员：各单位相关部门主任及专责人员。

（3）各单位职责。江苏公司作为主会场，主要职责：负责制定大会的信息通信技术保障方案。负责主会场演示系统保障工作。负责主会场基础环境准备工作，做好会场设备间和操作间搭建等。负责所需视频会议专线通道、视频 VPN、信息内网、信息外网等通道开通及保障工作。负责主会场会议系统、音视频系统的搭建及保障工作。负责编制会议导播脚本。配合国网公司主办部门、国网信通公司演练、彩排及正式会议保障工作。责任落实按照"谁建设谁保障"原则做好运维保障工作，具体分工如下：

1）会议主办部门。

① 提供会议整体方案。

② 提供会议议程、主持词、发言稿等会议材料。

③ 负责相关单位协调工作。

④ 负责审核导播脚本。

⑤ 组织会议彩排、演练。

⑥ 管理协调外部合作单位。

⑦ 负责组织主会场内 UPS 电源保障。

2）会议职能管理部门。

① 负责组织编制通信技术保障方案。

② 负责通信保障的总体协调工作。

3）信通公司。

① 负责编制主会场信息通信技术保障方案，组织协调会议现场整体彩排及信通保障工作。

② 负责视频会议现场演示系统涉及的网络、设备、平台及系统的运行保障；负责主会场光端机设备，国网、省网会议管理平台操作，视频会议系统保障工作；组织各分会场开展视频会议系统联调工作；编制视频会议操作脚本，按脚本演练和彩排。

③ 负责无纸化系统保障；负责主会场使用的电脑等终端设备保障工作；做好 i 国网系统相关材料推送工作。

④ 负责组织主会场视频会议所用网络通道开通及信息系统保障工作。

⑤ 负责组织做好通信通道保障工作。

⑥ 协同外部合作单位做好整场会议音视频设备的技术对接、视频展示彩排及保障。

4）国网南京供电公司（含协调外部合作单位）。

① 负责联系外部合作单位，提供及操作主会场大屏、矩阵、调音台、麦克风、摄像机、切换台、音箱、功放等音视频外围设备，包括提供与视频会议对接音视频线缆；监督配合完成演练、彩排和保障工作。（附件 2 信息通信保障中外部合作单位设备清单及工作要求）。

② 负责省公司新老大楼间过路光缆保障。

③ 负责主会场主用保电车、备用 UPS 电源的提供和保障。

5）物业公司。

① 负责主会场灯光、电源保障。

② 负责主会场已有的主席台两侧屏幕、功放音箱等设备的保障。

③ 提供主会场设备摆放及操作间。

（4）工作计划。工作计划应根据会议正式时间进行倒排。

① 会前 1 个月，应完成现场勘察、通道延伸、设备搭建及保障方案制定等工作。

1 月 29 日，完成老大楼礼堂现场勘察，明确通道情况和光配位置。

1 月 31 日，完成信息通信技术保障方案初稿编制。

2 月 10 日，完成老大楼礼堂光纤通道测试和设备测试。

2 月 14 日，完成会场大屏等音视频设备搭建。

② 会前 1 周。

2 月 15—22 日，彩排、演练，应急切换测试。

③ 会中。

2 月 23 日、24 日上午，正式会议保障。

2. 建设方案

（1）视频会议系统。主会场（老大楼礼堂）安装两套音视频光端机，通过矩阵设备将现场的音视频信号转发至光端机，再通过光缆传送至系统侧（34 楼机房）的光端机，最后将光端机内音视频信号送至视频会议终端，通过国网视频会议专线、网络双平台，转发至国网总部、各分部、各省公司及相关直属单位；同时，通过省网视频会议专线、网络双平台，转发至省内各地市公司、县公司及相关直属单位。系统拓扑图、主设备接线图如图 5-6-1～图 5-6-3 所示。

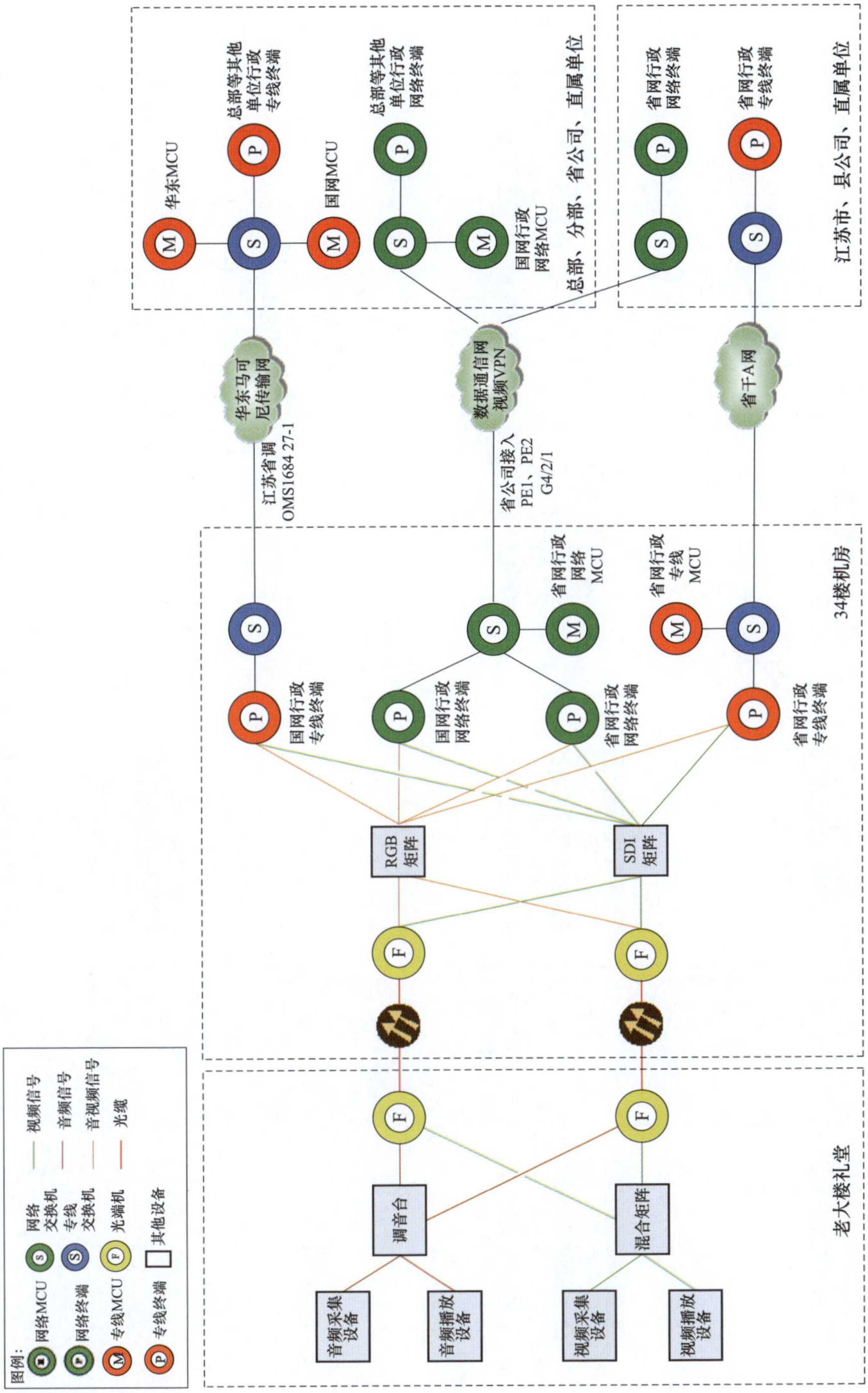

图 5－6－1 视频会议系统拓扑图

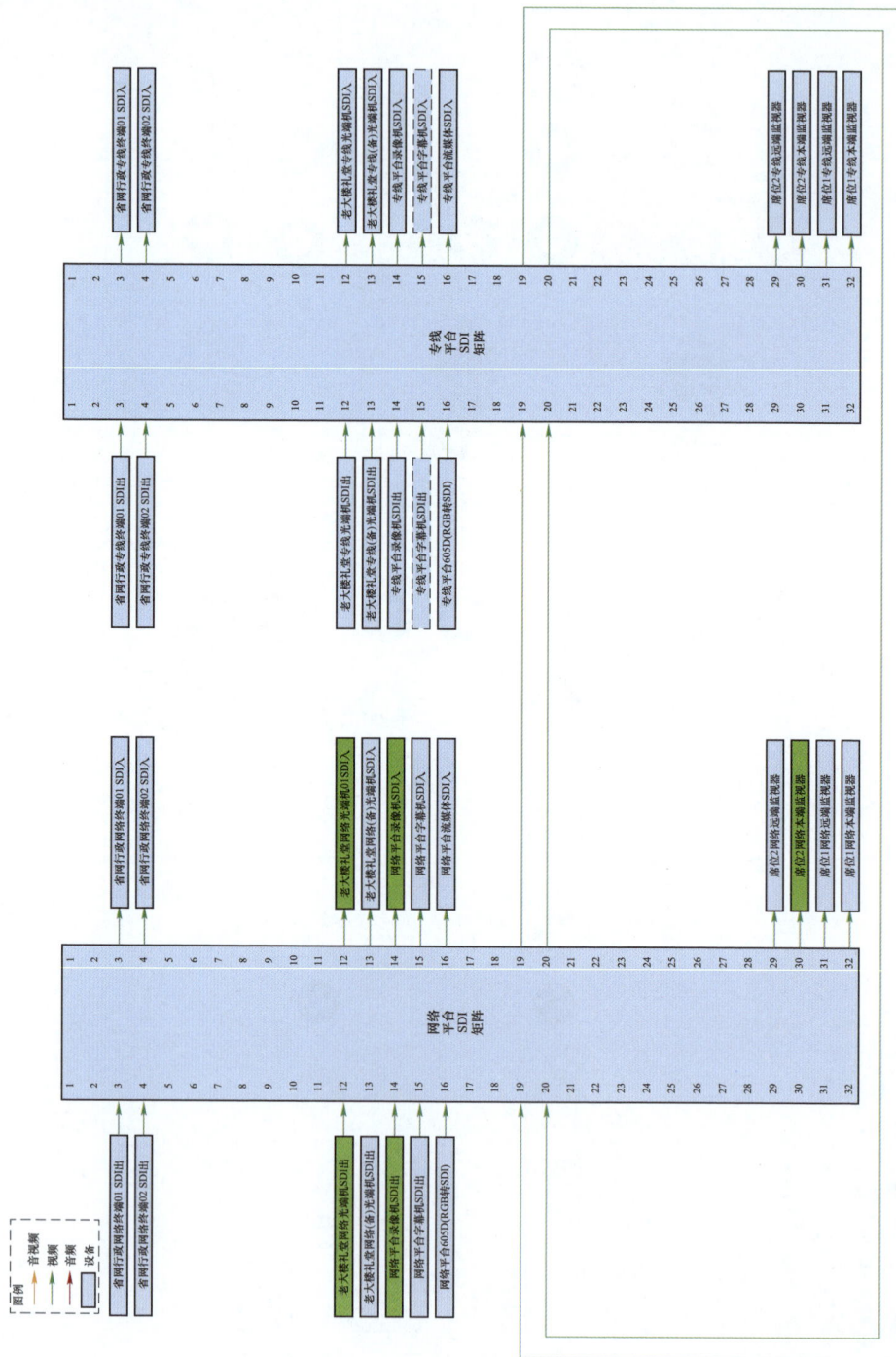

图 5－6－2 视频会议系统主设备接线图（SDI 矩阵）

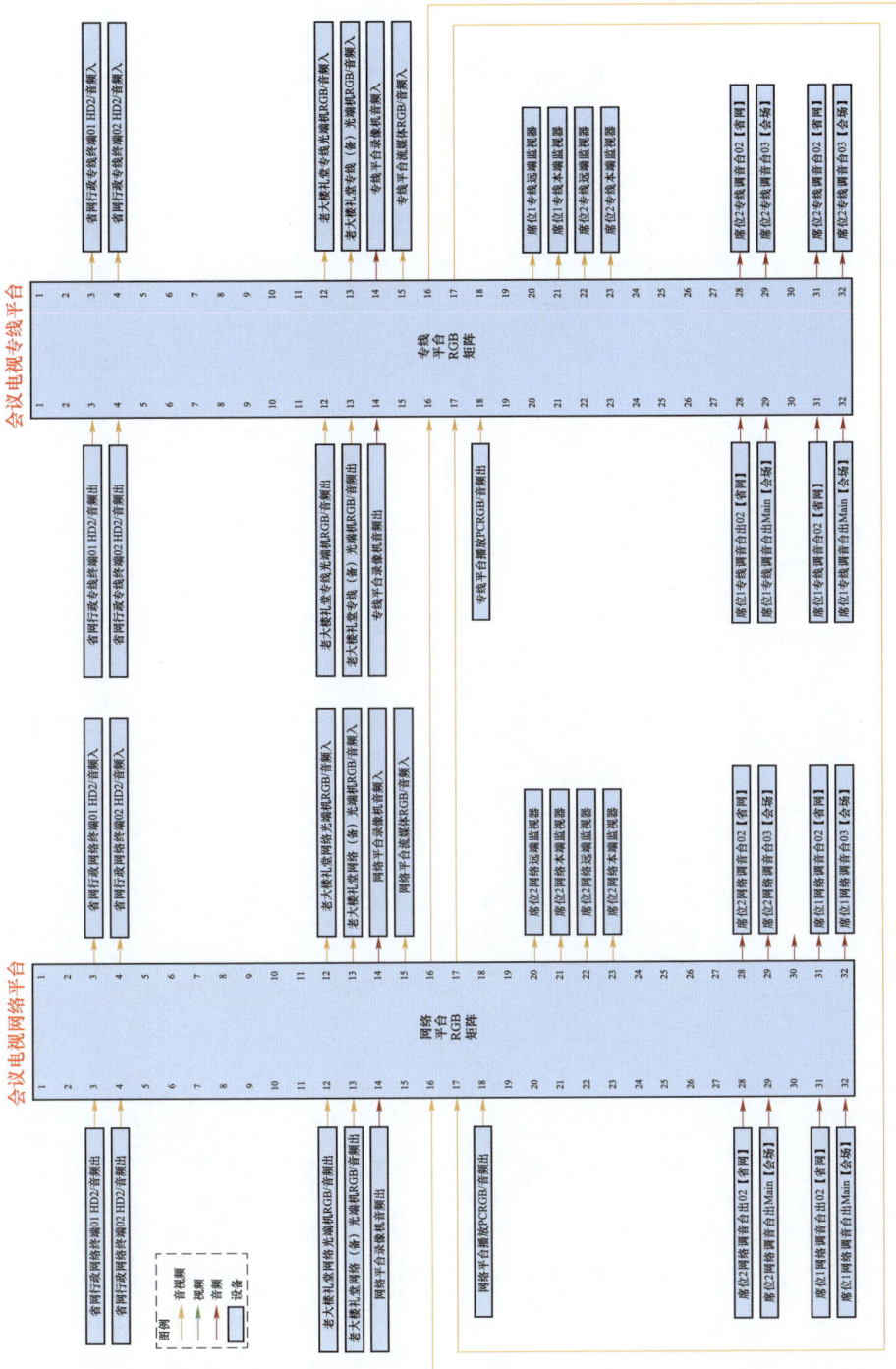

图 5－6－3　视频会议系统主设备接线图（RGB 矩阵）

（2）视频会议光缆路由。本次会议主会场光端机通过两条不同路径的光缆到达省公司系统侧光端机。光缆纤芯资料见表 5-6-1，光缆走向见图 5-6-4。

表 5-6-1 新、老大楼光缆纤芯资料表

业务名称	路由	站点名称	光纤序号	站点	光纤序号/长度	站点名称
省公司系统侧－会场	路由一（网络平台）	省公司系统侧	普缆/48 芯 01 第 9、10 芯	老大楼机房	普缆/24 芯 01 第 1、2 芯	主会场
	路由二（专线平台）	省公司系统侧 省公司系统侧	普缆/48 芯 02 第 11、12 芯	老大楼机房	普缆/24 芯 02 第 1、2 芯	主会场
	路由三（专线平台）	省公司系统侧 省公司系统侧	普缆/48 芯 01 第 7、8 芯	老大楼机房	普缆/24 芯 01 第 3、4 芯	主会场
	路由四（网络平台）	省公司系统侧	普缆/48 芯 02 第 7、10 芯	老大楼机房	普缆/24 芯 02 第 11、12 芯	主会场

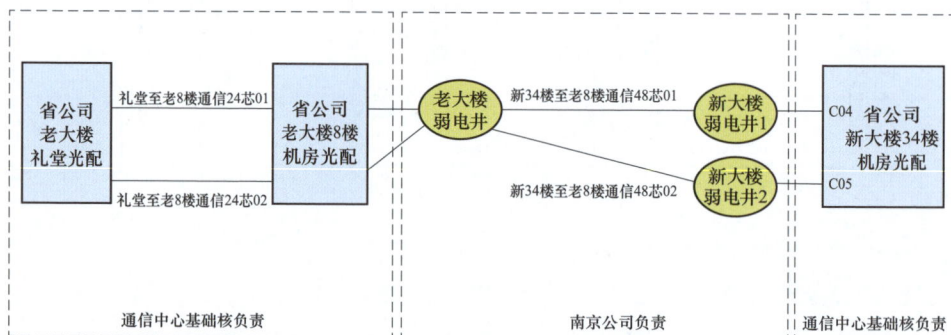

图 5-6-4 新、老大楼光缆走向图

（3）会场视频系统。所有会场（室内、室外）视频系统各环节视频格式需统一为 720P/50Hz，画面切换需平滑切换，会场视频系统连接方式如图 5-6-5 所示。

（4）会场音频系统。会场音频系统连接方式如图 5-6-6 所示。

演示PC
(主用*2)

i国网PC
(主*2)

主摄像机
(拟4台)

导播台
(主用)

大礼堂
视频
矩阵

网络光端
机主

网络光端
机备

专线光端
机备

大屏

大礼堂
侧屏

大礼堂
监视器

专线光端
机主

备摄像机
(拟4台)

导播台
(备用)

i国网
PC备

演示PC
(备用*2)

主办部门（外部合作单位）负责　　　　物业公司负责　　　省信通公司负责

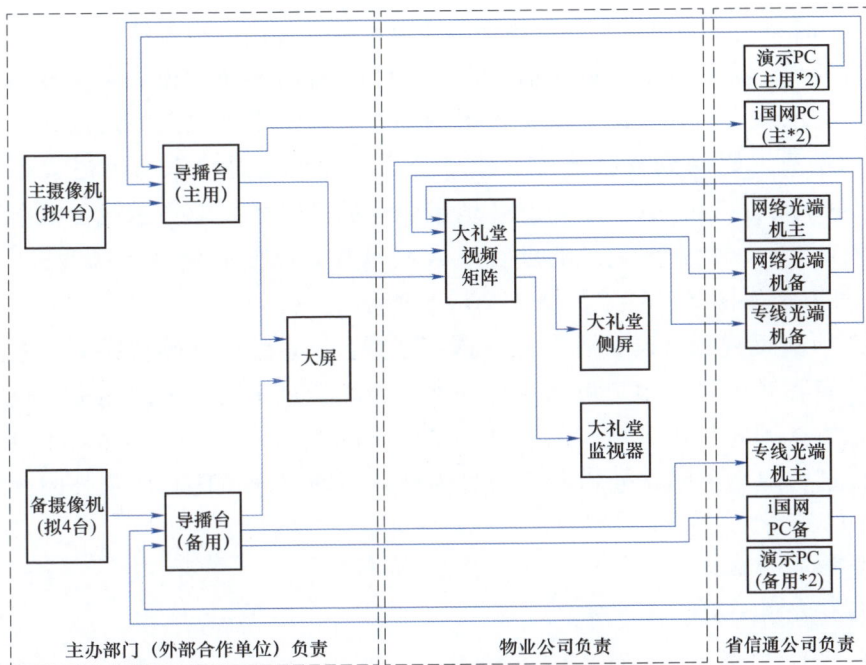

图 5-6-5 会场视频系统连接示意图

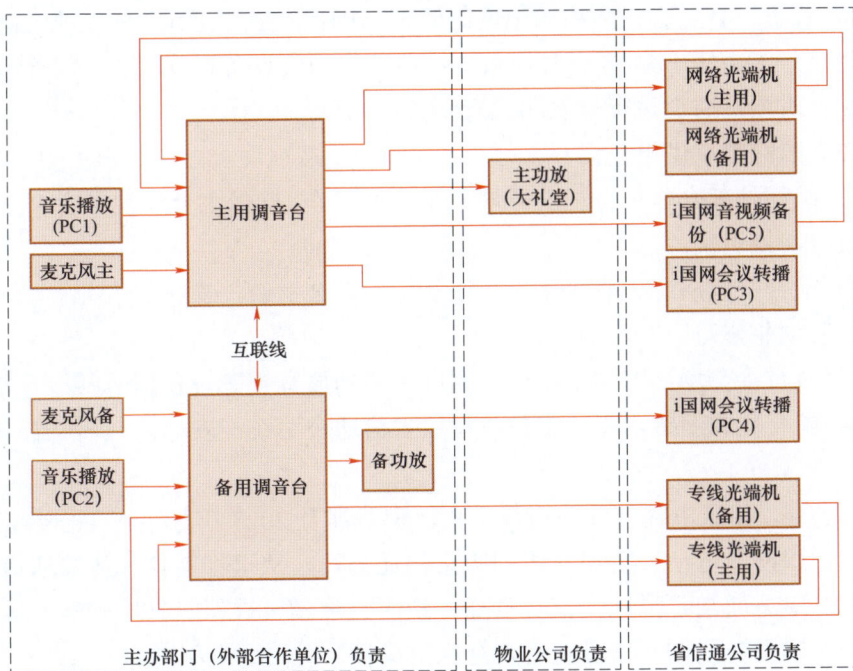

网络光端机
(主用)

网络光端机
(备用)

音乐播放
(PC1)

主用调音台

主功放
(大礼堂)

i国网音视频备
份 (PC5)

麦克风主

i国网会议转播
(PC3)

互联线

麦克风备

i国网会议转播
(PC4)

音乐播放
(PC2)

备用调音台

备功放

专线光端机
(备用)

专线光端机
(主用)

主办部门（外部合作单位）负责　　　　物业公司负责　　　省信通公司负责

图 5-6-6 会场音频系统连接示意图

（5）视频会议数据通信网、传输网通道。本次会议主用系统为视频会议网络平台通道，其承载于数据通信网视频 VPN，备用系统为视频会议专线平台通道，其承载于传输网络。其中，国网到省公司网络平台业务通过数据通信省际网承载，国网到省公司的专线平台业务通道通过华东马可尼设备省调OMS1684 设备口接入；省公司到各地市公司的网络平台业务承载于数据通信省内网，专线平台业务通道通过省干 A 网承载。数据通信网视频 VPN 及省干 A 网拓扑如图 5－6－7、图 5－6－8 所示。

（6）i 国网视频会议直播系统。i 国网视频会议系统通过硬视频会议系统转播获取音视频信号，用户可通过外网电脑终端登录 i 国网客户端进行收听收看，该方式同时作为各单位的音视频备份。图 5－6－9～图 5－6－11 分别展示了信息内网主用网络通道图、信息内网备用网络通道图和信息外网网络通道图。

3．调试方案

（1）国网江苏信通公司。

1）配合开展系统联调工作，确保主会场视频会议系统音视频信号高质量互联互通；负责按照操作脚本开展演练和彩排。

2）负责主会场会议所用通道网络测试，确保主备用通道 15 分钟无误码、无丢包；于会议召开前 48 小时检查省公司站点通信设备运行状态，核查通道告警情况，对测试通道进行挂表测试直到会议结束。

（2）国网南京供电公司。

1）组织外部合作单位配合开展系统联调工作，确保主会场视频会议系统音视频信号切换正常。

2）配合完成演练、彩排工作，服从省信通公司统一安排。

（3）物业公司。

1）负责主会场已有的主席台两侧屏幕、功放音箱等设备信号播放正常。

2）配合完成演练、彩排工作，按照省信通公司统一安排。

4．保障方案

为加强"国家电网有限公司数字化转型培训及 2023 年数字化工作会议"保障工作，国网江苏信通公司、国网南京信通公司，从运行监控、传输通道、会议保障等多方面制定措施，落实责任，按照"谁建设谁保障"原则做好运维保障工作，确保会议期间传输通道安全稳定运行，会议顺利召开。

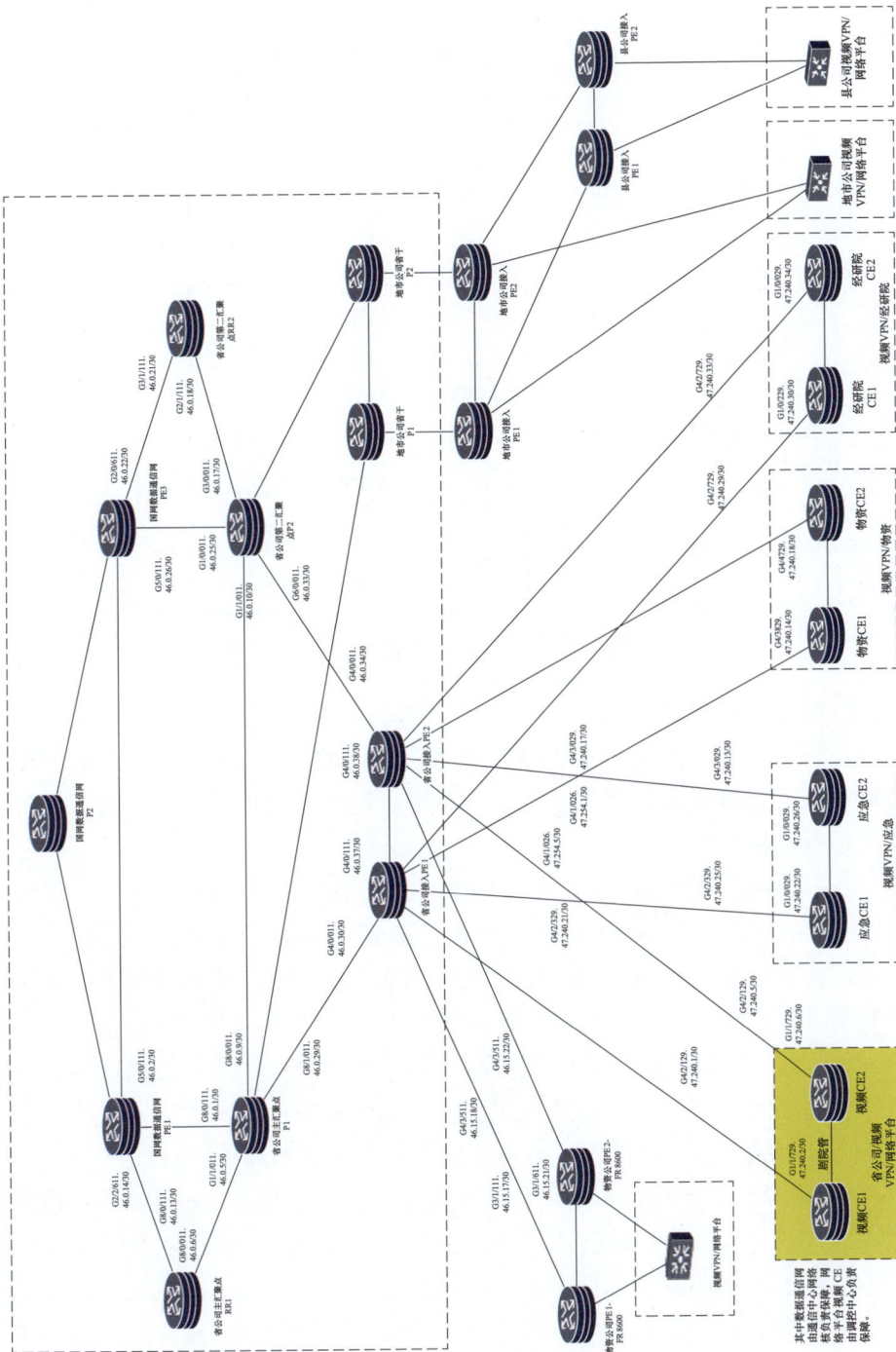

图 5 - 6 - 7　数据通信网视频 VPN 拓扑图

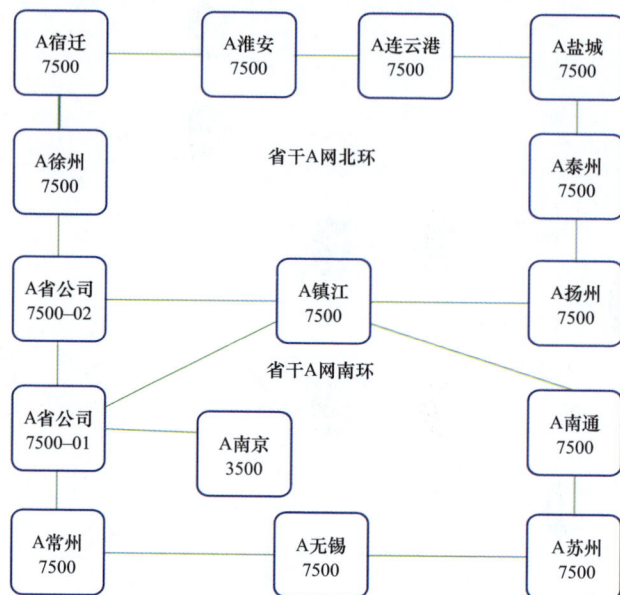

图 5-6-8　省干 A 网拓扑图

（1）国网江苏信通公司。

1）负责一、二、三级光传输系统和数据通信网的调度监视保障工作，强化值班值守和运行监视要求，相关单位应严格履行调度值班机制，强化对各级骨干通信网运行监视。

2）组织落实会议期间封网要求。提前通过 TMS 系统下发封网通知，保障期间，相关通信网执行封网要求，保障范围内原则上停止一切施工、检修工作。因安全生产必需开展的通信检修，履行提级审批要求，经江苏信通调度许可后方可开展。

3）严格履行信息报送机制。保障期间，相关单位应按照公司信息通信安全运行事件报送要求，严格履行信息报送机制。发生保障范围内通信系统故障或可能影响通信系统正常运行的突发事件，应立即向江苏信通调度汇报。

4）负责视频会议终端设备系统和视频会议局端设备系统特巡保障。视频会议终端特巡包括主、备用视频会议终端，主备用视频会议局端视频及网络设备等。在正式会议前 4 小时安排技术人员现场巡检，巡检内容包括视频会议终端本地、远端画面状态，声音状态，网络状态，GK 连接参数配置等。会议召开中保持登录系统，实时查看视频会议终端状态及设备告警信息。

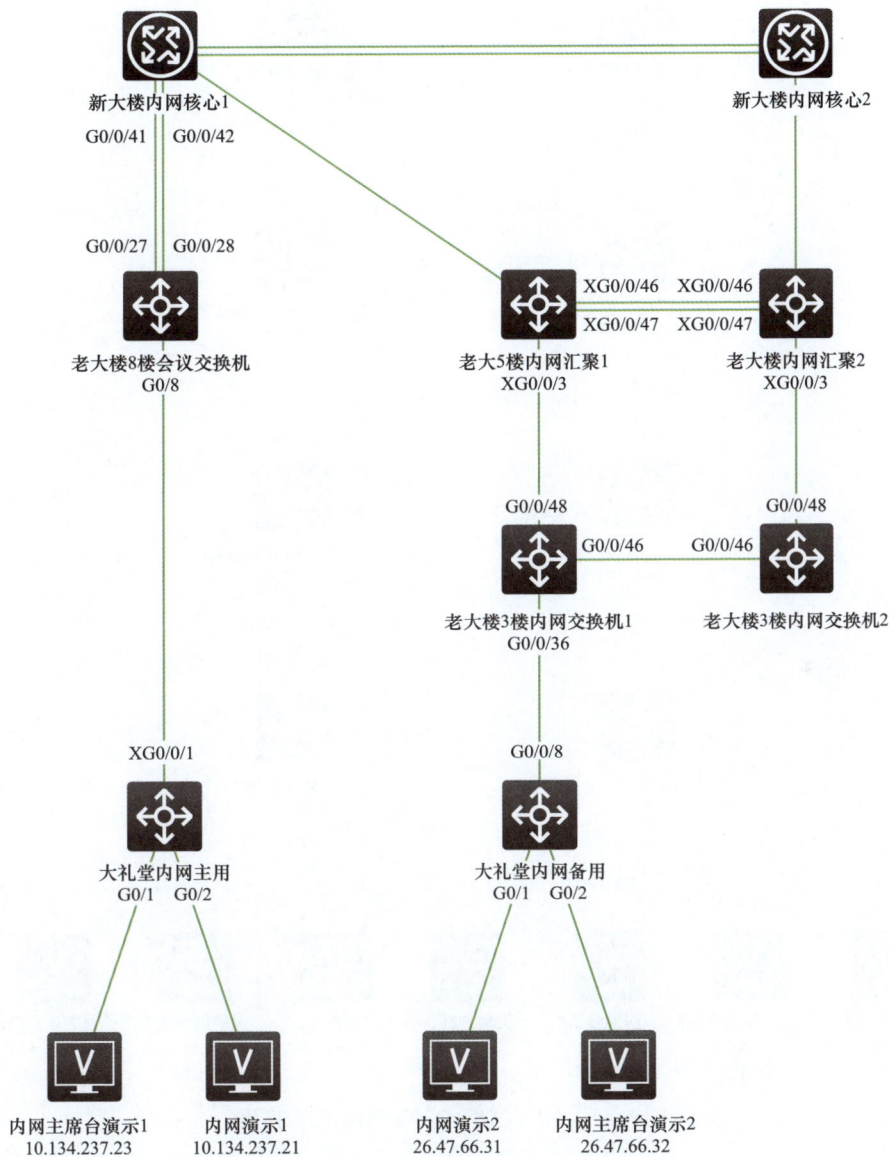

新大楼内网核心1　　　　　　　　　　　　　　　新大楼内网核心2

G0/0/41　G0/0/42

G0/0/27　G0/0/28

老大楼8楼会议交换机　　　　　　老大5楼内网汇聚1　　老大楼内网汇聚2
G0/8　　　　　　　　　　　　XG0/0/46　XG0/0/46
　　　　　　　　　　　　　XG0/0/47　XG0/0/47
　　　　　　　　　　　XG0/0/3　　　　XG0/0/3

G0/0/48　　　　　　　　　G0/0/48

老大楼3楼内网交换机1　　老大楼3楼内网交换机2
G0/0/46　　G0/0/46
G0/0/36

XG0/0/1　　　　　　　　　　G0/0/8

大礼堂内网主用　　　　　　　大礼堂内网备用
G0/1　G0/2　　　　　　　G0/1　G0/2

内网主席台演示1　　内网演示1　　　内网演示2　　　内网主席台演示2
10.134.237.23　　10.134.237.21　　26.47.66.31　　26.47.66.32

图 5-6-9　信息内网主用网络通道图

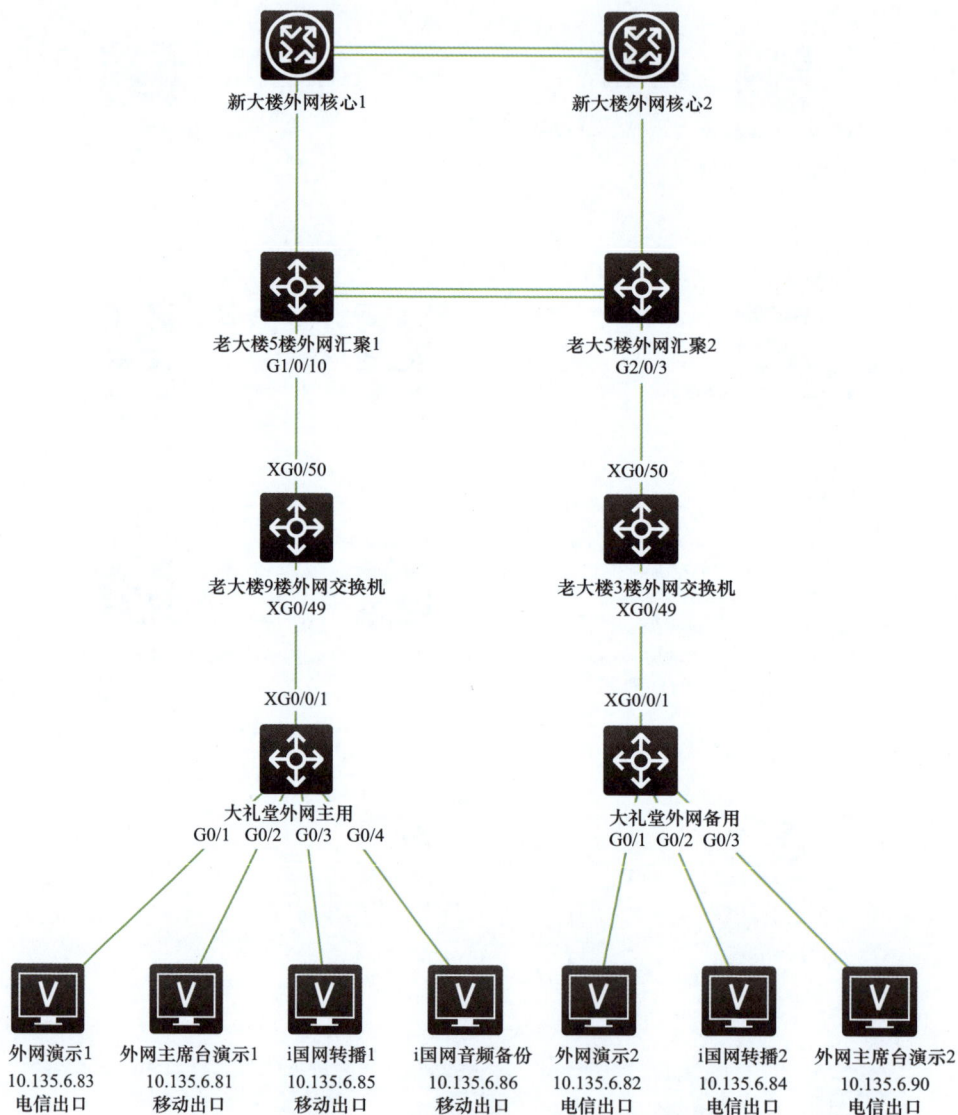

图 5-6-10 信息内网备用网络通道图

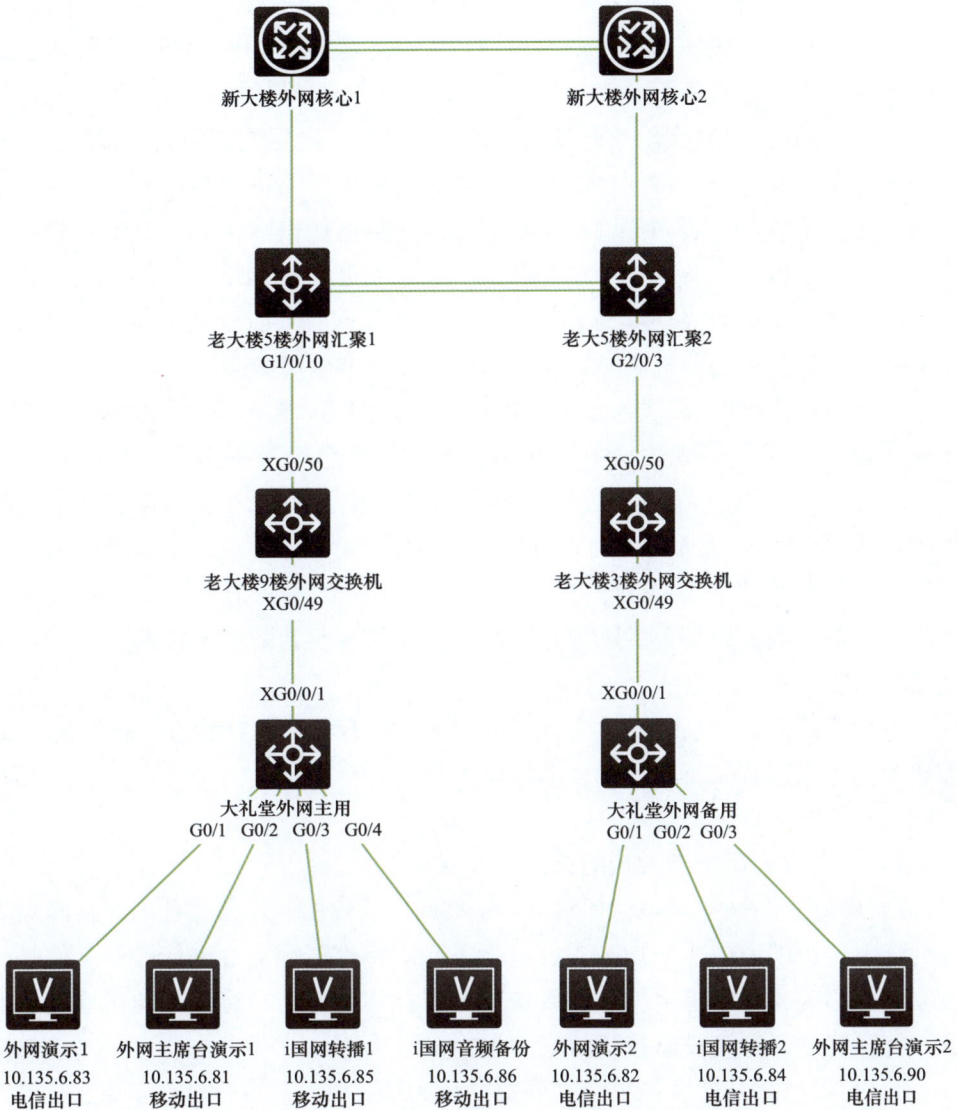

新大楼外网核心1　　　　　　　　新大楼外网核心2

老大楼5楼外网汇聚1　　　　　　　老大5楼外网汇聚2
G1/0/10　　　　　　　　　　　　G2/0/3

XG0/50　　　　　　　　　　　　XG0/50

老大楼9楼外网交换机　　　　　　　老大楼3楼外网交换机
XG0/49　　　　　　　　　　　　XG0/49

XG0/0/1　　　　　　　　　　　　XG0/0/1

大礼堂外网主用　　　　　　　　　　大礼堂外网备用
G0/1　G0/2　G0/3　G0/4　　　　　G0/1　G0/2　G0/3

外网演示1	外网主席台演示1	i国网转播1	i国网音频备份	外网演示2	i国网转播2	外网主席台演示2
10.135.6.83	10.135.6.81	10.135.6.85	10.135.6.86	10.135.6.82	10.135.6.84	10.135.6.90
电信出口	移动出口	移动出口	移动出口	电信出口	电信出口	电信出口

图 5-6-11　信息外网主用网络通道图

5）负责主会场视频会议核心设备（终端）操作及保障工作，按照操作脚本开展会议保障工作。正式会议保障措施的具体要求依照《国家电网有限公司总部行政会议系统调试及保障工作规范》开展，根据主办方提供的议程及主持词，将细化操作脚本，操作过程及信号切换过程严格执行《国网信通公司行政会议保障标准化作业指导书》。

6）负责省公司站点承载会议通道的相关传输、数据通信网设备保障，负责省公司站点承载相关光路的楼内光缆保障。通信运维人员于会议开始前 4 个小时到达保障现场，开展光传输系统网管巡检，数据通信网 P/PE、RR 等设备巡检，机房巡视检查设备、光缆运行状态；会议召开中加强机房现场巡视，数据通信网 P/PE、RR 设备等实时轮巡，光传输系统网管实时轮巡；并在保障时段对主会场、省公司通信机房进行有效封闭，禁止非保障人员入内。

7）负责会议期间现场演示涉及的数据中心网络、平台及系统的特巡保障。会议开始前一天，完成数据中心网络设备、云平台、数据中台、实时量测中心、PMS3.0、电网三维 GIS 等平台及系统的深度巡检，巡检内容包括系统功能使用流畅性、后台服务运行状态、软硬件资源水位等，消除运行隐患。会议期间，停止所有检修操作，加强机房设备巡检，重点对现场演示系统涉及的应用服务、服务组件、数据库运行状态、资源水位进行实时监测，对异常问题及时响应。

会议开始前 2 个小时到达会议保障现场，检查设备运行状态，对省公司 34 楼通信机房进行有效封闭，禁止非保障人员入内。

（2）国网南京供电公司。

1）负责省公司新老大楼间过路光缆保障。

2）做好主会场双路电源保障。会议期间，承载相关通信业务的通信网实施封网管理，原则上停止一切施工、检修工作。特殊情况需要进行检修工作时，必须做好相应的技术保障措施，并按规定履行相关手续，待江苏通信调度批准后方可在现场保障人员监护下组织实施。

3）负责组织外部合作单位开展主会场大屏、矩阵、调音台、麦克风、摄像机、切换台、音箱、功放等音视频外围设备及设备间音视频线缆特巡保障。在正式会议前 2 小时安排技术人员现场巡检，包括设备外部连线、插头及电源线情况、线缆标签标示情况、设备安装、架设情况、充电设备电池电量情况等。

4）负责组织外部合作单位开展主会场大屏、矩阵、调音台、麦克风、摄像机、切换台、音箱、功放等音视频外围设备操作及保障工作，按照操作脚本做好音视频信号切换。

（3）物业公司。

1）负责主会场灯光、电源保障。

2）负责主会场已有的主席台两侧屏幕、功放音箱等设备的保障。

5. 应急方案

（1）国网江苏信通公司。

1）如主用终端出现问题，会场信号切换操作人员将备用终端音视频信号切给主会场。

2）做好省公司站点相关通信设备、通道应急抢修工作，遇有突发事件发生时，应立即上报江苏信通调度及分管领导，坚决服从信通调度指挥，及时有效地进行省公司侧光缆、数据网设备、传输设备抢修工作，若省公司系统侧至主会场的主用光缆出现故障，视频会议自动切换至备用光缆，对主用光缆开展调芯，恢复主用系统功能；数据通信网如遇路由震荡、丢包、链路频繁倒换等问题，立即隔离相应故障源，首要保障会议业务；传输系统出现会议业务传输通道相关光路中断、板卡故障等问题，确认会议传输通道自动倒换至备用通道后，对故障点进行抢修。会议保障结束后应及时向分管领导汇报保障完成情况。

（2）国网南京供电公司。

1）做好双路电源、省公司新老大楼（主会场及通信机房）过路光缆应急抢修工作，遇有突发事件发生时，应立即上报江苏信通调度及分管领导，坚决服从信通调度指挥，及时有效地进行电源、光缆和设备抢修工作，缩短电路中断时间。会议保障结束后应及时向分管领导汇报保障完成情况。

2）负责组织外部合作单位对主备用有线和无线话筒、主备用调音台、主备用扩声系统、主备用矩阵、主备用云台控制器、本地和远端特效机画面切换等各类外围音视频设备进行应急切换。

（3）物业公司。做好主会场灯光、电源、主席台两侧屏幕、功放音箱等设备应急抢修工作，配合做好信号应急切换。

6. 辅助支撑方案

（1）无纸化会议系统保障方案。

1）工作组织。

① 省公司数字化部负责省公司主会场无纸化会议技术保障具体组织工作，包括省信通公司及相关系统支撑单位工作协调。

② 省信通公司负责无纸化会议、移动办公、i国网和统一权限系统的相关技术支撑及应用服务工作。

2）工作任务。

① 无纸化会议系统更新、保障及配套i国网、移动办公等系统应用支撑。

② 无纸化会议专用终端状态确认、会场摆放、回收。

③ 会议指南、会议材料的下载缓存确认。

④ 会议现场无纸化会议使用技术支持及应急服务。

3）会议需求。

根据国网江苏省电力有限公司数字化部会议通知要求，国网将于2月23—24日召开国网数字化专业会，此次会议分为北京西路20号礼堂和中山路两个会场，本次会议通过国网无纸化会议系统展示会议资料（不使用广播功能）。其中主会场具体时间、会场安排如下：

① 2月17号前，统计参会人员数量，收集参会人员姓名和统一权限账号，由项目组进行配置后，从i国网分发会议指南电子版。

② 2月20日前，向在宁单位借用无纸化平板50台，做好无纸化终端和充电设备准备工作。

③ 2月21日前，将无纸化终端和充电柜托运至会场，确定充电柜摆放和充电位置。

④ 2月22日，将无纸化终端设备充满电，后台上传23日上午会议材料，对终端进行材料缓存，擦拭屏幕后关机。

⑤ 2月23日上午7点，对无纸化终端进行开机，将页面统一调整到会议名称界面，准备备机10台放置于二楼保障人员处，其余终端继续保持充电状态。

⑥ 2月23日12点会议结束后，按照下午会议座次表重新调整无纸化终端位置，后台上传下午会议材料，对终端进行材料缓存，检查电量低于60%的设备并进行替换。

⑦ 2月23日下午会议结束后，对所有终端进行回收充电，后台上传24日上午会议材料，待充满电后摆放终端并缓存会议材料，缓存后关机。

⑧ 2月24日上午7点，对无纸化终端进行开机，将页面统一调整到会议名称界面，准备备机10台放置于二楼保障人员处，其余终端继续保持充电状态。

⑨ 2月24日中午会议结束后，回收终端并清点数量。正式会议时间中无纸化系统上使用的材料详情见表5-6-2。

表 5-6-2　　　　　　　　无纸化系统需展示材料汇总表

序号	时间	平台	材料
1	2月20日	i国网移动办公应用	会议指南
2	2月22日晚	无纸化系统	专家培训材料
			有关单位交流材料
			公司数字化能力白皮书
			公司数字化转型成果集
			路演材料
3	2月23日晚	无纸化系统	陈国平同志讲话材料
			公司2023年数字化重点工作安排
			表彰文件

4）系统部署方案。

本次会议使用国网无纸化会议系统，终端设备通过物联网 SIM 卡接入安全接入平台，访问省公司第五区无纸化服务，其架构如图 5-6-12 所示。

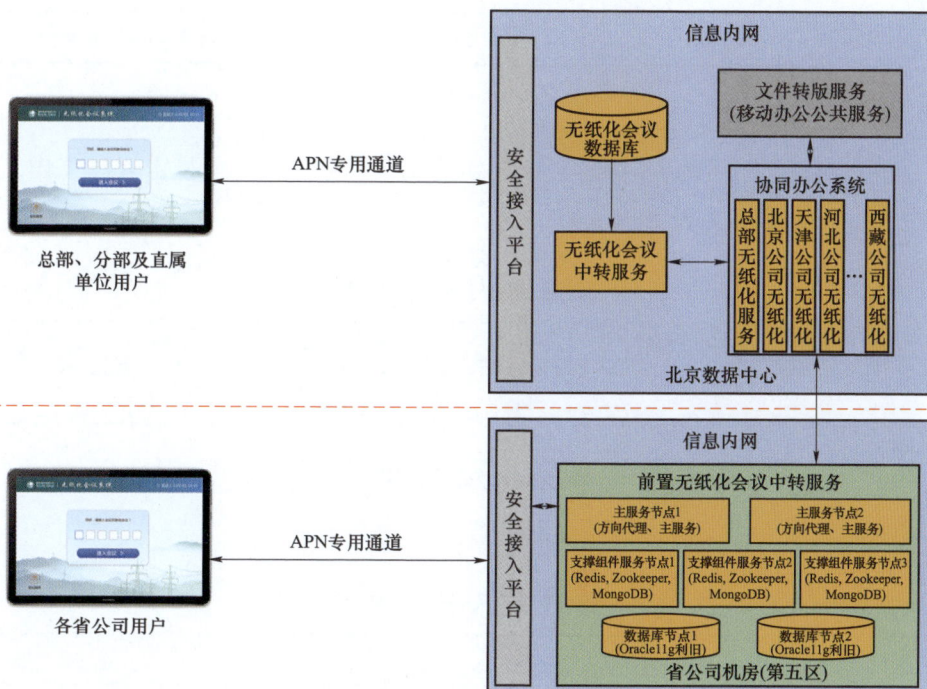

图 5-6-12　无纸化会议系统架构

① 平台侧参数信息。江苏无纸化会议终端通过物联网 SIM 卡接入江宁数据中心第五区,终端 App 配置专用端口 30003 在安全接入平台做相关的配置,指向江宁数据中心前置服务,前置服务指向内网 F5。内网 F5 指向无纸化组件服务。无纸化主服务部署在河西数据中心 K8S 平台。其平台侧参数信息见表 5−6−3。

表 5−6−3 平 台 侧 参 数 信 息 表

服务器	部署内容	IP/端口信息
虚机	Zookeeper 集群	21.47.44.30:12181 21.47.44.29:12181 21.47.44.28:12181
虚机	Redis 集群	21.47.44.30:30000 21.47.44.29:40000 21.47.44.28:50000
虚机	Nginx 集群	21.47.44.30:28088 21.47.44.29:28088
河西 K8S 环境	主服务	20.46.35.26:3008
江宁第五区 K8S 环境	江宁区前置服务	26.47.212.41:30066

5)人员分工。

① 会场技术保障组。负责会议现场的无纸化会议服务与技术保障工作,具体保障组人员信息见表 5−6−4。

表 5−6−4 保 障 组 人 员 信 息 表

序号	单位	联系人	手机
1	…	…	…

② 会场系统保障组。负责 APN 网络通道、无纸化会议前置服务及相关支撑系统的保障工作,具体保障组人员信息见表 5−6−5。

表 5−6−5 保 障 组 人 员 信 息 表

序号	职责	姓名	电话
1	统一权限保障	…	…

序号	职责	姓名	电话
2	系统服务与平台侧保障	…	…
3	APN 通道保障	…	…
4	安全接入平台保障	…	…
5	i 国网升级	…	…

6）工作内容。终端设备按照会场安排固定摆放，会后统一回收，会议材料通过协同办公系统统一上传、分发及管理。同时，做好会前、会中、会后的各项调试、检查和服务工作，确保无纸化会议系统及终端设备安全稳定运行。主会场具体工作内容见表 5-6-6。

表 5-6-6　　　　　　　　主会场具体工作内容表

序号	工作阶段	工作内容	主会场
1	前期准备	工作对接与会场网络信号检测	√
		i 国网及移动办公安装登录情况确认	√
		终端设备及充电宝充电、检查	√
		会前终端设备及相关设备清点、封装，确认终端运送事宜	√
2	会前准备	终端设备及相关设备二次清点、归整	√
		现场组织及分工	√
		会议报道服务	√
		终端确认	√
		会前终端摆放	√
		会议材料缓存与查阅确认	√
		现场调整	√
		系统运行保障	√
3	会中服务	会议服务响应	√
4	会后处置	会后缓存材料清除	√
		终端设备盘点、归置	√
		检查协同办公、移动办公查阅会议材料	√

① 前期准备。工作对接与会场网络信号检测环节需要明确支撑保障工作要求，组织对现场的网络情况、设备进出手续、工作场所（设备放置、设备充电、内网机）等进行沟通确认。还需要明确会议人员名单以便完成参会人员、终端设备台账信息的初始化。

终端设备及充电宝充电、检查工作内容包括，会前1～2天，根据会议报名情况，完成终端设备电量、无纸化会议应用版本及设备状态确认，具体包括以下方面。

版本更新：完成无纸化会议版本更新及确认，并查看会服中系统设置，根据主会场技术支撑组工作通知，进行会场模式切换。

备用终端准备：按照参会人员总数，按6%～10%比例制作备用终端。

配套设备准备：做好配套充电、排插、屏幕清洁工具等准备工作。

会前终端设备及相关设备清点、封装，确认终端运送事宜工作内容包括，根据参会人员名单对无纸化终端、插线板等相关设备数量进行清点、封装。确认会议设备进出大楼手续、运输设备车辆等信息。

② 会前准备。终端设备及相关设备二次清点、归整工作内容包括，进入会场办公区后，对会议相关设备进行清点、整理。准备插线板、充电宝等相关设备，设备配置清单见表5-6-7。

表5-6-7　　　　　　　设 备 配 置 清 单

序号	设备名称	数量（单位）	备注
1	华为C5平板（含原装键盘、手写笔）	230台	配套收纳箱2个
2	排插	20个	
3	充电柜	2台	
4	推车	2个	发放和收回终端设备
5	屏幕清洁工具	若干	

现场组织及分工工作内容包括，会前一天，根据会议指南中会议坐次图，完成保障组内部分组及分工，明确工作要点。

会议报道服务工作内容包括，会前半天，根据会议方案，安排 i 国网及移动办公相关支撑人员服务参会人员及工作人员快速获取会议指南。

终端确认工作内容包括，会前半天，完成会议室终端整理，明确座次表。

会前终端摆放工作内容包括，根据会场布置安排，完成终端设备的摆放及状态确认，同时与会务组确认主席台及其他区域终端摆放方式。

终端摆放工作内容包括，和会议活动负责人明确终端摆放规范，按照座次表对终端进行摆放。一是摆放位置确认。根据会场桌签及会议用纸摆放，常规摆放在会议便签纸左侧，终端前沿与纸张头部对齐，如果挡桌签，建议放在纸张右侧。二是终端摆放。终端打开后，平板放置在键盘卡槽第二档即靠近数字键。

会前会议材料缓存与查阅确认工作内容包括，会前 2 小时，进行终端状态确认及材料缓存确认。如会场需开放信号屏蔽设备，需沟通确认在会议材料缓存后再开启。详见检查步骤：终端摆放规范，参照会前终端摆放；检查电量是否达到 95% 及以上；会议版本，会议名称是否准确（断行）；文件是否缓存；文件数量是否正确；检查屏幕是否已清洁；分组交叉核验；最终返回会议主界面。

现场调整工作内容包括，根据会议情况，完成临时新增及调整参会人员设备绑定及会议调整。

系统运行保障工作内容包括，落实系统运行、应急抢修等保障措施，每日早中晚开展系统巡检，并提供相关技术支持，确保系统安全稳定运行。

③ 会中服务。后台监控参会代表无纸化会议系统使用情况，根据服务要求，开展设备替换等服务工作。休会期间，开展终端设备状态检查、充电及替换。现场安排部分人员在会议室边上进行现场保障，受理会议过程中的相关问题；其他人员对未使用到的终端设备进行补充充电，个别问题的排查等。

正式会议开始后，根据会期及安排，在会议室提前安排好充电宝及相关设备准备工作。

④ 会后工作。会议结束后，开展终端设备状态确认、回收、数量盘点及消毒工作。

（2）信息通信保障中外协单位设备清单及工作要求。

1）工作职责。

① 负责提供及操作主会场大屏、矩阵、调音台、麦克风、摄像机、切换台、音箱、功放等音视频外围设备，包括设备间音视频线缆提供。

② 配合完成演练、彩排和保障工作。

2）设备清单。

提前根据会议需求明确外协单位需提供的设备清单，见表 5-6-8。

表 5-6-8 设 备 清 单

序号	设备名称	技术要求	数量	单位
一		大屏展示系统		
1	LED 大屏	全彩异形屏弧形拼接，尺寸 14m×4.5m，屏幕总分辨率 3584×1152	63	m²
2	视频服务器	S3、场景保存、无缝切换	2	套
3	特效机	支持 1080P 60Hz、720P 50Hz、SDI/HDMI 输入、SDI 输出	3	台
4	摄像机	支持 720P 50Hz 输出、三角架、镜头；其中含带云台摄像机 3 台	8	台
5	导播台	信号总控	2	台
6	视频采集卡		3	台
二		音响扩声系统		
1	调音台	数字调音台；输入输出通道满足现场需求	2	台
2	备用音响系统	8 只全频、4 只返听、2 只低音音箱及配套功放、音频效果处理器	1	套
3	有线会议话筒		20	只
4	无线话筒		6	只
三		基础配套系统		
1	UPS	10kVA	1	套
四		技术保障服务		
1	会议活动支撑保障服务	提供对大屏及音频会议系统的搭建及进出场运输，另提供大屏控制、现场调音、视频切换、导播总控等多名专业技术工程师，全程负责本次活动系统技术支持、现场彩排、预演保障服务	1	项
2	辅材辅料	会议活动期间需要的光缆、尾纤、网线、音视频缆线、音视频接插件、电源插排、机柜等辅助性设备、材料，线路保护到位	1	项

3）工作要求。

所有会场（室内、室外）视频系统各环节格式统一为 720P、50Hz，画面切换需平滑切换，连接方式见图 5-6-13、图 5-6-14。

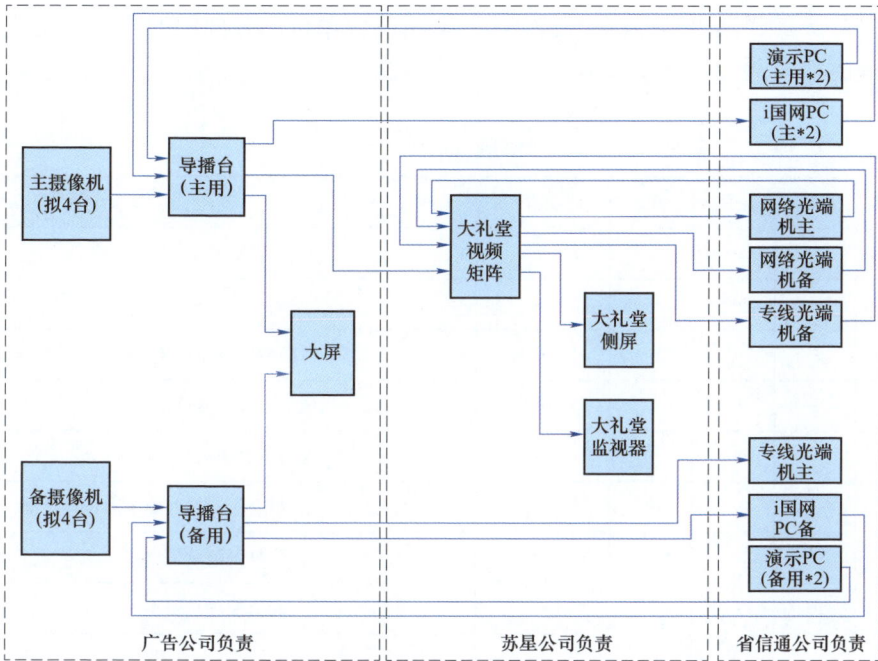

图 5-6-13 会场视频连接图

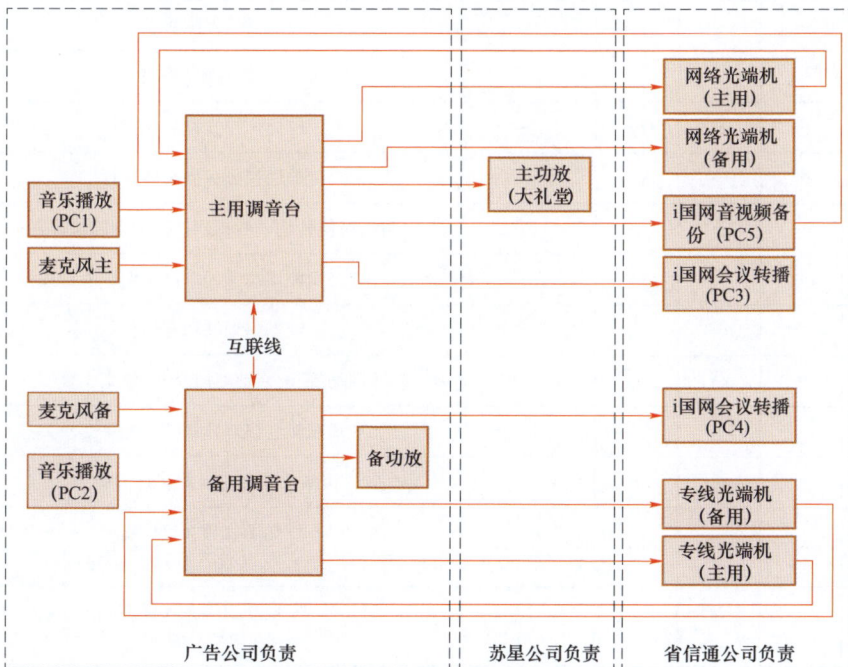

图 5-6-14 会场音频连接示意图

（3）保障联系表。根据上文总体方案明确各单位、各部门的具体负责人员，详细保障联系表见表5-6-9。

表5-6-9 保 障 联 系 表

序号	姓名	单位	职务	联系方式	备注
1	…	…	…	…	现场总指挥
2	…	…	…	…	通信保障总指挥
3	…	…	…	…	现场通信保障总体指挥
4	…	…	…	…	现场信息保障总体指挥
5	…	…	…	…	现场信息通信总体协调
6	…	…	…	…	大礼堂涉及苏星公司支撑保障事项总体指挥
7	…	…	…	…	信息保障总协调
8	…	…	…	…	通信保障总协调
9	…	…	…	…	会议管理协调
10	…	…	…	…	会务总体协调
11	…	…	…	…	通信保障协调
12	…	…	…	…	信息保障协调
13	…	…	…	…	信通调控支撑总体指挥
14	…	…	…	…	信通视频保障总体指挥
15	…	…	…	…	省公司侧传输、数据网、光缆保障总体指挥
16	…	…	…	…	省公司侧信息系统、网络保障总指挥
17	…	…	…	…	现场信通终端总体协调
18	…	…	…	…	现场视频会议总体协调（礼堂1楼）
19	…	…	…	…	现场视频会议总体协调（礼堂2楼）
20	…	…	…	…	省公司侧视频会议保障（新大楼34楼）
21	…	…	…	…	现场视频会议保障（设备间）
22	…	…	…	…	现场视频会议保障（应急处置）
23	…	…	…	…	现场终端、无纸化系统、网络总体协调

序号	姓名	单位	职务	联系方式	备注
24	…	…	…	…	现场终端、网络保障
25	…	…	…	…	现场终端、网络保障
26	…	…	…	…	现场终端、网络保障
27	…	…	…	…	现场终端、网络保障
28	…	…	…	…	省公司侧数据通信网保障
29	…	…	…	…	省公司侧传输通道保障
30	…	…	…	…	省公司侧楼内光缆保障
31	…	…	…	…	省公司侧信息系统、网络保障
32	…	…	…	…	省公司侧信息系统、网络保障
33	…	…	…	…	省公司侧信息系统、网络保障
34	…	…	…	…	省公司侧信息系统、网络保障
35	…	…	…	…	省公司侧信息系统、网络保障
36	…	…	…	…	现场音视频、电源保障总体协调
37	…	…	…	…	现场音视频、电源保障
38	…	…	…	…	省公司新老大楼过路光缆保障
39	…	…	…	…	大礼堂灯光、电源、两侧大屏、主音箱保障
40	…	…	…	…	大礼堂灯光、电源、两侧大屏、主音箱保障

（4）视频会议保障任务分解表。根据会议议程确定工作内容，再根据工作内容明确人员分工，责任到人。视频会议保障任务分解表见表 5 - 6 - 10。

表 5 - 6 - 10　　　　　　视频会议保障任务分解表

日期	时间	议程	内容	责任单位	责任人	联系方式	位置
2月23日	全天	全部议程转播	远端转播信号确认	…	…	…	新大楼34F
2月24日	09:00 - 12:00			…	…	…	
2月23日上午	08:00 - 09:00	会前准备	暖场音乐、大屏背景	…	…	…	3F 观众席

续表

日期	时间	议程	内容	责任单位	责任人	联系方式	位置
2月23日上午	08:00 – 09:00	会前准备	外场主持人话筒	…	…	…	1F 观众席
			检查发言席话筒	…	…	…	1F 观众席
	09:00 – 09:10	观看数字化发展专题片	视频播放电脑	…	…	…	3F 观众席
	09:00 – 09:10	观看数字化发展专题片	大屏、远端画面切换	…	…	…	3F 观众席
			会场、远端声音切换	…	…	…	3F 观众席
			切换信号确认	…	…	…	2F 设备间
	09:10 – 09:15	谢董致辞	发言台话筒、无线话筒	…	…	…	1F 观众席
			大屏、远端画面切换	…	…	…	3F 观众席
			会场、远端声音切换	…	…	…	3F 观众席
			切换信号确认	…	…	…	2F 设备间
	9:15	致辞完成	讲座桌椅搬移＋电脑话筒	…	…	…	1F 观众席
	09:15 – 10:45	外部专家讲座（共2位）	讲座话筒、无线话筒	…	…	…	1F 观众席
			讲座电脑	…	…	…	1F 主席台后
			大屏、远端画面切换	…	…	…	3F 观众席
			会场、远端声音切换	…	…	…	3F 观众席
			切换信号确认	…	…	…	2F 设备间
	10:45 – 11:00	会间休息	讲座桌椅搬移	…	…	…	1F 观众席
			讲座电脑、线缆搬移	…	…	…	1F 主席台后
			暖场音乐、大屏背景	…	…	…	3F 观众席
	11:00 – 12:00	交流发言（共5家）	发言台话筒、无线话筒	…	…	…	1F 观众席

日期	时间	议程	内容	责任单位	责任人	联系方式	位置
2月23日上午	11:00－12:00	交流发言（共5家）	发言台电脑	…	…	…	1F 主席台后
			大屏、远端画面切换	…	…	…	3F 观众席
			会场、远端声音切换	…	…	…	3F 观众席
			切换信号确认	…	…	…	2F 设备间
2月23日下午	14:30－14:50	白皮书成果发布（形式未定）	暖场音乐、大屏背景	…	…	…	3F 观众席
			大屏、远端画面切换	…	…	…	3F 观众席
			会场、远端声音切换	…	…	…	3F 观众席
			切换信号确认	…	…	…	2F 设备间
	14:50－17:00	路演（共4家）	发言台话筒、无线话筒	…	…	…	1F 观众席
			发言台电脑	…	…	…	1F 主席台后
			大屏、远端画面切换	…	…	…	3F 观众席
			会场、远端声音切换	…	…	…	3F 观众席
			切换信号确认	…	…	…	2F 设备间
			演示系统播放电脑	…	…	…	3F 观众席
			云平台保障	…	…	…	老大楼5楼
			数据库、基础平台保障	…	…	…	老大楼5楼
			核心系统保障	…	…	…	老大楼5楼
2月24日上午	09:00－09:20	颁奖	主席台话筒、无线话筒	…	…	…	1F 观众席
			颁奖音乐	…	…	…	3F 观众席

日期	时间	议程	内容	责任单位	责任人	联系方式	位置
2月24日上午	09:00－09:20	颁奖	大屏、远端画面切换	…	…	…	3F 观众席
			会场、远端声音切换	…	…	…	3F 观众席
			切换信号确认	…	…	…	2F 设备间
	09:20－10:00	国网数字化部工作报告	主席台话筒、无线话筒	…	…	…	1F 观众席
	09:20－10:00	国网数字化部工作报告	大屏、远端画面切换	…	…	…	3F 观众席
			会场、远端声音切换	…	…	…	3F 观众席
			切换信号确认	…	…	…	2F 设备间
	10:00－12:00	陈国平总讲话	主席台话筒、无线话筒	…	…	…	1F 观众席
			大屏、远端画面切换	…	…	…	3F 观众席
			会场、远端声音切换	…	…	…	3F 观众席
			切换信号确认	…	…	…	2F 设备间
		信通后台保障	信息内网接入网	…	…		2F 设备间
			信息内网核心网	…	…		老大楼 5 楼
			信息外网接入网	…	…		2F 设备间
			信息外网核心网、总出口	…	…		老大楼 5 楼
			网络安全监测	…	…		老大楼 12 楼
			i 国网会议监控	…	…		3F 观众席
			视频会议专线平台通道	…	…		新大楼 34F
			视频会议网络平台通道	…	…		新大楼 34F
			楼内光缆	…	…		新大楼 34F

二、应急视频会议

下面以"国网公司新一代应急指挥系统辅助大面积停电事件应急演练"江苏电力信通保障工作为例，介绍重大应急视频会议保障典型经验。

1. 总体方案

根据国网公司安排，定于 5 月 24 日下午 15:00 开展国网公司"新一代应急指挥系统辅助大面积停电事件应急演练"。演练主会场在国网公司总部，国网江苏电力为参演单位，江苏参演主会场在 15 楼应急指挥中心大厅，视频连线实战演练分会场在南京公司石城供电抢修队，发言分会场在南京、苏州、南通、盐城公司。

会议级别为国网公司三类、省公司二类，陈宏钟副总参会。会议使用应急网络及应急专线视频会议系统。

（1）会场设置。

1）省公司主会场。省公司本部 15 楼应急指挥中心大厅。

2）视频连线分会场。南京公司石城供电抢修队。

3）发言分会场。南京、苏州、南通、盐城应急指挥中心。

4）收视分会场。各地市公司行政视频会议室。

（2）组织机构。

为确保会议各项通信保障工作有序推进，各参会部门成立领导小组和工作小组，具体如下：

1）领导小组：

组　　长：会议职能管理部门主任

成　　员：省公司相关部门领导及各单位分管领导

2）工作小组：

组　　长：信通公司分管领导

副组长：省公司相关部门主任及各单位相关部门负责人

成　　员：各单位相关部门主任及专责人员

（3）各单位职责。

1）会议主办部门。提供会议相关材料、整体方案，负责统筹协调各部门工作，审核脚本并安排彩排工作。

2）会议职能管理部门。主要负责组织编制通信技术保障方案及总体协调工作。

3）国网江苏信通公司。主要负责编制会议技术保障方案、协调现场整体彩排及联调效果、负责会议涉及网络、设备、平台及系统的运行保障。

4）国网南京供电公司。主要负责石城抢修中心网络通道开通及保障、会议网络和设备、电源的保障工作，并配合配合做好调试、彩排和保障工作。

5）物业公司。负责主会场相关电源及照明保障工作。

6）各分会场单位。负责落实分会场视频参演相关保障工作，配合做好调试、彩排和保障工作。

（4）工作计划。

4月19日，完成省公司应急指挥中心分会场以及石城抢修队实战演练现场的设备搭建及信号联通。

4月20日，根据脚本进行彩排，复盘，完善演练的不足之处。

4月21日，根据脚本与总部进行联合彩排，确保演练效果。

4月28日，根据脚本与总部进行第二次联合彩排预演，确保演练效果。

5月16日，开展省内预演，复盘，完善演练不足之处。

5月17日，开展省内预演，陈宏钟副总观摩演练流程。

5月18日，根据脚本与总部进行第三次联合彩排预演，确保演练效果。

5月23日，根据脚本与总部进行第四次联合彩排预演。

5月24日，正式演练保障。

2. 建设方案

（1）省公司应急指挥中心。根据会议议程及要求，省公司主会场设置 3 个机位，通过切换台进行信号切换。专线网络平台相互独立、互为备份。网络通道图、视频、音频接线图如图 5-6-15～图 5-6-17 所示。

应急专线平台

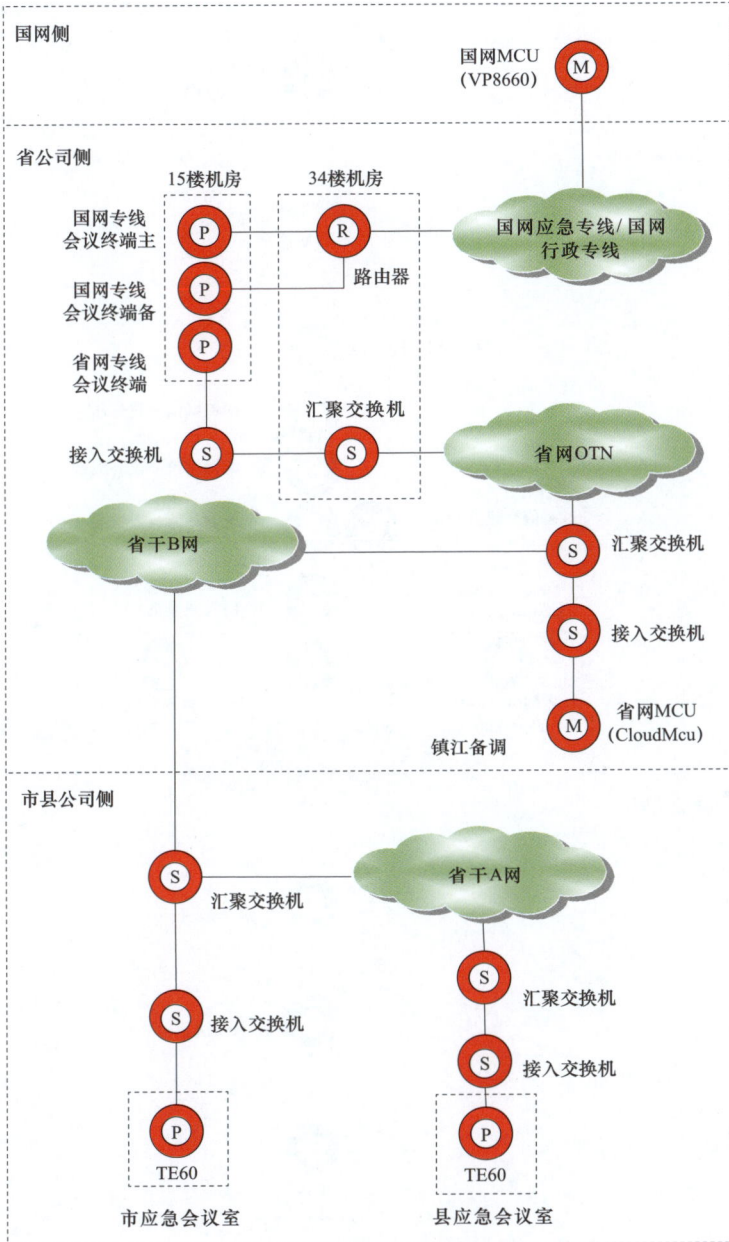

国网侧

国网MCU
(VP8660) M

省公司侧

15楼机房　34楼机房

国网专线
会议终端主 P　　R

国网专线
会议终端备 P　路由器

省网专线
会议终端 P

国网应急专线/国网
行政专线

接入交换机 S　汇聚交换机 S　省网OTN

省干B网

汇聚交换机 S

接入交换机 S

省网MCU
(CloudMcu) M

镇江备调

市县公司侧

汇聚交换机 S　省干A网

接入交换机 S

汇聚交换机 S

接入交换机 S

P
TE60

P
TE60

市应急会议室　　县应急会议室

图 5-6-15 网络通道图（一）

应急网络平台

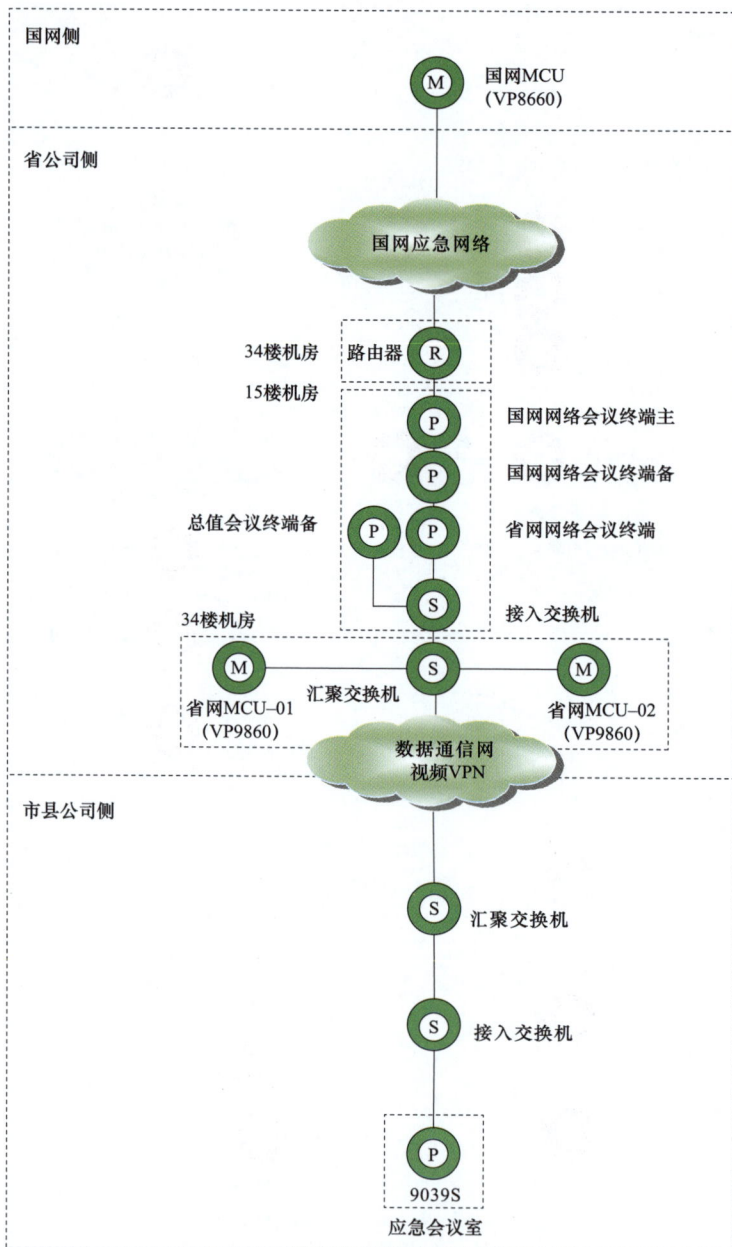

国网侧

国网MCU
(VP8660)

省公司侧

国网应急网络

34楼机房　路由器　R

15楼机房

国网网络会议终端主

国网网络会议终端备

总值会议终端备　　　省网网络会议终端

接入交换机

34楼机房

省网MCU-01
(VP9860)　汇聚交换机　　省网MCU-02
(VP9860)

数据通信网
视频VPN

市县公司侧

汇聚交换机

接入交换机

9039S

应急会议室

图 5-6-15　网络通道图（二）

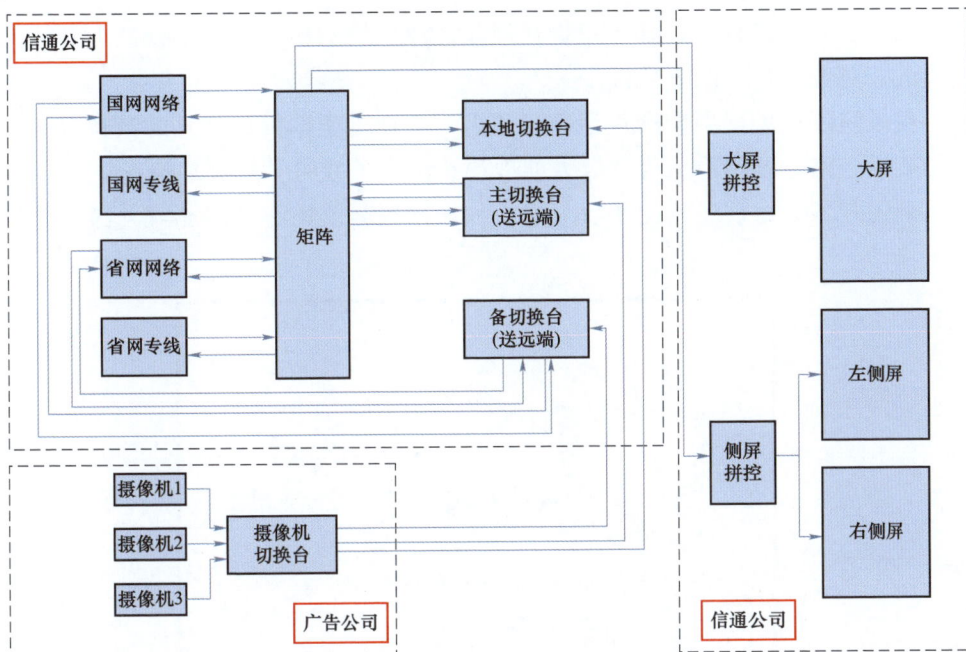

图 5-6-16 视频系统连接图

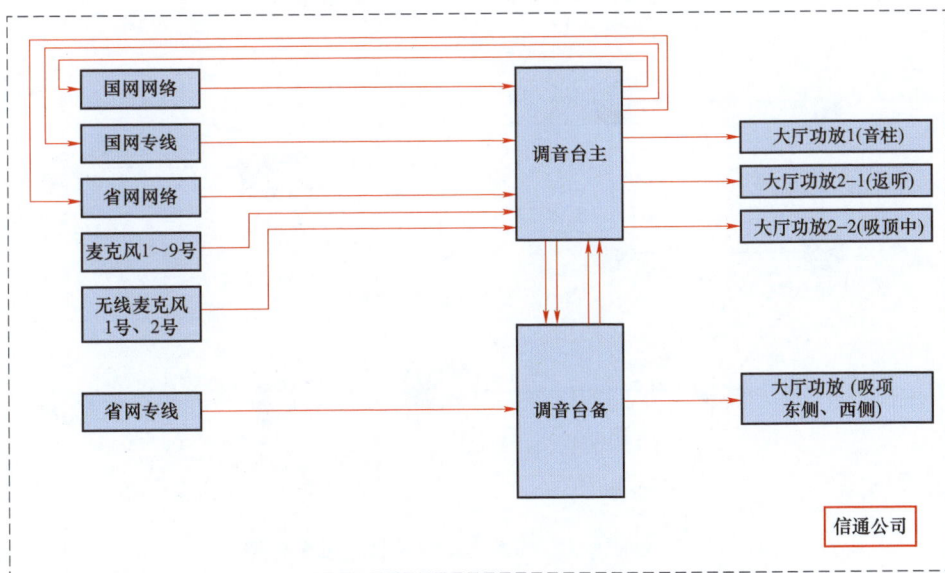

图 5-6-17 音频系统连接图

（2）视频连线外场。导调室设在视频连线外场的传达室，该处离光纤接入点较近，对信号传输的干扰较少。

实战演练现场采用同期声话筒与便携式别针微型话筒相结合的拾音方式。现场架设一路会场回看信号，以方便现场参演人员及时了解会场情况。

外场装备集结现场见图5-6-18，外场视频会议拓扑见图5-6-19。

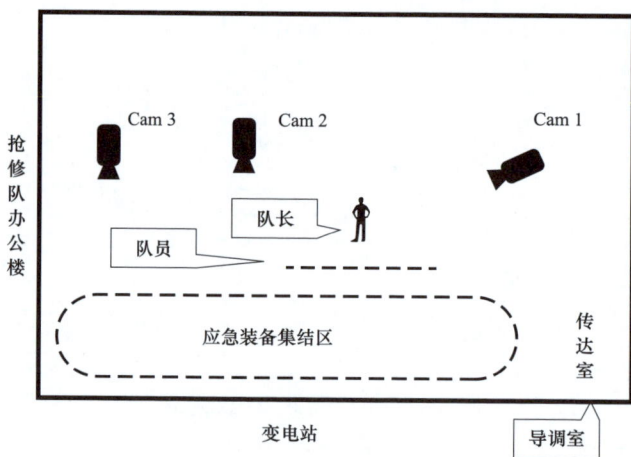

图5-6-18 视频连线外场装备集结现场

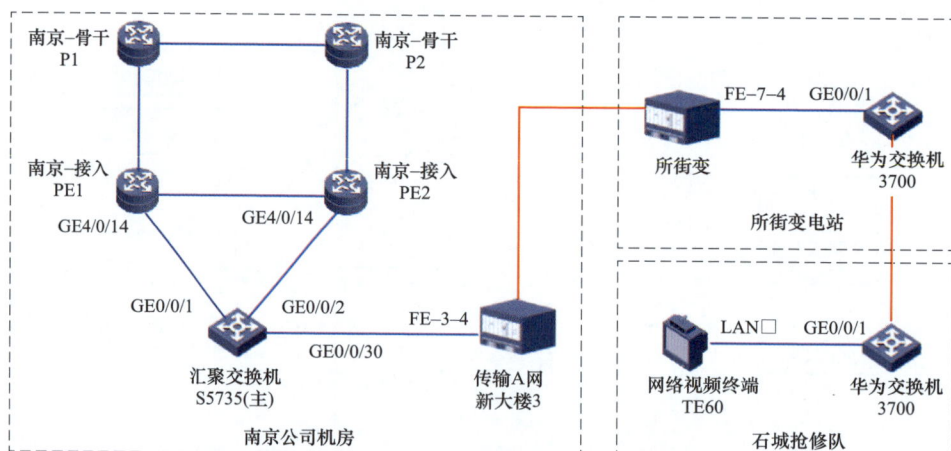

图5-6-19 视频连线外场视频会议拓扑图

现场视频信号通过一主一备两个导播切换台进入应急专网和数据网平台，视频系统连接见图5-6-20。

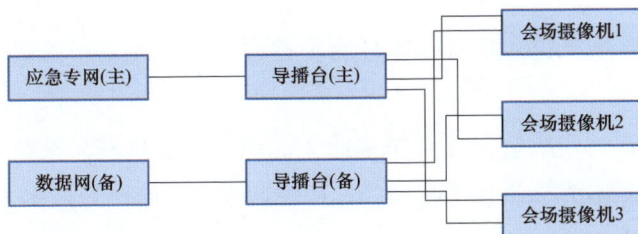

图 5-6-20 视频系统连接图

现场音频信号也通过一主一备两个调音台进入应急专网及数据网平台。经过调制后，加嵌为光信号送往总部双平台，音频系统连接见图 5-6-21。

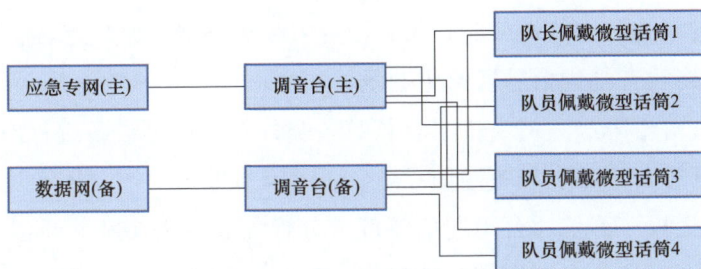

图 5-6-21 音频系统连接图

3. 调试方案

（1）信通公司。配合开展系统联调工作，确保主会场视频会议系统音视频信号高质量互联互通；负责按照操作脚本开展演练和彩排。负责主会场会议所用通道网络测试，确保主备用通道 15 分钟无误码、无丢包；于会议召开前 48 小时检查省公司站点通信设备运行状态，核查通道告警情况，对测试通道进行挂表测试直到会议结束。

（2）主办部门。组织外协外部合作单位配合开展系统联调工作，确保主会场视频会议系统音视频信号切换正常，配合完成彩排、演练。

（3）南京公司。配合开展系统联调工作，确保石城抢修中心视频会议系统音视频信号高质量互联互通。负责石城抢修中心会议所用通道网络测试，确保主备用通道 15 分钟无误码、无丢包；于会议召开前 48 小时检查南京站点通信设备运行状态，核查通道告警情况，对测试通道进行挂表测试直到会议结束。

（4）各分会场单位。负责落实分会场视频参演、收视相关调试工作。

4. 保障方案

为加强"新一代应急指挥系统辅助大面积停电事件应急演练"保障工作，信通公司组织各相关单位从运行监控、传输通道、会议保障等多方面制定措施，落实责任，按照"谁建设谁保障"原则做好运维保障工作，确保会议期间传输通道安全稳定运行，会议顺利召开。具体各单位保障职责可参考本节"行政视频会议"相关部分。

5. 应急方案

（1）信通公司。

1）省网华为应急终端应急处置：如主用终端出现问题，会场信号切换操作人员将备用终端音视频信号切给主会场。

2）负责对矩阵、大屏、主用音箱等各类外围音视频设备进行应急切换。

3）做好省公司站点相关通信设备、通道应急抢修工作，遇有突发事件发生时，应立即上报江苏信通公司通信调度及分管领导，坚决服从通信调度指挥，及时有效地进行省公司侧光缆和传输设备抢修工作，缩短电路中断时间。会议保障结束后应及时向分管领导汇报保障完成情况。

4）落实好安监部、电力调控中心的相关要求。

（2）主办部门。组织外协外部合作单位负责对主备用调音台、主用扩声系统、导播台等各类外围音视频设备进行应急切换。

（3）国网南京供电公司。

1）负责对视频连线外场终端进行应急处置，如主用终端出现问题，会场信号切换操作人员将备用终端音视频信号切给主会场。

2）负责对视频连线外场主备用调音台、主用扩声系统、导播台等各类外围音视频设备进行应急切换。

（4）物业公司。负责主会场相关电源及照明保障各项应急处置工作。

6. 辅助支撑方案

（1）各发言单位保障方案。各发言及视频连线的单位应根据本模板制定会议保障方案，涵盖总体方案、建设方案、调试方案、保障方案和应急方案，且需明确导播方案及对应的保障人员联系表。

（2）保障联系表。保障联系表模板见表5-6-11。

表5-6-11　　　　　　保 障 联 系 表 模 板

序号	姓名	单位	职务	联系方式
1	×××	…	…	…
2	×××	…	…	…
…	…	….	…	…

三、软视频会议

1. 总体方案

国网江苏省电力有限公司组织部计划于7月28日在苏电宾馆进行本部和综服中心公开招聘面试工作，届时将进行网络直播。会议使用云会议系统进行全省转播。

（1）各单位职责。

1）主办部门。

① 负责组织审核确认视频直播技术方案。

② 负责视频直播总体协调和视频审查工作。

③ 负责组织发布视频直播在省公司宣传飘窗。

2）国网江苏信通公司。

① 负责组织编制视频直播技术方案并提供技术指导。

② 负责江苏公司云会议系统运维和保障，提供现场会控支撑。

③ 配合组织部开展视频直播联调、测试工作。

④ 负责提供视频直播飘窗所需云会议下载地址、手册、会议号和密码。

3）主会场。

① 负责物资公司会场视频监控系统运维和保障。

② 负责物资公司会场音视频设备、电脑、网络、电源的提供、搭建和保障。

③ 负责会议期间本地监控系统操作和全流程录制。

④ 配合组织部开展视频直播联调、测试工作。

（2）工作计划。工作计划安排见表 5－6－12。

表 5－6－12　　　　　　　工 作 计 划 表

时间		议程	会场	轮巡
7月28日	14:00－14:45	无领导小组讨论	会议室1－5	30秒
	15:00－17:30	半结构化面试	会议室1－5	30秒

2．建设方案

本次视频采用本地监控＋云会议转播方式向全省用户播放现场情况。

在苏电宾馆现有本地会议室监控摄像头、拾音器和本地监控系统基础上，配置 2 台内网电脑用于云会议直播，配置 2 台专用电脑用于本地监控系统轮询，配置 1 台电脑用于播放会前、会中 PPT，通过切换台进行切换，确保本地监控、云会议转播、网络、电源设备均双套互备。

云会议直播电脑性能需求：（1）Win10 系统，I5 以上 CPU，2G 以上显卡，4G 以上内存，推荐 SSD 硬盘；（2）接入信息内网，网卡速度与双工设置为：100Mbps 全双工。（3）关闭屏幕保护程序、自动待机、自动关闭硬盘等设置，设备接线图如图 5－6－22 所示。

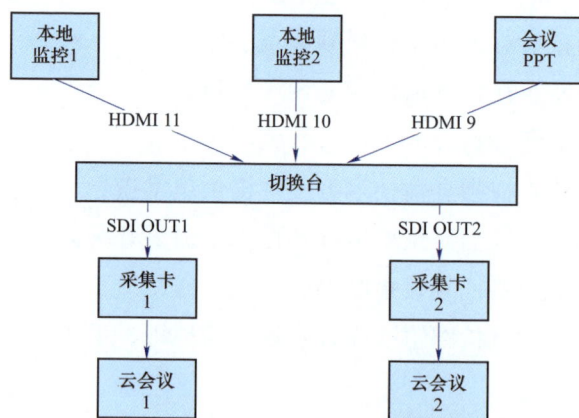

图 5－6－22　设备接线图

3．调试方案

（1）云会议设置。

1）云会议直播 PC1（主用）。

在视频设置中，将分辨率调整为 1920×1080，视频码流设置在 500～1000kbps 之间，不锁定视频码流；会议过程中如出现卡顿，将视频码流降至 300～500kbps 之间。

成为主席、主讲。

设置一分屏，全屏视频画面。

2）云会议直播 PC2（备用）。

在视频设置中，将分辨率调整为 1920×1080，视频码流设置在 500～1000kbps 之间，不锁定视频码流。

成为主席。

设置一分屏，进行监听监视。

（2）观看模式设置。设置一分屏，进行监听监视。云会议系统登录，会议名称：本部和综服中心公开招聘面试直播，会议号：×××，会议密码：×××。

会议后台设置"跨区域开会""全员出席"，并修改最大参会人数，会议调试期间"锁定会议"，避免无关人员入会，直播开始前解锁会议。

4. 保障方案

（1）分工安排。云会议保障人员 2 人（云会议主用控制：保障人员 A，云会议备用及 PPT 控制：保障人员 B），切换台操控 1 人（保障人员 C）。

1）现场本地监控系统、音视频设备保障 2 人（主会场技术人员 AB）。

2）本地监控系统轮巡 2 人（主会场技术人员 AB）。

3）现场直播视频审查及协调指挥 1 人（主办部门）。

4）云会议模拟收视 1 人（信通公司）。

（2）导播方案。云会议保障人员 2 人（云会议主用控制：保障人员 A，云会议备用及 PPT 控制：保障人员 B），切换模拟收视表 5－6－13。

表 5－6－13　　　　　导　播　方　案

时间	云会议 1	监控 1	云会议 2	监控 2	会议 PPT	切换台
13:50	主：设置会议主席、主讲		备：设置会议主席，应急情况抢主讲		播放会前 PPT	切换会前 PPT

续表

时间	云会议 1	监控 1	云会议 2	监控 2	会议 PPT	切换台
14:00	主：设置会议主席、主讲	轮巡对抗式无领导小组（手动切换会议室画面并打开声音）	备：设置会议主席，应急情况抢主讲	轮巡对抗式无领导小组（手动切换会议室画面并打开声音）	播放会前 PPT	轮流切换监控 1、监控 2
14:45		轮巡半结构化面试（手动切换会议室画面并打开声音）		轮巡半结构化面试（手动切换会议室画面并打开声音）	播放会中 PPT	切换会中 PPT
15:00						轮流切换监控 1、监控 2
17:30 - 17:40					播放结束 PPT	切换结束 PPT
17:40	结束，关闭会议					

5. 应急方案

（1）某会议现场视频异常。

1）视频审查确认某直播会议室异常需要踢出轮巡；

2）切换负责人与监控操控人员确认下一个会议室音视频正常后，切换至下一个会议室；

3）监控操控人员将异常会议室踢出轮巡分组。

（2）本地监控 1 视频中断异常。

1）切换负责人确认本地监控 2 视频正常后，切换至本地监控 2 主送；

2）本地监控 1 负责人检查设备运行状态，逐段排查恢复本地监控 1 音视频图像，确认无误后告知切换负责人。

（3）本地监控 2 视频中断异常。

1）切换负责人确认本地监控 1 视频正常后，切换至本地监控 1 主送；

2）本地监控 2 负责人检查设备运行状态，逐段排查恢复本地监控 2 音视频图像，确认无误后告知切换负责人。

（4）切换台故障。切换负责人把采集卡 1 HDMI 线与本地监控 1 直连，播放本地监控 1 画面。

（5）云会议 1 电脑或采集卡 1 故障。

1）云会议 2 负责人切换至主讲模式，云会议模拟收视人员确认云会议音视频情况是否正常。

2）云会议 1 负责人检查云会议设置状态，恢复后作为备用。

（6）本地视频监控信号全部中断。本地监控视频 1、2 全部中断，切换负责人切换至 PPT，播放"信号中断处理中、敬请谅解"。

四、外场视频会议

下面以"白鹤滩－江苏特高压直流工程启动送电工作会议"江苏电力信通保障工作为例，介绍重大外场视频会议保障典型经验。

1. 总体方案

根据公司安排，定于 7 月 1 日上午 10:40 召开国家电网有限公司白鹤滩—江苏±800kV 特高压直流工程启动送电工作会议，主会场设在江苏虞城换流站现场，分会场分别设在国网四川、安徽、湖北、重庆电力公司本部会议室，总部二层国调大厅、四川布拖换流站现场，其中四川公司本部、总部二层国调大厅发言。

会议级别为一级。会议使用"一主三备"方式，主用系统为国网行政数据网平台，备用系统为国网行政专线平台、国网资源池平台（卫星通道）、电话会议系统。

（1）组织机构。为确保会议各项通信保障工作有序推进，各参会部门成立领导小组和工作小组，具体如下：

1）领导小组。

组　　长：主办部门领导

副组长：信通公司领导

成　　员：省公司相关部门领导及各单位分管领导

2）工作小组。

组　　长：省公司相关部门领导及各单位分管领导

副组长：省公司相关部门主任及各单位相关部门负责人

成　　员：各单位相关部门主任及专责人员

（2）各单位职责。国网总体方案中江苏公司职责：负责制定大会的分技术保障方案。负责虞城换流站基础环境准备工作，做好会场"三通一平"（通车、通电、通信，场地平整）及设备间和操作间搭建等。负责所需专线通道、视频VPN通道开通及保障工作。负责虞城换流站主会场会议系统、音视频系统的搭建及保障工作。负责编制仪式导播脚本。配合国网公司主办部门、国网信通公司演练、彩排及正式会议保障工作。现具体分工如下：

1）省调控中心。

负责联系办公室、建设部，做好通信保障相关协调工作。

负责组织、协调省信通公司、工程咨询公司、超高压公司及苏州公司相关通信保障任务，审核江苏通信保障方案。

2）建设部。

负责会议整体方案及现场指挥协调。

负责组织工程咨询公司做好通信保障相关配合工作，协调落实会场场地、通信保障场所。

负责协调落实现场视频会议、卫星通信等设备两套UPS电源（电池容量不小于10kVA、开关容量不小于63A），两套UPS电源需接入双路220V独立可靠交流供电。

3）办公室。

提供会议现场方案，会议议程、主持词等相关会议材料。

4）省信通公司。

负责编制江苏通信保障方案。

负责做好与各部门、单位通信保障相关事项的对接及沟通。

负责对接浙江公司，落实虞城换流站卫星通信系统的搭建及保障工作（附件4江苏会场通信保障的工作联系函）。

负责省公司至虞城换、常熟变现场侧专线平台通道开通及IP地址规划。

负责组织并做好现场音视频系统搭建及保障工作。

负责具体协同相关单位配合主办部门、国网信通演练和彩排。

负责组织外部合作单位配合完成演练、彩排和保障工作。

5）苏州公司。

负责虞城换、常熟变现场侧网络平台通道开通及IP地址规划。

负责苏州地区传输设备、通信光缆及路由的保障工作。

负责将电话线路延伸至虞城换流站、布拖换流站会场，保证至少有两路外线电话线路。

负责对接浙江来苏卫星通信系统和现场保障人员，包括明确卫星车停靠位置、保证卫星车供电、预留与卫星车接口和卫星车相关布线等工作，并做好所有人员后勤保障和疫情防控工作。

负责落实省信通公司其他需配合事项。

6）工程咨询公司。负责协调落实会场场地和布置，负责联系外部合作单位，提供及操作主会场大屏、矩阵、调音台、麦克风、摄像机、切换台、音箱、功放等音视频外围设备，包括提供与视频会议对接音视频线缆；监督配合完成演练、彩排和保障工作。（附件3通信保障中外部合作单位设备清单及工作要求）

负责协调落实虞城换、常熟变现场双路UPS电源及电缆敷设和保障工作。

负责协调落实虞城换、常熟变视频会议保障操作间。

协调提供双路外线电话。

7）超高压公司。

负责协调做好现场通信保障人员出入站手续办理。

做好虞城换、常熟变站内通信机房空调、双路光缆通道的保障。

提供虞城换、常熟变现场设备摆放及操作间。

（3）工作计划。

6月10日，完成虞城换、项目部现场勘察，明确室外、室内会场位置，明确各机房、光配位置。

6月14日，完成通信技术保障方案编制。

6月16日，省信通公司完成虞城换、常熟变专线通道方式单下发和通道开通，苏州信通完成虞城换、常熟变数据网通道方式单下发和通道开通。

6月17日，完成虞城换综合楼2楼弱电间至1楼105房间（操作间）的网络延伸。

6月20日，完成虞城换、常熟变通信机房内的设备跳线，完成会场侧的网络测试。

6月21日，完成双平台会议终端搭建。

2. 传输通道组织方案

室外会场场地选择在虞城换进站的空地位置，专线、数据网通道延伸至虞城换通信机房。

（1）数据网通道。数据网通道由苏州公司通过地区A网延伸至虞城换，通道路由安排如下：

路由1：苏州地区A网S385 5槽6口（FE）－500kV玉山变S385－500kV石牌变S385－500kV全福变S385－1000kV东吴变S385－500kV太仓变S385－500kV常熟变S385－800kV虞城换S385 14槽10口（GE）。

路由2：苏州地区A网S385 5槽6口（FE）－苏州地区A网备S385－三香路（老局）S385－常熟备调S385－500kV锦丰变S385－500kV晨阳变S385－500kV张家港变S385－800kV虞城换S385 14槽10口（GE）。网络通道拓扑图见图5-6-23。

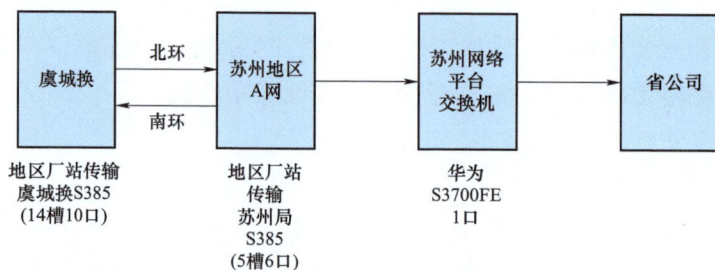

图5-6-23 网络通道拓扑图

（2）专线通道。专线通道从省公司本部通过省干B网、省级厂站传输网延伸至虞城换流站，通道路由安排如下：

路由1：nh.省公司.S385 14槽10口（GE）－nh.镇江.S385－nh.苏州.S385－cz.常熟变.S385－cz.虞城换.S385 14槽10口（GE）。

路由2：nh.省公司.S385 14槽10口（GE）－nh.常州.S385－nh.无锡.S385－cz.斗山变.S385－cz.虞城换.S385 14槽10口（GE）。专线通道拓扑图见图5-6-24。

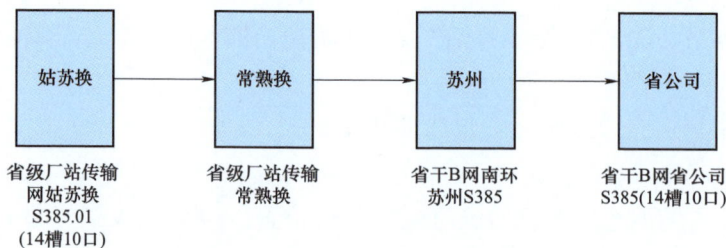

图5-6-24 专线通道拓扑图

（3）室外会场光缆通道。会场场地南侧为综合楼，视频会议设备及光缆可利用综合楼搭建和延伸。

综合楼 2 楼弱电井内有 2 路光缆，分别从主控楼内的通信机房引出，通过地埋沟道布放至综合楼。

（4）电话会议系统通道。电话会议系统通道见图 5－6－25。

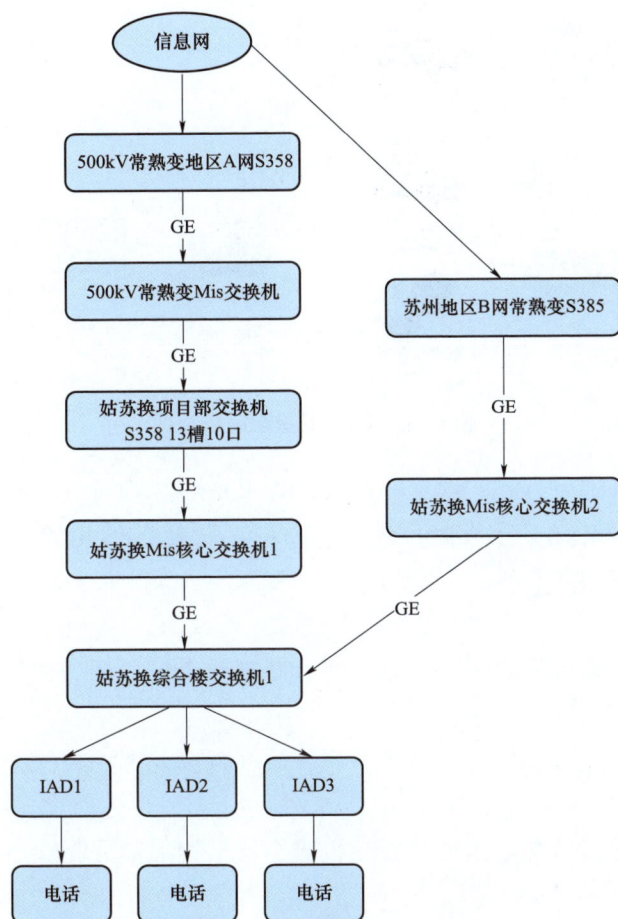

图 5－6－25　电话会议系统通道图

（5）国网资源池平台（卫星通道）。虞城换流站通过卫星通道接入国网中心站，配备 1 辆应急通信车，1 套便携站（冷备份），双向数据速率各 2.5Mbps，卫星通道业务在国网中心站落地后接入综合数据网视频 VPN。卫星通道拓扑图见图 5－6－26。

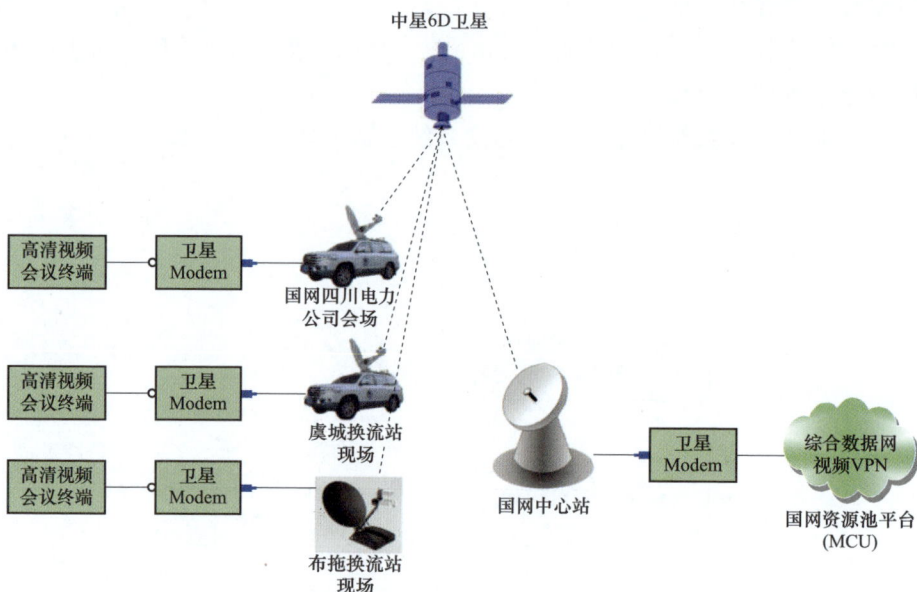

图 5-6-26　卫星通道拓扑图

（6）双电源部署方式。现场视频会议、卫星通信等设备两套 UPS 电源（电池容量不小于 10kVA、开关容量不小于 63A），两套 UPS 电源需接入双路 220V 独立可靠交流供电。

3．调试方案

具体各单位保障职责可参考本节"行政视频会议"相关部分。

4．保障方案

具体各单位保障职责可参考本节"行政视频会议"相关部分。

5．应急方案

具体应急方案可参考本节"行政视频会议"相关部分。

6．辅助支撑方案

（1）换流站会场音视频设备清单。换流站会场音视频设备清单见表 5-6-14。

表 5-6-14　音视频设备清单

序号	设备名称	应配置数量	备注
一	视频设备		
1	显示设备	若干	大小、数量根据主办方要求提供

序号	设备名称	应配置数量	备注
2	华为视频会议终端	6 台（两套方案）	TE50、TE60、BOX600，具备 1080P60HZ 会议能力
3	矩阵	4 台（两套方案）	支持 1080P60Hz
4	特效机	4 台（两套方案）	支持 1080P60Hz
5	摄像机	至少 6 台（具体根据实际需求确定）	支持 1080P60Hz 输出、三角架、镜头
6	播放设备	2 台	支持 1080P60Hz，用于播放宣传片
7	笔记本电脑	4 台	用于会议控制
8	电源插板	若干	
9	各种视频线缆及接头	若干	
10	线缆制作工具	5 套	
11	对讲系统（含耳机）	10 套	
二		音频设备	
1	调音台	4 台（两套方案）	
2	功放	4 套（两套方案）	
3	音箱	若干	具体根据会场情况确定
4	有线麦克风	至少 10 支	具体根据主席台人数确定
5	无线麦克风	4 支	
6	各种音频线缆接头	若干	准备各类成品线缆
7	电话会议终端	4 台（两套方案）	
三		网络设备	
1	交换机	4 台（两套方案）	
四		其他设备	
1	航空箱	2 个	室外操作间设备使用、室内操作间设备上机柜
五		卫星车对接线缆	
1	HDMI～HDMI	4 根	
2	双莲花～卡农母	4 根	

（2）信息通信保障中外协单位设备清单及工作要求。

1）工作职责。

① 负责提供及操作主会场大屏、矩阵、调音台、麦克风、摄像机、切换台、音箱、功放等音视频外围设备，包括设备间音视频线缆提供。

② 配合完成演练、彩排和保障工作。

2）设备清单。

提前根据会议需求明确外协单位需提供的设备清单，见表 5-6-15。

表 5-6-15 设 备 清 单

序号	设备名称	应配置数量	备注
一			视频设备
1	显示设备	若干	大小、数量根据主办方要求提供
2	矩阵	4台（两套方案）	支持1080P60Hz
3	特效机	4台（两套方案）	支持1080P60Hz
4	摄像机	至少6台（具体根据实际需求确定）	支持1080P60Hz输出、三角架、镜头
5	播放设备	2台	支持1080P60Hz，用于播放宣传片
6	笔记本电脑	4台	用于会议控制
7	电源插板	若干	
8	各种视频线缆及接头	若干	
9	线缆制作工具	5套	
10	对讲系统（含耳机）	10套	
二			音频设备
1	调音台	4台（两套方案）	
2	功放	4套（两套方案）	
3	音箱	若干	具体根据会场情况确定
4	有线麦克风	至少10支	具体根据主席台人数确定
5	无线麦克风	4支	
6	各种音频线缆接头	若干	准备各类成品线缆

3）工作要求。

所有会场（室外）视频系统各环节格式统一为1080P60HZ，画面切换需平滑切换，连接方式见图5－6－27、图5－6－28。

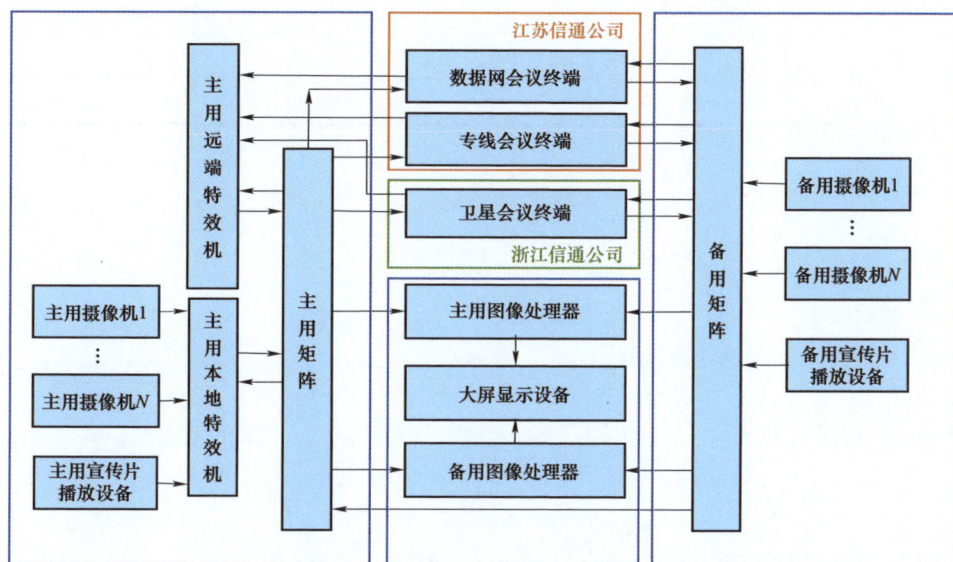

图 5－6－27　会场视频连接图

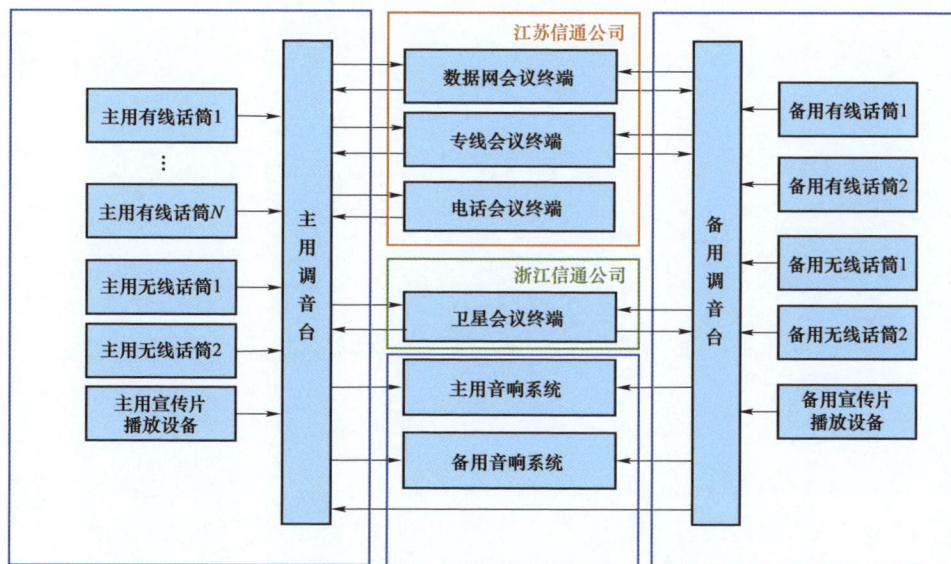

图 5－6－28　会场音频连接示意图

（3）保障联系表。保障联系表模板见表 5-6-16。

表 5-6-16　　　　　　　　保 障 联 系 表 模 板

序号	姓名	单位	职务	联系方式
1	×××	…	…	…
2	×××	…	…	…
…	…	….	…	…

第六章 视频会场建设指导

本章包含系统搭建、设备配置、场所条件、典型场景配置等 4 部分内容。介绍了行政会议室和资源池会议室视频会场系统搭建的相关要求、会场设备相关配置要求以及会议室相关场所的布置要求，并针对不同的场景给出典型配置建议，为各级单位视频会场建设工作提出规范指导意见。

第一节 系 统 搭 建

一、视频会议室

目前公司视频会议专用会议室分为两种类别，分别是行政会议室和资源池会议室。

1. 行政会议室

各地市公司一、二会场，县公司一会场为行政会议室，会议室具备行政专线、行政数据网两种平台，满足双平台、双终端要求，另使用 i 国网平台作音频备份。

2. 资源池会议室

各地市公司三会场、县公司二会场为资源池会议室，具备一体化会议终端，重要会议需具备 i 国网视频终端，满足召开资源池会议、i 国网会议网络要求。

二、音视频系统

1. 相关要求

为了保证会议在任何情况下都能够正常进行，公司行政会议室需要具备"一主三备"通道，即专线通道、数据网通道、电话会议通道及 i 国网通道，会议室内各类音视频设备需满足"双设备、双路由、双电源"要求。

公司资源池会议室使用数据网单平台，但对于一、二类重要会议，需配置 i 国网平台作备用。

2. 音视频设计

公司行政会议室和资源池会议室音视频系统分别按照如下要求进行配置。

（1）行政会议室。

1）会场视频。如图 6-1-1 所示，专线和数据网终端均与主用及备用矩阵双向连接。主用及备用矩阵使用不同信号源输入至两组显示大屏中。主用矩阵将摄像机 1-2 画面、主用 PC 画面送入本地特效机中，本地特效机选择一路画面送至主用矩阵，再由主用矩阵切换至专线终端、数据网终端和显示大屏 1 中。专线终端和数据网终端输出画面由主用矩阵切换至远端特效机中，远端特效机选择一路画面通过矩阵送至显示大屏 2 中。专线终端和数据网终端的备用视频输入源由备用矩阵从摄像机 3 和备用 PC 信号中选择。

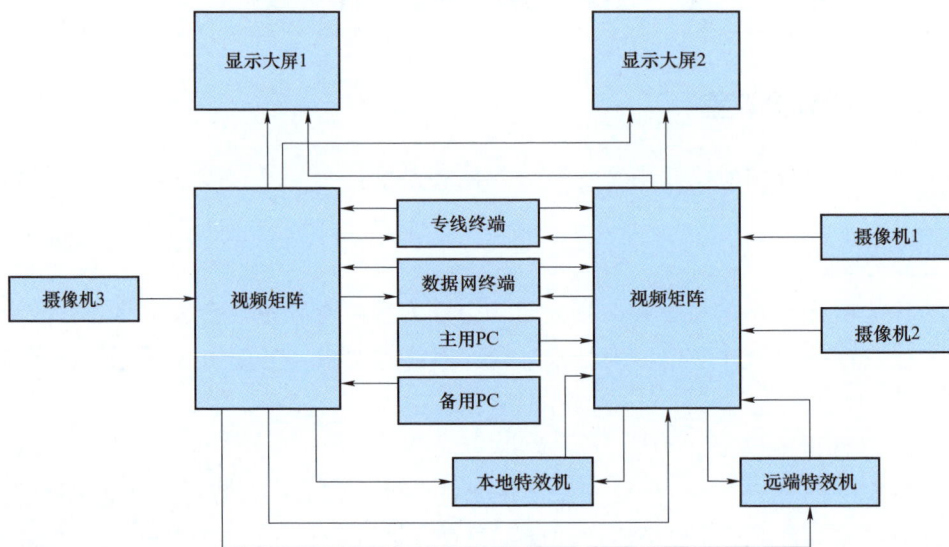

图 6-1-1　会场视频连接图

2）会场音频。如图 6-1-2 所示，专线终端、数据网终端和电话会议系统分别同主备用调音台双向连接，可用于向分会场传输音频信号以及接收发言分会场发送过来的音频信号。主用调音台上接有鹅颈麦克风、主用 PC、备用 PC、音频播放器、电话会议终端等设备，通过主用音频处理器将声音送至主用音箱及备用音箱，从而将声音送至会场内。备用调音台上接有备用麦克风、无线麦克风等设备，通过备用音频处理器将声音送至备用音箱及主用音箱，从而将声音送至会场内。备用调音台有至少一路输出至主用调音台上。

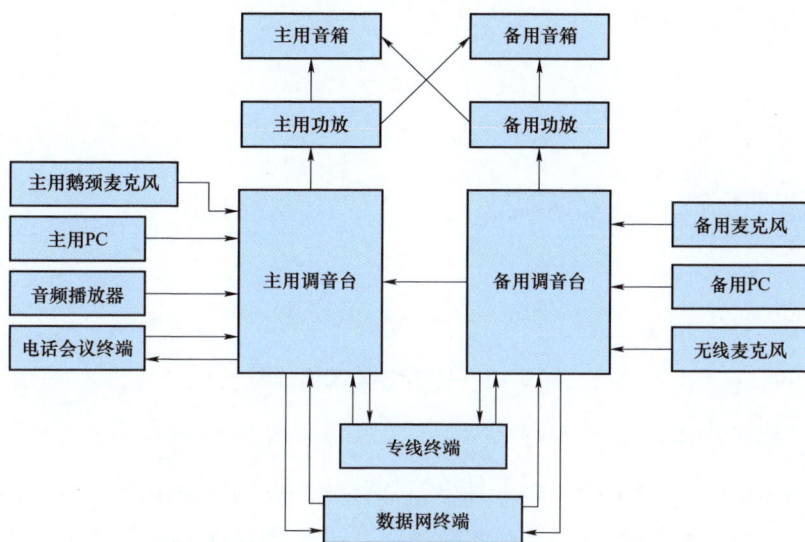

图 6-1-2 会场音频连接图

3）电话会议系统。为保障会议顺利进行，在主会场与各分会场之间开通一组电话会议，作为发言分会场上传音频信号至主会场备用方式。如图 6-1-3 所示，各会场电话会议终端与调音台相连，用于上传和接收其他会场的音频信号。会议接入号码、会议组号和密码将于会议调试时发布。

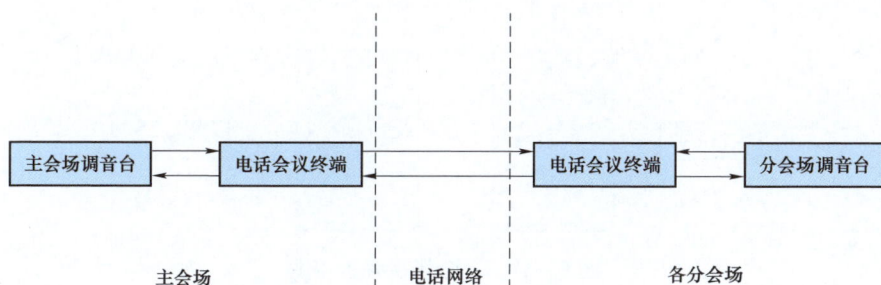

图 6-1-3 电话会议系统连接图

4）指挥系统。为加强主、分会场之间联络效率，在主会场与各分会场之间建立指挥系统。如图6-1-4所示，电话会议终端与控制室内的扬声器/麦克风相连，给主会场与分会场之间提供联络方式。会议接入号码、会议组号和密码将于会议调试时发布。

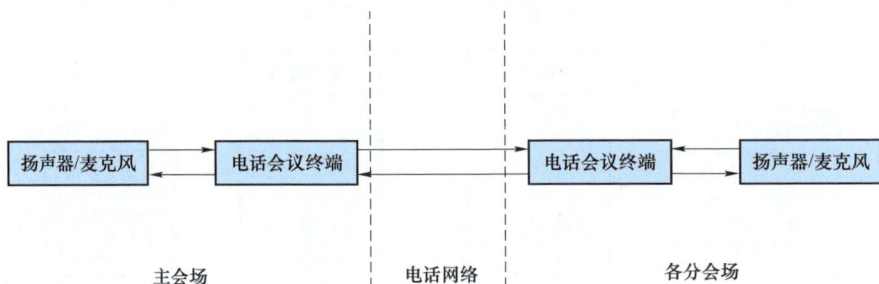

图6-1-4 指挥系统连接图

（2）资源池会议室。

1）会场视频。如图6-1-5所示，一体化终端的两块屏幕分别接收主流和辅流信号，摄像机用来采集本地图像信号，视频会议终端也集成在一体化终端内，无需使用视频矩阵、切换台等设备。对于重要会议，会场还需配置i国网视频会议系统作为视频备用，该系统视频与一体化终端系统视频完全独立，开会时作为视频备份同时播放。

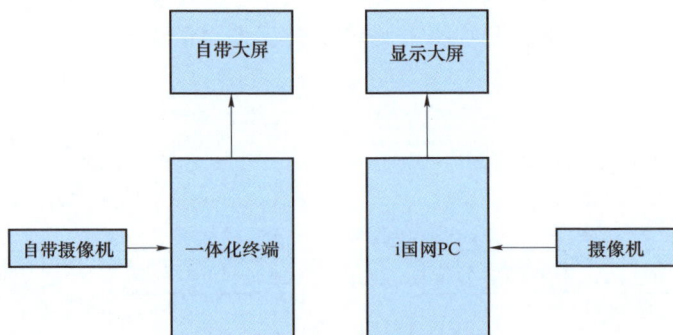

图6-1-5 会场视频连接图

2）会场音频。如图6-1-6所示，一体化终端通过直插麦克风方式传送本地声音，使用一体化终端自带扬声器或另接便携式扬声器播放远端声音，无需使用调音台等设备。对于重要会议，会场还需配置 i 国网视频会议系统作为音频备用，该系统音频与一体化终端系统音频完全独立，作为音频备份，正常开会时静音，主用音频出现故障时播放。

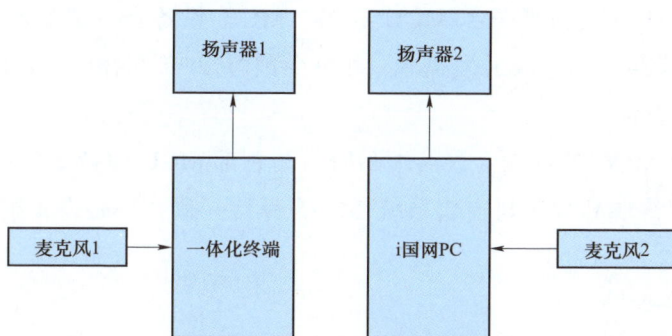

图 6-1-6　会场音频连接图

第二节　设 备 配 置

视频会议会场设备配置主要包括通道配置、核心设备配置、外围设备配置、电源系统配置等四个方面。

一、通道配置

1. 行政会议室

会场应同时具备专线通道、数据网通道、电话会议通道和 i 国网通道，满足"一主三备"要求，主备通道应满足双光缆路由，无单点隐患。各通道专网专用，配置独立的交换机，严禁与其他网络互连，不得接入与会议系统无关的设备；多个交换机互连应采用光口或电口直连，禁止采用光纤收发器等方式转接；会场应具备多路电话接口，用于连接电话会议备份及指挥系统；i 国网作为备用外网转播，应具备信息外网通道。

2. 资源池会议室

会场应具备数据网通道，重要会议需具备 i 国网通道作为备用，严禁与其他网络互连，不得接入与会议系统无关的设备。会场数据网通道带宽不低于 6M，外网通道带宽不低于 20M。

二、核心设备配置

核心设备包括 MCU 和视频会议终端。核心设备配置技术参数应满足《会议电视系统技术规范》（Q/GDW 11543—2016）要求。总部、省公司应分别配置专线平台 MCU 和数据网平台 MCU 设备，MCU 设备宜主备配置，主用/备用 MCU 容量应满足当前会议并发需求，并至少预留 20%。地市公司可结合实际需求配置 MCU 设备。

接入总部 MCU 的视频会议终端品牌应与总部 MCU 保持一致；省内自建系统的视频会议终端品牌应与自建系统 MCU 保持一致。核心设备配置可通过技改项目落实。

1. 行政会议室

会场应配置专线及数据网视频会议终端、电话会议终端，可配置轮巡返送视频会议终端；可根据会场具体需求增加视频会议终端数量。如采用 i 国网平台作为备用或会议涉及外网转播，应配置主备外网电脑，具备视频采集能力。

2. 资源池会议室

会场应配置数据网视频会议终端，一、二类重要会议需另配置外网 PC 终端。

三、外围设备配置

外围设备包括音频外围设备和视频外围设备。外围设备配置技术参数应满足《会议电视系统技术规范》（Q/GDW 11543—2016）要求。音视频外围设备配置可通过信息化项目落实。

音频外围设备主要包括话筒、调音台、音频处理器、扩声设备等，为会场提供良好的声场环境，保证声音信号能够清晰地采集、放大及播放。视频外围设备主要包括摄像机及云台、矩阵、显示系统等。直接相连的视频外围设备接口一致，禁止格式转换，优先选择 HDMI 和 SDI 接口。所有视频外围设备均应支持 720P/50Hz、1080P/50Hz、1080P/60Hz。行政会议室及资源池会议室对应设备配置要求及建议见表 6−2−1。

表6-2-1　　　　　　　　　　设备配置要求及建议

会场	序号	设备	配置数量	主流品牌	参考单价（万元）
行政会议室	1	视频会议终端	3	华为	7
	2	电话会议终端	3	凯富通	1.5
	3	话筒	2	Shure、铁三角、797	0.3-1.5
	4	调音台	2	Yamaha、Allenheath	7
	5	扩声设备	2	Bose、IBO	4.5
	6	摄像机	2	SONY、华为Panasonic	2-7
	7	矩阵	2	Extron、快思聪、淳中、展旭	20-70
	8	特效机（切换台）	2	罗兰、松下	20
	9	电视（65-98寸）	4	三星、松下、maxhub、TCL	0.5-4
资源池会议室	1	一体化终端	1	华为	14.0
	2	话筒	2	Shure、铁三角	0.3-1.5
	3	摄像机	1	SONY、华为、Panasonic	0.6-7
	4	电视（65-98寸）	1	三星、松下、maxhub、TCL	0.5-4

1. 行政会议室

会场音频外围设备和视频外围设备应按照主备用方式配置，确保系统无单点设备。其中主会场和发言分会场摄像机应满足全景及特写镜头的主备用要求。

（1）话筒。会场应配置主备2套有线话筒及1套无线话筒。重大会议活动时主要负责人及发言席应配置两只全程独立的有线话筒，发言环节同时开

221

启；无线话筒作为冷备用。各会场配置手拉手话筒时，可与普通有线话筒组成双路主备，手拉手主机应具备双输出能力。话筒数量根据会议需求确定，备件充足。

（2）调音台。会场宜配置主备2套调音台。支持双输入、输出的设备分别与主备调音台连接，单输入、输出的设备应配置2台，分别和主备调音台连接，主备调音台应进行互联，其路数应具备一定冗余度。

（3）音频处理器。会场可配置主备2台音频处理器。话筒接入调音台前都应当经过音频处理器，话筒在音频处理器输入与输出宜为一对一。音频处理器用于消除底噪，回声抑制，美化声音等音频处理。

（4）扩声设备。会场应配置至少2套功率放大器，分别连接会场内各区域音箱。主备功率放大器分别接入主备调音台，会场内各区域声音响度单调可控。会场可配置主扩音箱、吸顶补声音箱、主席台返送音箱等。

（5）摄像机及云台。会场应至少配置2台摄像机，并提前预设好全景、特写，做到平滑切换。作为收听收看会场时，确保满足全景主备用要求。

（6）矩阵。会场宜配置主备2台矩阵，配置各类接口板卡。支持双输入、输出的设备分别与主备矩阵连接，单输入、输出的设备应配置2台，分别和主备矩阵连接，主备矩阵间应进行互联，其路数应具备一定冗余度。

主用矩阵推荐配置具有电口、网口、光口的混合矩阵，混合矩阵通过配置不同的板卡实现多种信号直接接入，设备连接较为方便。控制机房内部矩阵与设备相连的信号使用SDI、HDMI等电信号，会议室中的设备、地插使用网线、光纤传输。

备用矩阵推荐配置SDI矩阵或分布式矩阵，SDI矩阵接线方式简单，且目前会议室配套设备多数具有SDI的输入/输出接口，可减少不必要的格式转化。分布式矩阵将各种视频信号通过编解码盒转成网络信号或光信号传输，可支持长距离传输。

（7）特效机。会场宜配置主备2台特效机（导播切换台），分别为本地特效机和远端特效机，本地特效机输入信号为摄像机画面、主备PPT画面、主备视频宣传片画面，远端特效机输入信号为主、备用终端画面。

（8）显示系统。会场应配置至少2台商用级显示设备，如会议室无大屏时，应增加商用级显示设备。具备至少两路输入，具备控制接口。控制室配置多台显示器用于监看各类信号。若会议室不具备观察窗口，应安装监视摄像头，实现会场监视。会议室可配置 LED 显示大屏，大屏应具备双电源、双输入，并配置主备图像处理器 2 台，点间距宜使用 0.9 - 1.2。

（9）中控系统。会场应部署中控系统，音频处理器、矩阵、显示系统、机顶盒、时序电源等应纳入中控管理，控制矩阵输入/输出，显示系统信号源、显示模式及开关，时序电源开关及电视机顶盒频道切换等。

（10）其他音视频设备。根据具体需求，会场可选配满足多个信号流同时录制的录像设备、录音机、音乐播放设备、电视机顶盒、视频播放设备、KVM 切换器等辅助设备。

2. 资源池会议室

会场外围设备可单套配置。

（1）话筒。会场应至少配置 1 套有线话筒，可结合会议需求增配无线话筒。

重要会议需另配置一套有线话筒供 i 国网平台使用。

（2）摄像机及云台。会场应至少配置 1 台摄像机。

重要会议需另配置 1 台摄像机供 i 国网平台使用。

（3）显示系统。会场可配置单套显示系统。

重要会议需另配置一套显示系统供 i 国网平台使用。

四、电源系统配置

电源系统主要分为供电、接地、电气保护三部分。

1. 行政会议室

（1）供电部分。会场应具备两路独立 UPS 作为主备电源，每个机柜、操作台配置两个 PDU 分别由主备电源供电，视频会议相关设备应采用 UPS 电源供电，双电源设备同时接主备电源，单电源设备将主备设备分别接到主备电源。在摄像机、监视器、大屏幕、投影机、地插等设施附近，均应设置国标电源接口。

（2）接地部分。设备区应采用单点接地网。单独设置接地体时，保护地线的接地电阻值不应大于 4Ω；采用联合接地体时，不宜大于 1Ω。

接地系统应采用单点接地的方式。信号地、机壳地、电源告警地、防静电地等均应分别用导线经接地排，一点接至接地体。

保护地线应采用三相五线制中的地线，与交流电源的零线必须严格分开，防止零线不平衡电流对会议系统产生干扰。

保护地线的杂音干扰电压不应大于 25mV。

交流电源的余音干扰电压不应大于 100mV。

（3）电气保护部分。供电系统开关应选用具有过流和短路保护的断路器。

1）设备区所有用电设备的金属外壳、线路的金属保护管槽，均应接入保护地。

2）动力线缆应穿金属管敷设，满足防火、防鼠害的要求，强电和弱电线缆分开铺设，确保动力电和弱电互不干扰。所有导线连接处应进行镀锡处理，冷压连接。

3）专用配电柜宜设立地线端子排，并明确标识。

4）专用配电柜内的各种电器元件应有相应的标识，以便识别，其编号与设计图纸一致，在配电柜门内侧粘贴电气系统图，便于运维及管理。

2. 资源池会议室

（1）供电部分。会场应采用可靠电源供电。在视频会议设施附近，应设置国标电源接口。

（2）接地部分。同行政会议室相关要求。

（3）电气保护部分。同行政会议室相关要求。

第三节　场　所　条　件

一、行政会议室

各单位行政会议室应配备具有独立空间的控制机房，控制机房分为控制区和设备区两个区域，控制区用于保障人员对会议进行操作，设备区用于放置各类视频会议设备，两个区域应相互连接且与会议室相邻。

1. 主会场布局要求

作为行政视频会议主会场，按图 6-3-1 布置：

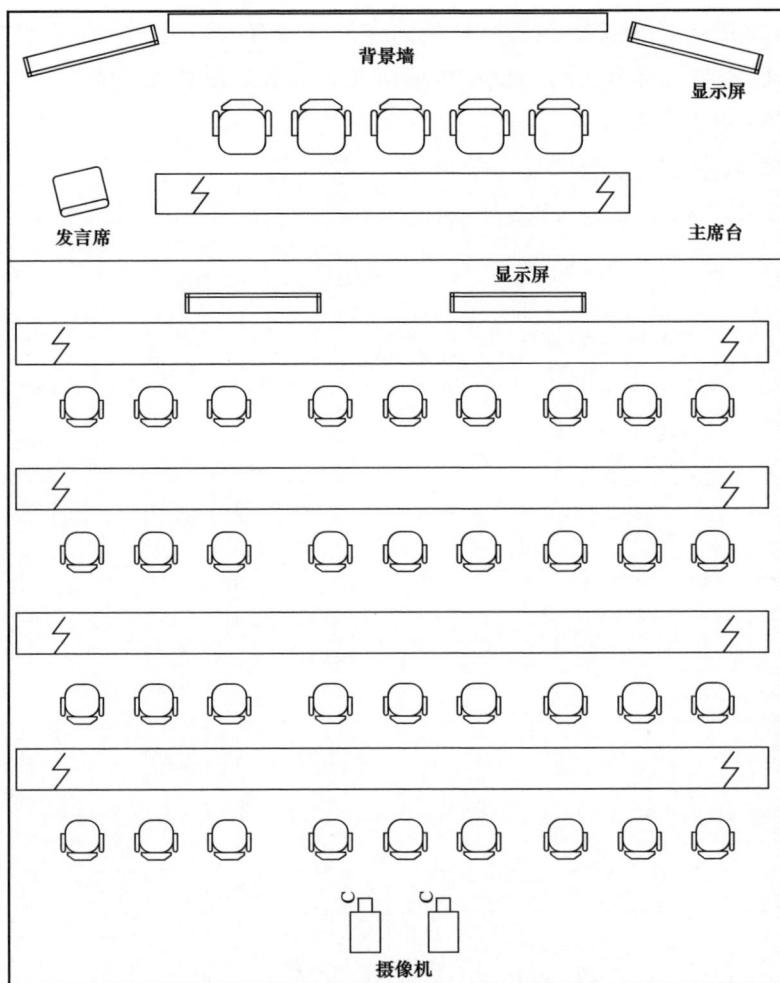

图6-3-1　行政视频会议室（主会场）示意图

（1）会场设主席台和听众席。根据会议需要，在主席台右侧设站立式发言席。

（2）主席台对面设2台摄像机（可根据实际设在会场侧面）。其中，1台摄像机采集主席台全景，另1台采集发言席特写。

（3）会场设4台显示器。听众席第1排前设2台显示器，供主席台领导观看。主席台两侧各设1台显示器，供听众席人员观看。

（4）主席台设长期固定式背景墙，背景墙颜色为国网绿，尺寸根据会场实际确定，内容为国家电网LOGO、单位规范名称、会议名称、时间、地点。（国

225

家电网 LOGO、各单位规范名称长期固定，会议名称、时间、地点可更换）。如会议室已安装大屏幕，可不设背景墙，在大屏幕显示相关信息。

2. 分会场布局要求

作为行政视频会议分会场，按图6-3-2布置：

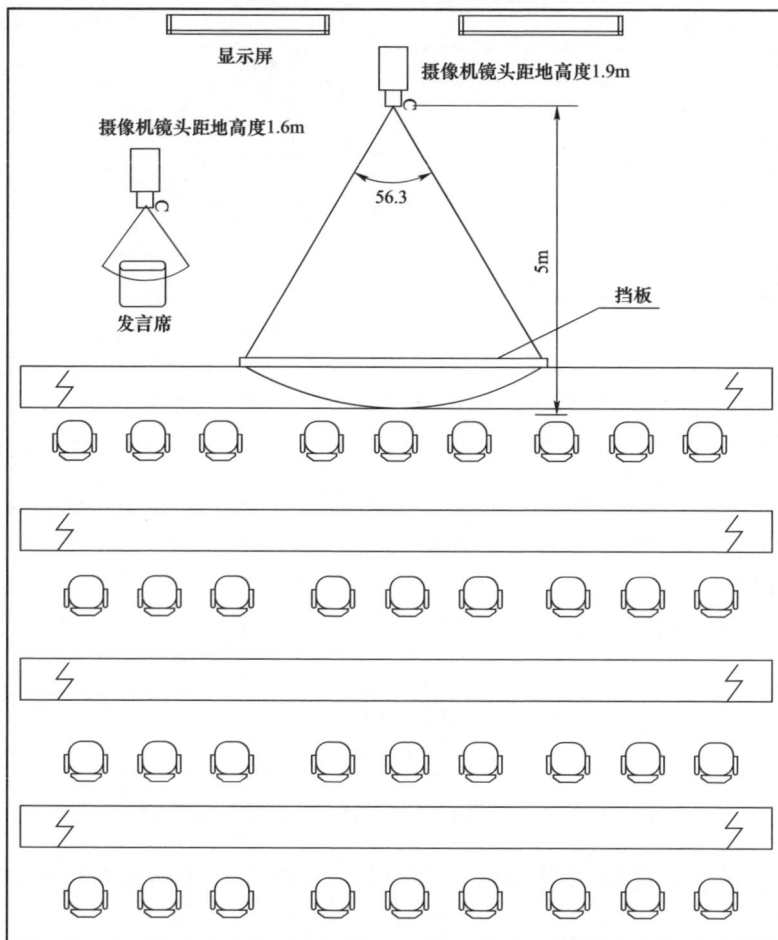

图6-3-2　行政视频会议室（分会场）示意图

（1）会场为课桌式布置，会场不设主席台，主要领导在听 众席第1排就座，安排5位领导进入画面。根据会议需要，在听众席左侧设站立式发言席。

（2）听众席第1排桌前设挡板，如图6-3-3所示。挡板颜色为国网绿，高度、宽度与电视画面中的会议桌一致，图案含国家电网公司 LOGO、单位规范名称。

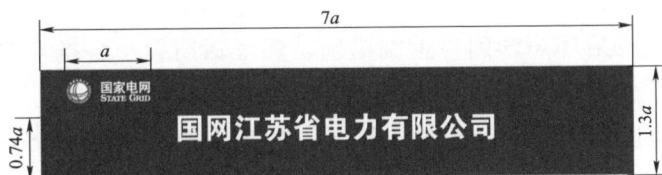

图 6-3-3　挡板示意图

（3）在会场前设 2 台摄像机（可利用现有设备），其中 1 台摄像机采集发言席特写画面，摄像机镜头距地 1.6m。另 1 台摄像机采集会场全景画面。推荐摄像机镜头距地高度 1.9m，距第一排会议桌距离 5m，可根据会场实际调整摄像机镜头高度、距离、变焦等，对应关系如表 6-3-1 所示。

表 6-3-1　　　　摄像机镜头距地、第一排会议桌距离对应关系

摄像机镜头高度（m）	1.8	1.9	2
摄像机镜头距第一排会议桌（m）	4	5	6

（4）县公司根据设备实际，可在会场前设 1 台摄像机，使用预置功能采集和切换播放全景、发言特写画面。（如具备条件，也可设两台摄像机）。

3. 会议室内布局要求

（1）照明要求。

1）室内照明避免自然光，光源色温为 3200K、4000K 或 5000K 三基色灯（释：K 为开尔文，指当黑体加热到一定温度，黑体发出的光所含的光谱成分，就称为这一温度下的色温。），所有光源色温一致。主席区平均照度不应低于 800Lx（释：Lx 为勒克司，指照射在单位面积上的光通量），观众区平均照度应在 500～750Lx 之间。各种照度应均匀可调，满足会议室各种功能需求，如不符合要求，应使用移动照明设施补光。

2）会场可选用层高 3.5m 左右的会议室，以利于灯光均匀散射。

3）会场第一排桌子两侧可各布置一面漫射面光灯，以保证第一排参会人员有足够的面光。会场背景区域上部可悬挂天幕灯，以保证背景区域亮度。

（2）声场要求。

1）会议室应有适当混响时间，容积小于 200m³，最佳混响时间为 0.3～0.5s；容积 200～500m³ 时，最佳混响时间为 0.5～0.6s；容积大于 500m³ 时，最佳混

响时间为 0.6～0.8s。

2）会议室应采用声学回声抑制措施，保证话筒置于各扬声器的辐射角之外，扬声器布置应使会议室得到均匀声场，且能防止声音回授。

3）会议室应保证均匀合理的声压级，声压级指标一般为 65－70dB；保证声音的清晰度，允许的最大辅音清晰度损失率不超过 15%；保证声像的定位准确性。

（3）装饰要求。

1）会议室总体设计要求"庄重、朴素、大方"，护围装饰、桌椅布置、地毯等应有统一的色调要求，宜简洁明亮、浅色为主、双色搭配。严禁采用黑色或白色作为背景色。

2）为保证声音绝缘与吸声效果，会议室内应铺地毯，天花板、四周墙壁内应装设隔音毯，窗户应采用双层玻璃，进出门应考虑隔音装置。吸声不能过量，避免声音干涩。墙壁应采用吸音板，主席台背景墙采用防眩光的装饰材料。

（4）会场家具要求。

1）会场的长度不宜小于 10m，宽度不宜小于 6m，与会区会场桌椅宜 3～6 排，会议桌高度 0.75～0.8m，桌子宽度一般为 500～550mm，桌子间隔为 950～1000mm，保证每人空间范围为 1500×700mm。

2）桌子要求哑光漆面，深色木质色调，不符合要求的，应采用中性或浅色桌布遮挡，以防止反光。

3）站立式发言台高度 1.1～1.2m、正面宽 0.75～0.85m。

4）若会场偏大，桌子的长度和排数可适当增加。

（5）会场背景要求。

1）会场背景、文字、徽标等应符合国家电网公司视觉识别系统规范要求。

2）背景要求哑光。背景宜布满与会者背后整面墙壁，如果现场条件不具备，则背景高度应在离地面 1.2～2.5m 或至会场顶部。

3）背景上的文字和图标离地面至少 1.6m，保证超过与会人员的坐高，图标和文字区域应位于与会人员坐高高度至背景顶部高度范围的中心位置。

4）背景大号字高度等于国网公司徽标的高度，大号字高度为小号字高度的两倍。

5）背景颜色为国网绿，文字字体采用黑体，颜色为白色。

6）背景文字的大号字内容统一为"视频会议"。背景文字的小号字内容，市供电公司统一为"江苏××会场"，其中××表示地区名称（如南京、苏州）；县（市、区）供电公司统一为"ABCD 分会场"，其中 AB 表示地区名称（如南京），CD 表示县（市、区）名称（如高淳）；其他单位统一为"××××会场"，其中××××表示单位简称。

7）背景文字和图标的大小根据会场背景的长度和高度可作适当调整，原则上要求上传图像中背景文字和图标清晰、大小得体。

（6）设备安装要求。会议室显示系统、扩声系统、摄像机安装应充分考虑设备散热、后期检修维护的需要，摄像机考虑安装高度，考虑参会人员是否会遮挡镜头，同时兼顾拍摄角度，避免俯拍严重。

（7）会场摄像要求。

1）会场可选用摄像头或摄像机作为摄像设备，用于拍摄上传图像；摄像设备可选择移动式，能够调节位置和高度，方便取景。

2）会场可选用液晶、等离子电视机或投影机作为会场显示设备，用于显示主会场下传图像或本地会场图像。

3）摄像机宜放置在会场第一排桌椅前方中间位置，显示设备可放置在摄像机两侧。如第一排桌椅前方中间位置为投影仪显示区域，摄像机可略偏右放置。

4）摄像机放置高度与与会者坐高相当，对与会者和背景能完全取景，应避免出现俯视、仰视角度过大的情况。

5）摄像机与第一排参会人员的距离必须保持在一定的范围内。如会场第一排桌子长度 L（m）与图中设计不符，则可根据摄像机的最大摄取角度（SONY D100 摄像机的最大摄取角度为 65°）来推算摄像机距离第一排参会人员的最小距离 S（m），公式为：

$$S = 0.5 \times L \times ctg（65°/2）$$

注：ctg 为三角函数中的余切符号。

以会场第一排桌子长度为 4.2m、坐满 6 人为例，摄像机与第一排桌子距离应在 3.8～5m 之间。

6）如会场使用前向投影机作为显示设备，则要求摄像机摄取的空间与前投照射光线的空间不重叠，避免摄像机对照强光源。

（8）会场墙面要求。

1）会场墙面装饰颜色可采用浅蓝色或浅绿色等颜色，不宜使用纯白、纯黑之类色调。

2）会场墙面应采用哑光材质的装饰材料，如墙纸、布料或板材等。

3）会场墙面上不宜做艺术造型、灯光效果，防止影响会议室光线分布和摄像机的正确感光。

4）会场墙面不宜布置装饰画、玻璃制品等，防止物品反光，影响摄像机正确感光。

（9）会场窗帘要求。

1）会场窗帘应采用双层窗帘，内层（靠窗户）窗帘用遮光布制作，外层窗帘可用不反光材质的布料制作。

2）外层窗帘的颜色一般与墙面的颜色一致或接近，以保证会场颜色的和谐统一。

3）如果会场墙面的颜色为纯白、纯黑之类色调，则窗帘颜色不要求与墙面颜色一致，可采用浅绿色。

（10）物品摆放要求。

1）会场不得摆放与会议无关的物品，不得遮挡与会人员图像和会场背景。物品摆放要求整齐、整洁，不反光。

2）未安排发言的分会场，会场第一排不得放置话筒。

3）桌牌要求。会场主要领导摆放人名桌牌，其他人员摆放部门（单位）桌牌。行政视频会议室主席台和发言席桌牌为标准大桌牌，尺寸为 200×95 mm。其他桌牌均为标准小桌牌，尺寸为 146×80 mm。桌牌颜色为国网绿。

4. 其他相关区域布局要求

（1）控制区。控制区连接会议室与设备区，布局应合理，环境应整洁。

1）设备配置要求。应配置相应数量的监视器、监听音箱、操作台，操作台用于放置调音台、控制电脑、云台控制器、中控触摸屏、特效机等。

2）辅助设施要求。应配置资料柜、工具橱、隔离带。墙面应张贴操作规范、工作注意事项、警示标语等。资料、台帐应完整齐全，设备、物品应摆放整齐有序。工具橱除配备常用工具外，还宜配备色温仪、照度计、声压计等专用检测仪表。

3）环境要求。应控制温度在 21～25℃，相对湿度在 20%～80%。消防应采用通信设备适用的灭火器。

（2）设备区。设备区内设备安装应合理、有序，同类型设备宜安装于同一面机柜，设备区应采用综合布线方式，满足兼容性、开放性、灵活性、可靠性等要求。

1）面积要求。宜设置单独房间，设备布置应保证适当的维护间距，机柜与墙的净距离不应小于 1500mm；当设备按列布置时，列间净距不应小于 1000mm。

2）照明要求。光源适宜，机架设备区的平均照度不应低于 100Lx。

3）环境要求。应安装独立空调，控制温度在 21～25℃，相对湿度在 20%～80%，并做好空调排水措施，宜加装温湿度、水浸等环境监控设备。应做好防火、防小动物等防护性措施，配置通信设备适用的灭火器。

（3）会控区。会控区应尽量靠近会议室，布局应合理，环境应整洁。

1）设备配置要求。应配置相应数量的监视器、监听音箱、操作台，操作台用于放置调音台、会控电脑等。

2）辅助设施要求。应配置资料柜、工具橱、隔离带。墙面应张贴操作规范、工作注意事项、警示标语等。资料、台帐应完整齐全，设备、物品应摆放整齐有序。工具橱除配备常用工具外，还宜配备色温仪、照度计、声压计等专用检测仪表。

3）环境要求。应控制温度在 21～25℃，相对湿度在 20%～80%。消防应采用通信设备适用的灭火器。

（4）其他要求。会议室、控制区、设备区缆线布放应采用暗敷方式，绑扎整齐规范，在建造或改建时，应事先埋设穿线管、安置桥架、预留地槽和孔洞、安装防静电地板等，以便穿线，预埋线缆不宜存在接头，若存在接头应设置检修口。会议室和控制区周围墙上或地面上，应每隔 3～5m，配置电源插座。会场、控制室、机房之间应做好电缆孔洞封堵。

所有机柜、设备、线缆应张贴规范标签，标明名称、端口、线缆走向。线缆标签应使用旗帜型标签，标明来源、目的、业务。

二、资源池会议室

1. 会场布局要求

资源池视频会议室，按照图 6-3-4 布置：

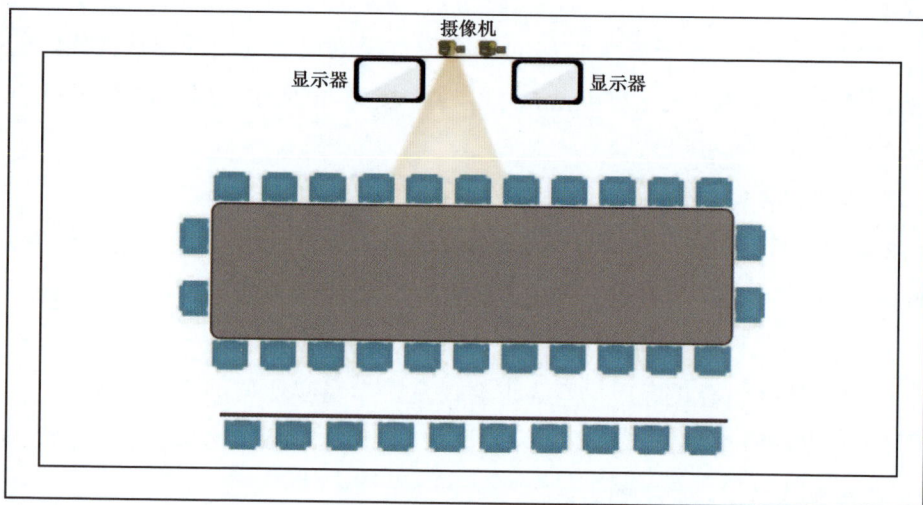

图 6-3-4　资源池视频会议室布置示意图

1）会场为长桌式布置，会议桌尺寸和座椅根据实际配置，参会人员坐会议桌一侧，安排第 1 排 5 位领导进入画面。根据会议需要，一般在第 1 排进入画面的最左侧座位设发言席。

2）参会人员对侧设 1 台摄像机，使用预置功能采集和切换播放全景、特写画面，摄像机镜头距地高度 1.4m、距参会人员座位不少于 4m。

3）参会人员对侧一般设 2 台显示器（县公司可设 1 台显示器）。

4）会场不设背景墙、挡板。通过视频会议系统在电视画面显示单位规范名称。

2. 会议室内布局要求

同行政会议室相关要求。

3. 其他相关区域布局要求

同行政会议室相关要求。

第四节　典型场景配置

一、视频典型配置

1. 场景一

如图 6-4-1 所示，此场景主要针对无发言需求或有发言无特写及演示文档的分会场设计。

摄像机 1 和摄像机 2 均拍摄全景画面。摄像机 1 通过视频矩阵将画面分别送至专线终端和显示大屏 1 中，摄像机 2 通过线缆 16 绕过切换设备直接同数据网终端相连，若具备第二个矩阵，可连接第二个矩阵。专线终端、数据网终端画面通过矩阵切换到显示大屏 2 上。

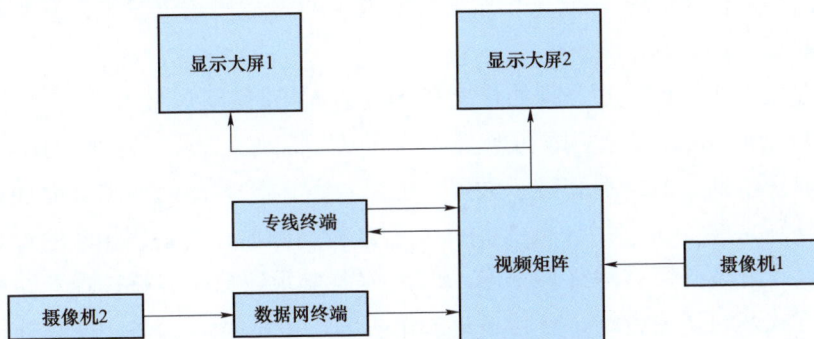

图 6-4-1　分会场视频连接图（场景一）

2. 场景二

如图 6-4-2 所示，此场景主要针对无发言及文档演示需求，但需给发言人特写的分会场设计。

摄像机 1 和摄像机 2 分别拍摄全景和发言人特写画面。摄像机 1、摄像机 2 画面通过视频矩阵切换至特效机中，特效机选择一路画面送至矩阵，再由矩阵切换到专线终端和显示大屏 1 上。

专线终端、数据网终端画面通过矩阵切换到显示大屏 2 上。摄像机 3 拍摄发言人特写画面，通过线缆绕过切换设备直接同数据网终端相连，若具备第二个矩阵，将摄像机 3 连接第二个矩阵后将信号送至数据网终端。

233

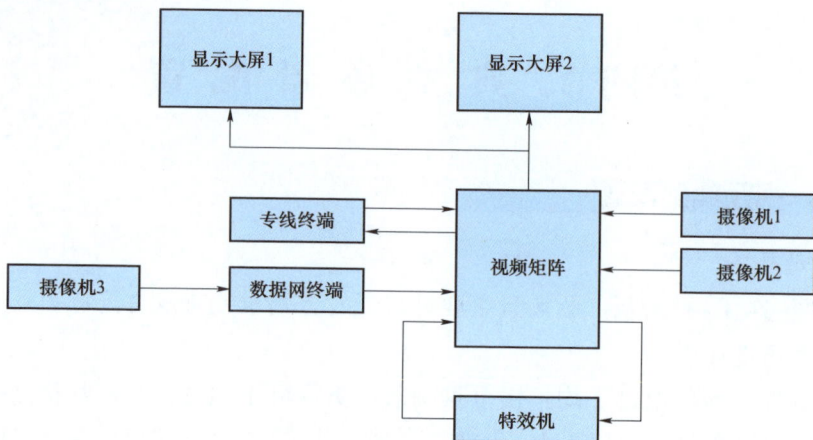

图 6-4-2　分会场视频连接图（场景二）

3. 场景三

如图 6-4-3 所示，此场景主要针对有发言及文档演示需求，且需给发言人特写的分会场设计。

摄像机 1 和摄像机 2 分别拍摄全景和发言人特写画面。摄像机 1、摄像机 2 和主用 PC 画面通过视频矩阵切换至特效机中，特效机选择一路画面送至矩阵，再由矩阵切换到专线终端和显示大屏 1 上。专线终端/数据网终端画面通过矩阵切换到显示大屏 2 上。摄像机 3 拍摄发言人特写画面，与备用 PC 通过线缆绕过切换设备直接同数据网终端相连，然后 Web 登录数据网终端选择一路画面通过主流方式发送至主会场，若具备第二个矩阵，摄像机 3 与备用 PC 连接第二个矩阵后将信号送至数据网终端。

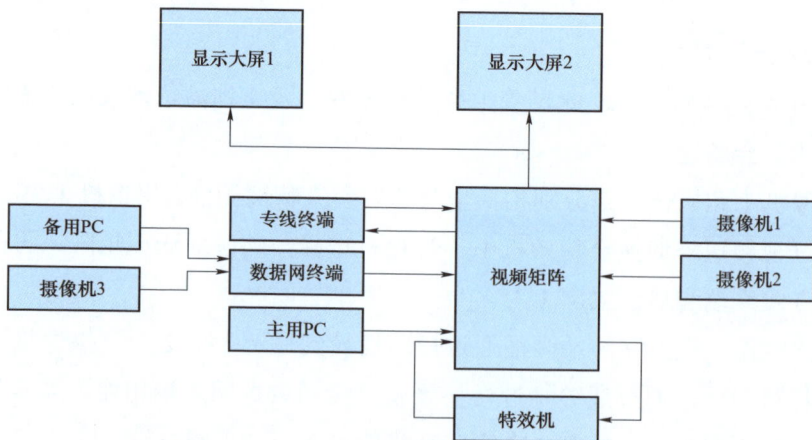

图 6-4-3　分会场视频连接图（场景三）

4. 场景四

如图 6-4-4 所示，此场景主要针对有发言及文档演示需求，但无需给发言人特写的分会场设计。

摄像机 1 和摄像机 2 均为会场全景画面。摄像机 1 和主用 PC 画面通过视频矩阵切换至特效机中，特效机选择一路画面送至矩阵，再由矩阵切换到专线终端和显示大屏 1 上。专线终端画面通过矩阵切换到显示大屏 2 上。摄像机 2 画面与备用 PC 通过线缆绕过切换设备直接同数据网终端相连，然后 Web 登录数据网终端选择一路画面通过主流方式发送至主会场，若具备第二个矩阵，摄像机 2 连接第二个矩阵后将信号送至数据网终端。

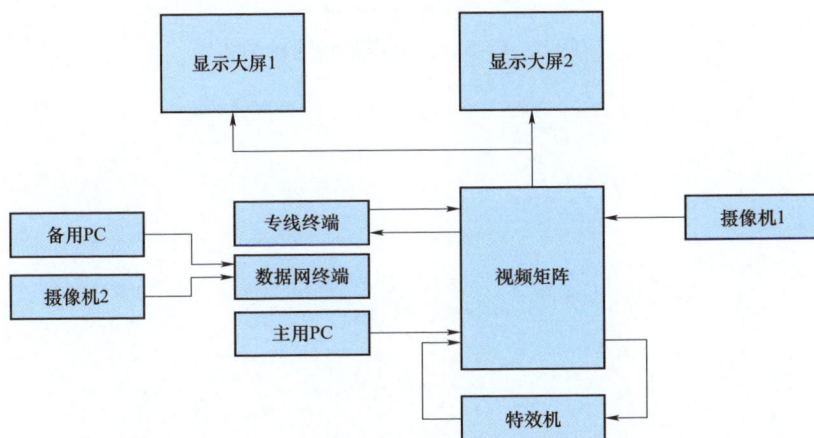

图 6-4-4　分会场视频连接图（场景四）

二、音频典型配置

如图 6-4-5 所示，此场景主要针对有发言需求的分会场设计。

主用麦克风通过主用调音台将信号送至专线终端、电话会议终端及会场内，备用麦克风通过备用调音台将信号送至数据网终端，若不具备备用调音台，备用话筒可直连数据网终端。发言时，同时向三套系统送声音，发言完毕，所有话筒静音，停止向三套系统送声音。主会场与发言分会场的声音由专线终端、数据网终端、电话会议系统送至调音台，分会场优先收听专线终端的声音，当专线终端声音故障时，自行切换至数据网终端或电话会议（声音质量好的系统优先）。

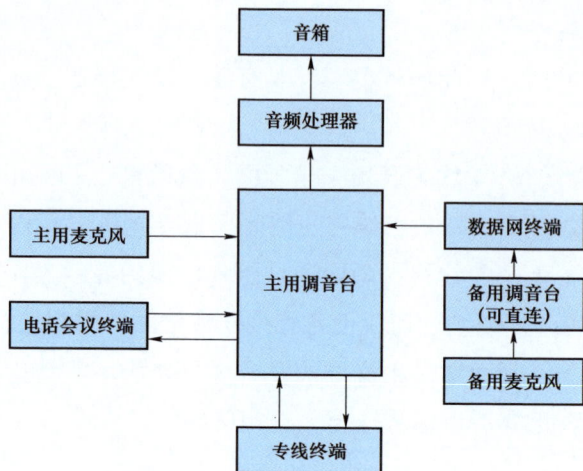

图 6-4-5　分会场音频连接图

第七章 典型故障案例

本章主要介绍视频会议中的典型故障案例，包含公司全系统几年的视频会议保障和系统运行维护典型案例共 69 起。通过故障描述、排查处置、原因分析、防范措施四个方面对案例进行描述，达到总结、积累和分享保障和运维经验，多方面提供排查故障思路、增强会议保障素质及能力，全方位提升运维水平的目的。本章包含网络故障、核心设备故障、辅助设备故障、人员操作故障四部分。其中，网络故障主要涉及交换机故障，核心设备故障主要涉及 MCU 故障，辅助设备故障主要涉及会场外围设备如摄像机、地插、矩阵等故障，操作故障主要涉及后台设置、电脑设置、误触碰等故障。案例均取自真实保障场景，涵盖多种故障类型。

第一节 网 络 故 障

一、交换机设备故障

1. 因交换机配置错误引起某一区域视频会议终端掉线

（1）故障描述。某公司发现在某会议室使用行政视频会议系统召开或参加视频会议时会偶尔出现全区视频会议终端短时掉线并自动重连现象。

（2）排查处置。

1）会议保障人员在出现问题后，将问题反馈给公司，公司随即安排人员检测网络，因故障现象为偶发性，一时无法从该会议室的交换机及会议终端的网络日志中发现问题。后来偶然发现该会议室新增的行政交换机在会议进行中开启时，会出现全区视频网络中断约 1 分钟而后自行恢复现象。

2）会议现场保障人员将该会议室交换机先于其他会议室交换机开机，此故障暂未出现。

3）后经网络运维人员检查该交换机的配置，发现其根优先级设为最高。由于行政视频会议网络采用"自动识别根"策略，该交换机开机后，因其根优先级最高，且核心交换机未设置根保护，导致该交换机与核心交换机发生抢根，造成视频会议终端短时掉线并自动重连。

4）现将该交换机优先级降低，同时开启核心交换机的根保护策略，至此消除该故障。

（3）原因分析。该会议室的行政交换机为新增交换机，之前曾应用于其他地方，但在新会议室上电使用后仅对 VLAN（Virtual Local Area Network，虚拟局域网）做了些微小配置，未对其他配置进行修改。根据拓扑图分析，在该交换机未开机之前，核心交换机为该网络的根桥，此时网络状态稳定。该交换机上电后，由于其配置为最高根优先级，同时核心交换机未配置根保护，导致两台交换机之间会出现抢根现象，网络发生重新收敛，此时全区视频网络通道发生中断。待收敛完成后，网络恢复正常，全区视频会议终端重新连接上线，恢复正常。网络拓扑如图 7-1-1 所示。

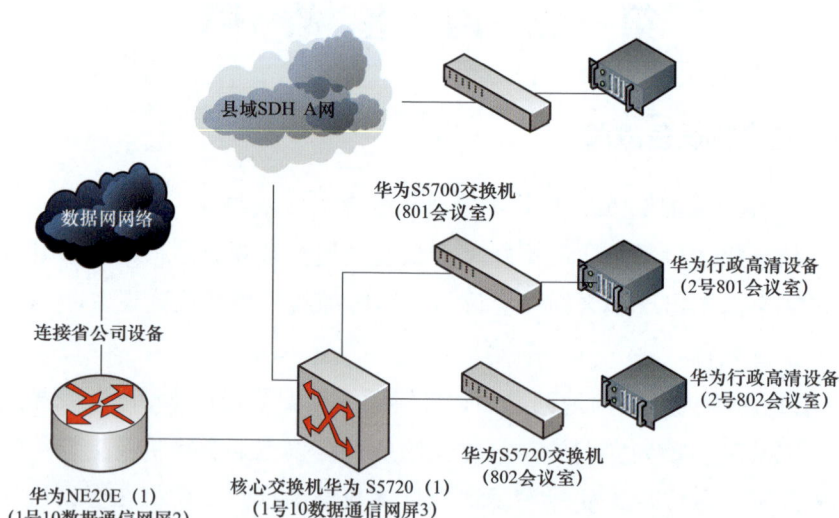

图 7-1-1　视频会议系统网络拓扑

（4）防范措施。

1）交换机在上电使用时需清空配置，恢复出厂设置，以免原有配置影响现有网络的可靠运行。

2）网络要做好 VLAN 规划，预防网络风暴出现。

2. 因交换机配置错误引起全区网络短时中断导致全区视频会议终端掉线

（1）故障描述。某公司在某会议室参加行政会议时，行政终端突然出现 GK（Gate Keeper，网守）打×，会议中断，且全区视频会议终端短暂掉线后又自动重连现象。

（2）排查处置。

1）故障发生时，公司会议保障人员正在调试该会议室新增的 MSTP（Multi-Service Transport Platform，多业务传送平台）视频通道。保障人员将该会议室新增的 MSTP 专线通道接在其行政交换机的空闲光口上，连接了光路。

2）保障人员在通信机房侧，将该会议室新增的 MSTP 专线通道光路接到 MSTP 的汇聚交换机上，并配置好数据后，该会议室正在进行的行政视频会议发生短时中断。

3）会后保障人员检查了该会议室和通信机房侧汇聚交换机的配置，发现 MSTP 汇聚交换机未设置根桥，且该交换机未配置 VLAN 隔离，使视频网络信号中断。

（3）原因分析。根据拓扑图分析，由于 MSTP 核心交换机与行政交换机间新增链路，且未配置 VLAN 隔离，行政交换机网络重新收敛，导致下挂的交换机端口发生中断。网络拓扑图如图 7-1-2 所示。

（4）防范措施。

1）网络需做好 VLAN 隔离，交换机与交换机间最好采用 trunk 模式，可以有效做好业务之间的相互隔离。

2）有条件的公司可采用物理隔离方式，交换机使用点对点通信方式，将视频会议的 MSTP 专线通道与数据网通道有效隔离。

3. 因汇聚层网络交换机软故障引起的视频会议系统网络中断

（1）故障描述。某市公司及所属县公司采用行政视频会议系统收听收看国网会议时，图像与声音都中断。

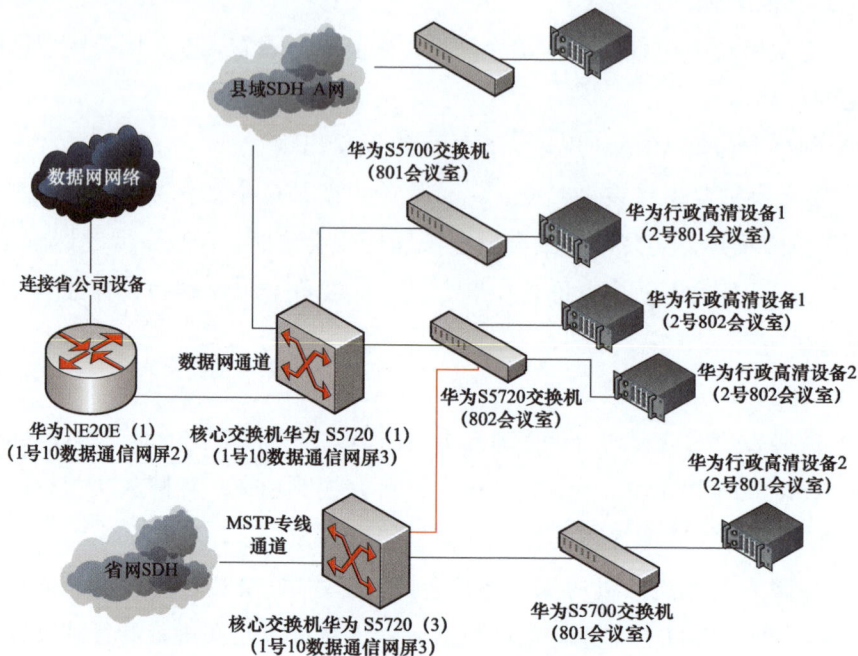

图7-1-2 视频电话会议系统网络拓扑

（2）排查处置。

1）市公司会议保障人员马上进行故障排查工作，发现汇聚层网络交换机的网络端口指示灯常亮，不会闪烁，确认为网络交换机出现软故障，对其进行硬重启操作。

2）会场行政视频会议系统的音、视频信号均恢复正常。

（3）原因分析。该行政视频会议系统汇聚层交换机为博达 S3956，该设备运行可靠性差，导致此次设备软故障，并造成行政高清会议系统网络瞬时中断。

（4）防范措施。

1）将博达交换机更换为华为 5700 交换机，并将后续另新增一台华为 5700 交换机，分别承载几家县公司的行政高清业务。

2）市公司本部会场的信号通过楼层交换机双上联至两台汇聚层交换机，通过 VRRP（Virtual Router Redundancy Protocol，虚拟路由冗余协议）协议形成主备。后期，将尽快把行政视频会议系统中市公司至县公司的网络方式由 SDH（Synchronous Digital Hierarchy，同步数字体系）/ECI（Extended Channel Interpretation，扩展频道解释）以太网通道改为数据网通道。

4. 因网络交换机端口死机而引起的会议终端无法入会

（1）故障描述。某县公司在参加省公司资源池会议调试时，发现一体化会议终端无法入会，终端报 GK 不通故障。

（2）排查处置。

1）故障发生后县公司会议保障人员立即向市公司会议保障人员汇报故障情况，市公司在会管电脑上确实无法 PING（Packet Internet Groper，因特网包探索器）通该公司一体化终端 IP（Internet Protocol，网际互连协议）。

2）市公司会议保障人员怀疑是会议通信网络中断问题，随即询问应急指挥中心在同一时间进行的市县会议中该公司是否正常参会。

3）该公司与资源池会议同一通信通道的应急指挥系统正常参会，排除市县通信数据网通信通道中断问题。将故障范围缩小至县公司通信数据网和会议终端之间。

4）县公司检查会议系统网络接线情况发现资源池会议终端网络线与应急指挥系统网络线接在同一台网络交换机上，随即用网线测试仪测试一体化终端网线正常，更换网络交换机端口后终端恢复正常入会。

5）会后调试网络交换机，对原一体化会议端口重新开启后恢复正常通信。

（3）原因分析。对会议系统设备缺乏规范性的管理和运维措施，会议结束后交换机不关机，未定期对会议系统设备运行维护。

（4）防范措施。制定规范化、标准化的会议系统设备运维措施，定期对会议系统设备精益运维，针对性的制定会场标准化作业指导书，科学、标准的操作会议系统，减少设备运行损伤。

5. 因交换机故障而引起的视频会议中断

（1）故障描述。某市公司在会议进行中时，发现主会场弹出无法接收码流告警，随即主会场脱离会议，声音和图像均中断，影响所有分会场收听收看。

（2）排查处置。

1）故障发生后，会议保障人员立即紧急排查，分析故障可能原因：一是网络通道故障；二是会议终端网络接口模块故障；三是 MCU（Multi Control Unit，多点控制单元）故障。

2）会议保障人员首先询问各分会场，得知各分会场均在会议之中，但观看的是其他分会场画面，由此判定 MCU 正常，只有主会场脱离会议。

3）同时会议保障人员利用会场计算机 PING 终端地址和网关地址，均不通，可判定为网络通道故障。

4）本会场机房与 MCU 机房之间通过 PDH（Plesiochronous Digital Hierarchy，准同步数字系列）光端机连接，PDH 光端机至终端有一台临时增加的交换机，保障人员重启交换机后，网络恢复正常，主会场重新加入，会议继续召开。

（3）原因分析。本次视频会议主会场平时仅作为分会场使用，会议终端通道 PDH 光端机直接接入 MCU 机房网络。本次视频会议，会议保障人员为了操控便利，需要将一台笔记本作为网管电脑接入网络，因此在 PDH 光端机和会议终端之间增加一台非全新的交换机，进行了网络接口扩展，会议终端和笔记本电脑均接入该交换机。

会议前一天下午和会议开始前一小时，会议保障人员均进行会议联合调试，系统工作正常，会议正式开始后约 42 分钟，网络故障发生。会议保障人员将交换机重启，约 2 分钟后会议恢复。

本次故障的直接原因是临时增加的交换机本身运行不稳定，导致网络中断。根本原因是所用交换机为家用产品，非工业交换机，其产品应用环境和质量设计目标均较低端，不适用于视频会议系统。

（4）防范措施。

1）针对故障暴露的问题及运行风险，在会议结束后将故障会场的交换机撤掉，考虑到光端机运行年限，将光端机同时更换为 1 台二层交换机，通过光口与机房交换机直接相连，既保障通道网络质量，又留出空余网口用于扩展设备。

2）对视频会议系统内网络通道设备进行排查，将全部低端交换机更新为工业交换机。

6. 因接入一台接入交换机而引起的资源池 MCU1、MCU2 和相关参会终端离线

（1）故障描述。会议保障人员在会前调试时，出现资源池会议全部中断故障，影响该会场的收听收看。

（2）排查处置。

1）故障发生后，会议保障人员紧急查看 SMC（Service Managment Center，

业务管理中心）会控平台，发现资源池 MCU 1、MCU 2 和相关参会终端离线，初步判断为网络故障。通过对所有会议保障人员进行操作询问，了解到故障发生时公司视频会议相关运维人员正在对一台会议终端进行通道切换。

2）会议保障人员立即通知该运维人员停止操作并恢复原通道方式，随后故障恢复。由于会议中断时间与运维人员操作时间基本吻合，初步判断会议中断是由于此操作造成。

3）为不影响会议召开，在资源池平台会议结束后，立即围绕该会议终端、接入交换机和汇聚交换机展开调查。为再次验证故障起因，重复通道切换的操作，再次按照"会议终端－接入交换机－汇聚交换机"的方式连接，发现资源池 MCU 1、MCU 2 再次离线，为进一步缩小故障范围，将会议终端和接入交换机分别单独接入汇聚交换机，发现只有接入交换机连接汇聚交换机时会引起 MCU 离线。为排除接入交换机的问题，更换了一台全新的某厂家交换机接入该汇聚交换机后，MCU 再次离线。

4）会议保障人员立即登陆汇聚交换机配置界面，查看动态 ARP（Address Resolution Protocol，地址解析协议）表项和 MAC 地址（Media Access Control Address，媒体存取控制位址地址表项），发现地址表中无上行 MAC 地址，无法 PING 通 MCU 网关地址，汇聚交换机上行链路中断，导致 MCU 离线。

（3）原因分析。汇聚交换机、核心交换机 1 和核心交换机 2 连接端口信息如下：

汇聚交换机 GE1/0/48－－－－－－－－－－核心交换机 1 GE1/0/19

汇聚交换机 GE1/0/47－－－－－－－－－－核心交换机 2 GE1/0/19

在初期配置中，三台交换机均默认启用 STP（Spanning Tree Protocol，生成树协议），该协议作用是将物理上存在环路的网络，通过一种算法，在逻辑上阻塞部分端口，把一个环形的网络结构变成一个树形的结构，从而防止网络中的冗余链路形成环路工作引起网络风暴。各台设备在初始时均生成以自己为根桥的配置信息向外发送，根桥 ID（Identity document，身份标识号码）最小的被选举为根桥，并向外发送配置 BPDU（Bridge Protocol Data Unit，网桥协议数据单元），其他的设备对该配置 BPDU 进行转发，待网络收敛后，形成稳定的树形拓扑结构。当主用线路故障，阻塞端口被激活，起到备份线路的作用。在该拓扑中，核心交换机 1 为主"根"，核心交换机 2 为备"根"。但是 STP 协议的收敛速度一般会达到十几秒至几十秒，并不能满足视频会议业务快速倒换的需求，所以在汇聚交换机连接到核心交换机 1 和核心交换机 2 的两个上行端口启用了 SMART LINK（灵活链路组）协议，该协议主要作用是在一定场景下替代 STP 协议，满足链路收敛快的需求，可以达到毫秒级。但是，SMART LINK 协议与 STP 协议是互斥的，因此在启用 SMART LINK 协议后，汇聚交换机上 STP 协议关闭。汇聚交换机相关端口信息配置如图 7-1-3 所示。

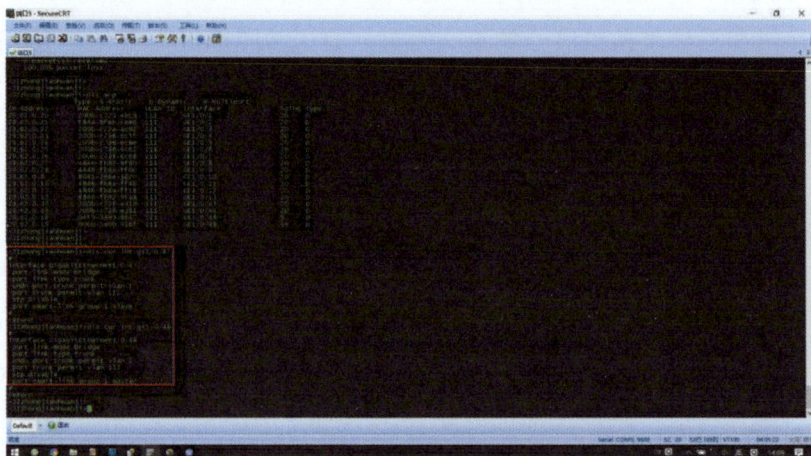

图 7-1-3　汇聚交换机相关端口信息配置

汇聚交换机上 STP 协议已关闭，如图 7-1-4 所示。

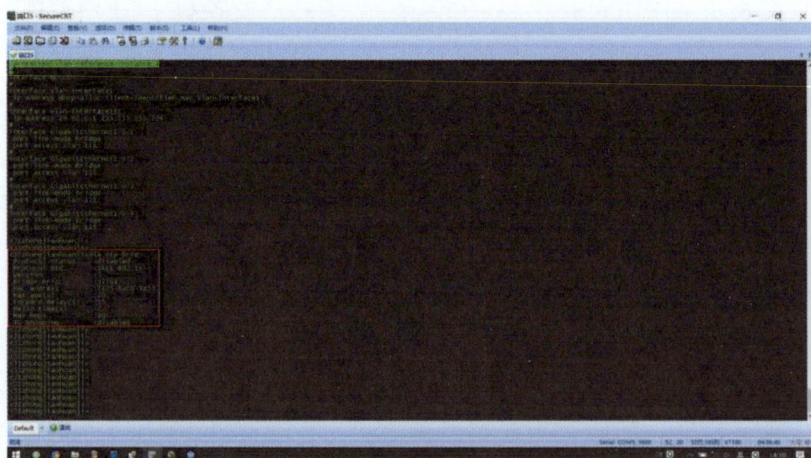

图 7-1-4　汇聚交换机 STP 配置信息

该公司在故障发生时和故障定位过程中分别使用了两台不同的交换机，后经查看配置，两台交换机均默认开启 STP 协议。在连接到汇聚交换机之后，网络拓扑如图 7-1-5 所示。

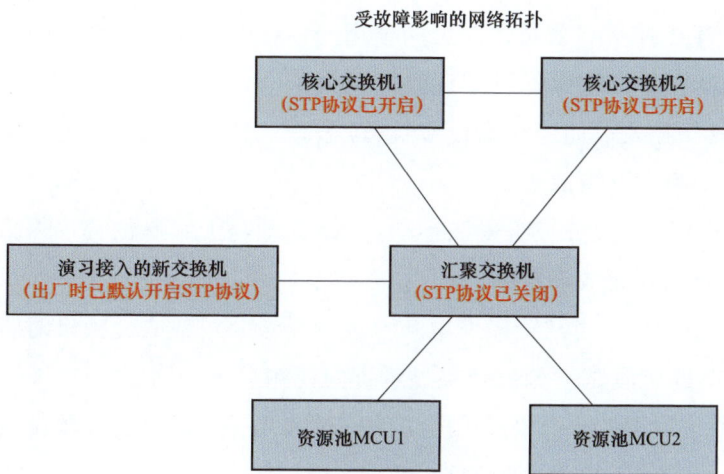

图 7-1-5 受故障影响网络拓扑

经分析，在接入交换机连接该系统之前，核心交换机 1 作为 STP 协议树形拓扑结构中的根桥，会不断地发送 BPDU 网桥协议数据单元给其他的交换机，来确定网络的拓扑结构。在接入交换机连接之后，由于汇聚交换机的 STP 协议已关闭，新接入的交换机无法接受到原拓扑结构中根桥交换机所发送的协议报文。相反，由于接入交换机已默认开启 STP 协议，在接入该网络后，生成了以自己为根桥的配置信息向外发送，重新计算生成树拓扑并成为了根桥，导致两台 MCU 的上行数据无法到达核心交换机 1。

（4）防范措施。

1）对承载视频会议系统的数据通信网络进行全面检查，包括交换机、路由器的具体配置，进一步优化网络结构。

2）在优化网络配置和网络结构前，严禁在该汇聚交换机端口下连接任何网络数通设备，网络设备接入网络前必须对设备的基础配置进行核查。

7. 因交换机过热重启而引起一体化会议中断

（1）故障描述。某次会议中，A 公司、B 公司一体化会议终端离线，导致

A 公司正在进行的《某年全业务统一数据中心建设工作视频启动会》和 B 公司正在进行的《×类关键主数据研讨会》短时间断会，会议运维人员采取应急措施，会议重新注册并恢复正常，其中《某年全业务数据中心建设工作视频会》C 公司正准备发言，中断导致发言顺序更改，影响会议按顺序进行。

（2）排查处置。A 公司、B 公司使用一体化会议系统开会中断。会议参会部门第一时间联系会议保障组排查故障。

1）会议保障人员通过观察设备状态，发现一体化会议终端的 GK 处于断开状态，初步判断为网络故障。

2）会议保障人员分三组采取行动，一组立即与上级单位会议保障团队取得联系，请求协助判断故障原因。

3）二组在 D 公司网管操作电脑上远程登录公司核心交换机对省公司内部网络进行 PING 包测试，测试结果显示省内视频会议网络正常。

4）三组立即开启一体化备用会场的一体化设备，联系上级单位会议保障团队申请入会，开始做更换会场的准备。

5）一组在与上级单位联系的过程中发现设备网络状态恢复正常，GK 注册成功，两个一体化会议都重新入会。重新入会后，会议继续正常召开至结束。

（3）原因分析。本次事故原因为核心交换机重启，导致网络倒换到核心交换机二上，网络恢复后重新注册 GK，注册完成后会议恢复正常。经过现场确认，视频会议主用交换机运行时间将近 10 年，出现设备老化、风扇故障，导致交换机过热重启，且倒换到备用链路的时间未达到无缝切换要求，GK 断开重新注册需要较长的时间。会议保障团队未及时发现交换机老化隐患，没有提前更换老旧设备。交换机运行时长判断出现重启如图 7-1-6 所示。

交换机互联的端口关闭如图 7-1-7 所示。

（4）防范措施。

1）在运交换机投运时间过长，应及时更换运行年限过长的老旧交换机，增强网络可靠性。

2）加强一体化会议现场保障。安排现场值守和应急处置人员，第一时间发现、判断和定位故障。

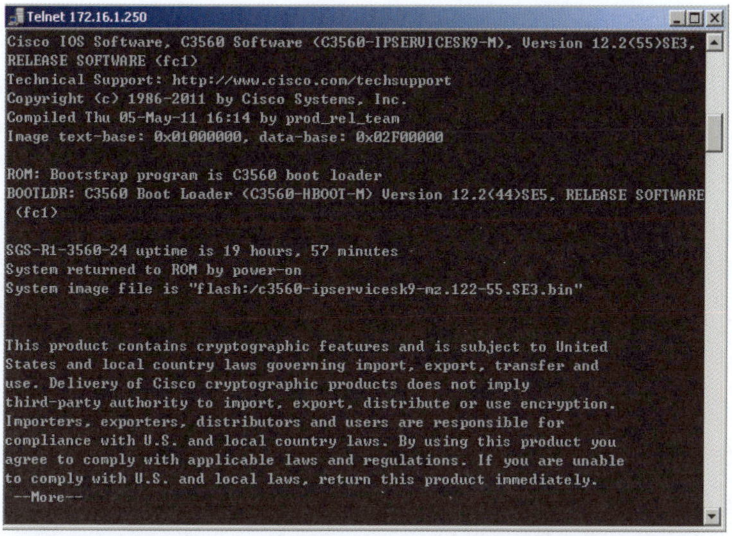

图 7-1-6　交换机运行时长判断出现重启

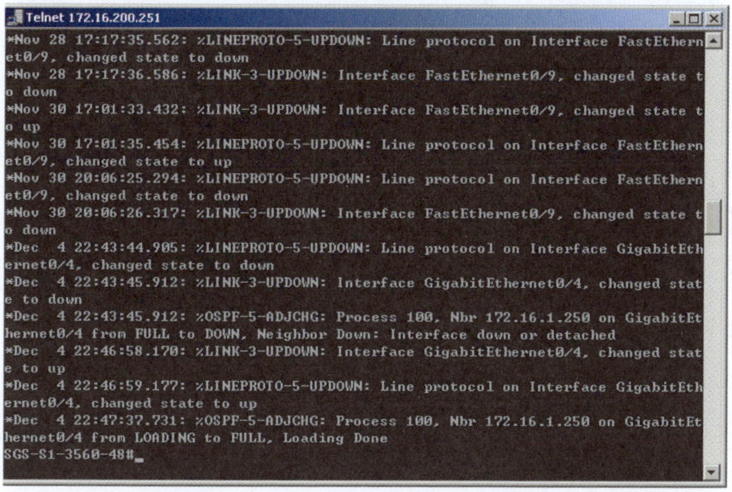

图 7-1-7　交换机互联端口关闭

3）加强日常巡视。制定日常巡视制度，检查设备的告警状态、外部接入和环境巡视，巡视完成后完成报告，确保设备安全运行。加强网管巡视，加强对重点网络设备的监视。

4）设备机柜前张贴警示牌。在设备机柜门上张贴"视频会议重要设备，请勿动！"警示牌。未经允许，不得打开机柜触碰设备相关端口、接线、电源。如需对该设备进行操作，需向相关领导申请。

8. 因不同品牌交换机生成树协议不匹配而引起的通道故障

（1）故障描述。某公司参加国网公司会议，在会议调试过程中，数据网终端按时上线，专线终端开机后却无法入会。

（2）排查处置。

1）用专线终端 PING 国网网关地址，发现网络不通。更换笔记本测试后仍不通，排除终端侧故障。用笔记本电脑接入机房 SDH 设备，发现通道正常，排除了传输设备到国网通道的故障。更换交换机后仍然不通，排除交换机故障。

2）把笔记本连至接入交换机另一端口，同时拔掉接入交换机的 SDH 上联口，笔记本至专线终端网络正常。因此判断，接入交换机上联至国网的通道正常，下联至会议室的通道也无故障，但是交换机连至 SDH 的端口无法正常转发数据包，导致专线终端无法入会。

3）查看交换机日志，日志提示端口接收到来自对端端口发送的 BPDU 数据包，且提示本端和对端接口类型不一致。在交换机上启用 BPDU 过滤功能，配置了 spanning – tree BPDU filter enable 后，通道恢复正常，终端正常入会。

（3）原因分析。交换机品牌型号不一致，造成生成树协议不匹配，华为交换机无法识别思科的 PVST 私有协议包，将端口上的数据当做普通多播包转发，思科交换机判断可能存在环路，将端口阻塞掉，造成网络中断。

（4）防范措施。

1）在配置了生成树协议、VTP 协议（VLAN Trunking Protocol，虚拟局域网干道协议）、端口汇聚等复杂网络中，应尽量保持上下联交换机品牌一致。

2）会议网络组网架构应尽量扁平化，尽量采用物理隔离方式，减少网络拓扑变更次数。

3）会议保障人员应熟练掌握交换机、路由器日志信息，提升应急处置能力。

9. 因交换机与传输设备速率不匹配而引起网络丢包的故障

（1）故障描述。某会议调试时，发现终端网络不稳定，主流显示有丢包告警，丢包率达到 7%，暂未影响会议的画面和声音效果，但存在严重安全隐患。

（2）排查处置。

1）故障发生后，会议保障人员立即检查会议终端，对公司测试地址进行 PING 测试，发现确有丢包现象。立即进行网络排查。

2）会议保障人员查看会议室机房交换机及端口配置，连接会议终端的端口模式为 100M 全双工。

3）会议保障人员向上端通信机房端交换机检查，发现上联 SDH 的端口默认为自适应模式，但端口会自适应成半双工模式，将端口配置成强制 100M 全双工模式后，故障消除。进行长时间的 PING 测试，均无丢包现象。

（3）原因分析。会议采用应急备用通道作为主通道使用，上联公司通道使用 SDH 传输，会议机房内的交换机已经按照要求把端口更改为 100M 全双工，但因运维界面不同，未能及时更改正确配置，且会议过程中未通过控制电脑对网络进行实时监控。

（4）防范措施。

1）加强部门各专业班组的沟通，及时告知各班组会议专业所涉及通道、交换设备的配置要求，春秋检及新增设备后要及时核对所有通道、网络设备配置信息，建立档案库等；

2）加强会议保障人员管理，提升全员网络设备技能掌握水平。

10. 因交换机内存占用过高而引起唇音不同步故障

（1）故障描述。某公司在收听收看省公司视频会议时，发现唇音不同步现象，影响收听收看效果。

（2）排查处置。

1）故障发生后，首先将故障详细情况告知主办方，做好解释工作，并对本次故障进行记录。对终端及网络开展排查。

2）为不影响会议正常的收听收看效果，会议保障人员迅速进行主备切换，将音视频信号切换至数据网通道。

3）登录主用终端 Web（World Wide Web，万维网），查看主用终端的会议通话状态，发现会议延时达到 180 毫秒以上。

4）查看交换机目前系统状态，发现此时交换机内存使用过高，交换能力变差。向上级公司汇报后确定待会议结束后进行故障处置。

（3）原因分析。从读取交换机日志来看，可以看到交换机持续运行时间较长，是本次延时故障的关键问题。

（4）防范措施。加强机房巡检力度，对主要交换设备做好定期重启，视频会议开始前对网络环境预先自查，防范类似事件再次发生。

二、网络配置故障

1. 因网络丢包而引起的视频画面卡顿

（1）故障描述。某公司会议保障人员在调试会议期间发现该公司至国网应急专线通道存在严重丢包，导致公司上传画面卡顿异常。保障人员立即向国网汇报，经同意后切换应急数据网通道，演练正常进行。

（2）排查处置。

1）故障发生后，会议保障人员第一时间使用电脑进行网络丢包率测试，发现上行数据延时较高且丢包较多。如图 7－1－8 所示。

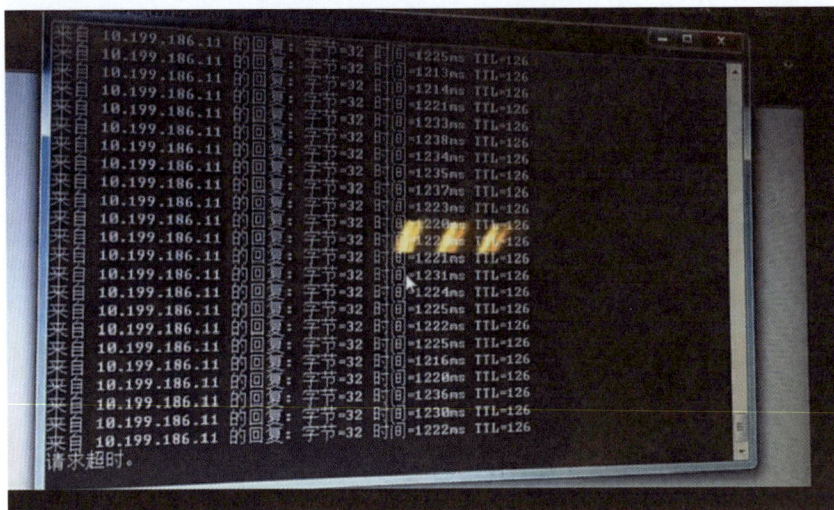

图 7－1－8　网络丢包率测试结果

2）立即向国网汇报，申请切换应急数据网通道，确保演练正常开展。

3）演练结束后，协同国网对应急专线通道进行排查。将通信机房核心路由器上国网应急专线业务网线（E8/0/7 口）拔出后，接至内网笔记本电脑，并更改电脑 IP 地址为国网应急专线会议终端 IP，PING 测 IP 地址 10.199.186.11（国网侧），测试结果正常，排除路由器上联通道发生故障可能性，如图 7－1－9 所示。

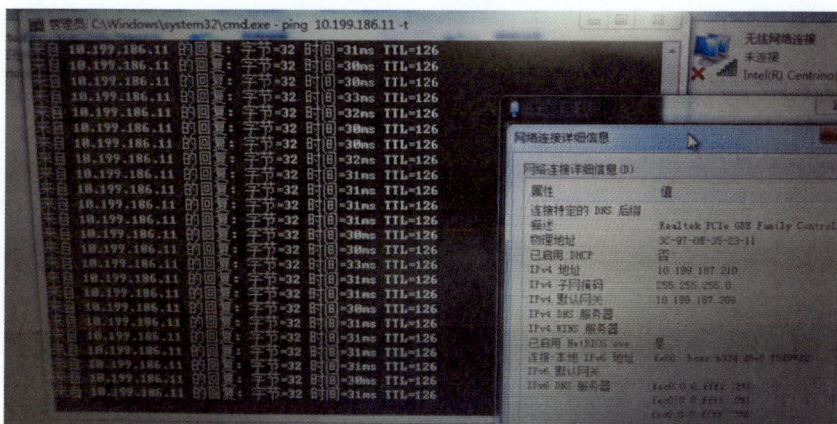

图 7 - 1 - 9 网络丢包率测试结果

4）在通信机房传输设备侧对国网应急专线会议终端（G）进行 PING 测，测试结果正常，排除传输设备下联段楼内通道发生故障可能性，如图 7 - 1 - 10 所示。

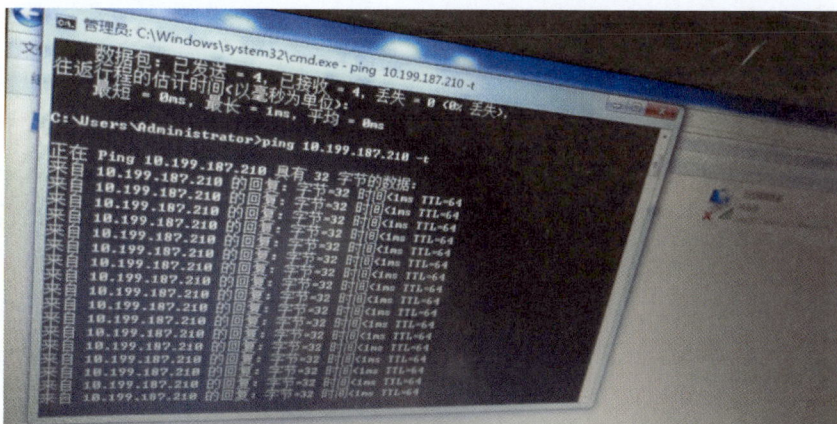

图 7 - 1 - 10 网络丢包率测试结果

5）使用 Tracert（路由跟踪命令）命令跟踪路由，发现中间路由地址。随后登录核心路由器，发现该地址是自 E1 接口学习到，而非自路由器 E8/0/7 口学习到，故障定位于核心路由器设备。经查，该 E1 接口经过传输设备上联至国网公司。

6）核心路由器国网应急专线业务原为双通道：第一通道经传输设备上联至西北分部后转至国网，第二通道经国网传输设备直接上联至国网。经与国网确认该传输通道已停运，保障人员立即将核心路由器上 E1 相关线缆拔出，随后在会议室 PING 测，恢复正常延时且无丢包。如图 7-1-11 所示。

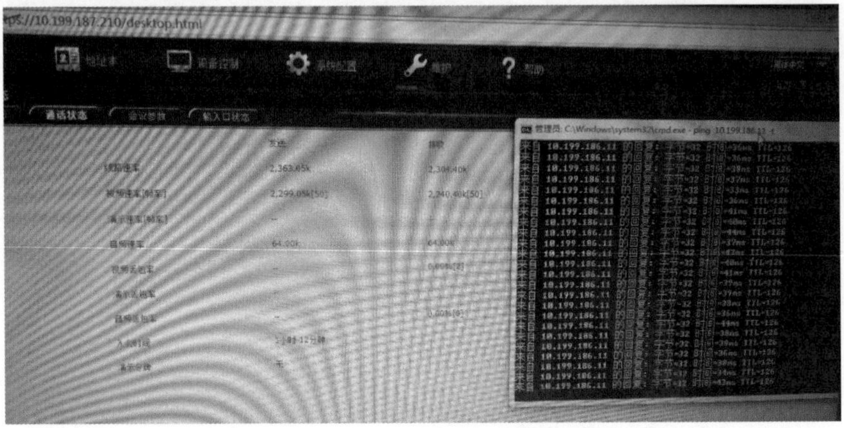

图 7-1-11　PING 测结果

7）经与国网核实，A 公司应急专线画面上传恢复正常。之后两天持续测试验证，再未发生网络丢包情况，传输声音、图像均正常。

（3）原因分析。此次至国网应急专线出现上传画面卡顿异常原因为未将已停运传输通道线缆及时拆除，导致上传国网数据路径不清晰，数据包无法准确上传，造成丢包严重情况。经调查，至国网应急专线通道改造期间，改造人员只开通新路由并连接相应线缆，未及时将停运线缆拆除，是导致此次丢包事件的主要原因。

（4）防范措施。

1）会议保障人员应加强日常设备巡检，及时掌握系统运行情况，对所辖会议系统及设备深入排查梳理，查找问题，避免类似情况再次发生。

2）加强会议系统新建、改造类项目实施监管，将实施工作规范化、细致化。

3）做好日常会议保障应急演练，提升会议保障人员的应急响应水平，同时严格按照会议保障要求，会前做好主备用方式测试，会前预留充分的调试时间，保障会议正常召开。

2. 因传输设备业务汇聚光接口与光接口连接类型不匹配，而引起的路由中断

（1）故障描述。某省公司在进行周会议例行调试时，发现六地市设备全部离线，无法调度六地区会议设备。某省内专线会议通道基于省公司核心交换机

通过 A 厂家传输通道及 ECI 传输通道连接至地市公司汇聚交换机，交换机之间使用 OSPF（Open Shortest Path First，开放的最短路径优先协议）路由协议。

（2）排查处置。确认故障后，立即通过数据网通道建立会议，并上报部门负责人，联系通信调度，配合确定故障。

1）确认通信传输系统无异常。与通信调度确认省公司至六地市通道正常。

2）在核心交换机端检查端口状态。经查，端口运行正常，与传输设备对接端口无告警。六地市均为主用 A 厂家传输通道、备用 ECI 传输通道。着重查看与 A 厂家传输设备接口状态，单播、组播状态正常，但数据包量偏少。

3）在核心交换机检查路由信息和连通性。检查路由表，路由指向正确。对六地市业务地址、互联地址进行 PING 测试，发现互联地址可达、业务地址不可达。

4）检查 OSPF 路由协议情况。省公司与地市公司 OSPF 邻居正常建立，但是 OSPF 路由的 LSDB（Link State DataBase，链路状态数据库）未正确建立，路由缺失。抓取报文分析，OSPF 状态反复在"主从协商（Exstart）""路由建立（Full）"之间变更。

排查结论：省公司、六地市通过华为传输设备聚合为一个广播域。在此广播域中，交换机各互联接口的 OSPF 接口类型未设置，默认为"广播（broadcast）"，但是省公司与六地市之间存在多个 DR（Designated Router，指定路由器）/BDR（Back-up Designated Router，备份指定路由器），反复进行主从协商。此现象表明，交换机对接 A 厂家通信设备聚合端口的接口类型更适宜设置为"P2MP"（Point-to-Multipoint，点对多点主站）。

故障处置：设置省公司核心交换机、地市公司汇聚交换机对接 A 厂家通信设备聚合端口的接口类型为 P2MP。

验证：接口类型修改后 P2MP 后，OSPF 邻居正常建立并交互路由，故障消失。

（3）原因分析。

1）技术方面：ECI 传输通道经过传输设备聚合后，具备数通专业意义的广播域特性；而华为传输通道经过传输设备聚合后，不是数通专业意义上的广播域，更接近于"P2MP"特性。

在省公司与六地市公司交换机逐一建立连接时（如网络开局）。省公司交换机接口 DR 优先级（10）与地市公司相同，因 Router ID 较大成为 DR，六地市公司交换机成为 BDR，虽然存在多个 BDR，但可正常交互路由。

通信系统定期开展华为通道与 ECI 通道主备切换测试，省公司端口均优先获得了 DR，并建立了路由。某日，通道例行倒换到 ECI 后，省公司交换机 BFD 检测进程发现华为通道不可达，降低接口优先级至 90，低于 ECI 端口优先级（优先级未设置，默认 100），路由承载切换至 ECI 通道。当传输通道切换回华为通道时，链路建立存在先后顺序，导致省公司核心交换机基于华为通道主用的聚合端口不是所有邻居的 DR，反复进行 DR 主从协商选举，导致路由计算失败，进而导致六地市专线通道路由同步失效。

2）人员方面：会议电视通道的建立至少涉及数通、传输两大技术领域，同时融会精通的人员较少。在会议网络不断完善的过程中，已进行了多轮优化，但仍存在一些问题。

① 数通、传输两方面设备接口情况及对接注意事项尚需加深理解。数据配置均正确，且不存在告警信息，但是数通设备与传输设备对接的信令、自协商等存在差异。传输网在完善过程中，新设备、新链路、新版本情况较多，需要各方人员加强关注，紧密配合。

② 对交换机不合理配置未能及时发现。某年，网络开局配置存在待改进条目，如省公司接口优先级与地市公司优先级相同，依靠 Router ID 进行优先级区分。虽然能较快的完成系统配置与建设，但是遗留了一定的隐患。在学习过程中，弥补了数通专业知识，调整了一部分配置，在后续工作中尚需持续优化。

3）设备配置方面：专线及数据网设备相互分割，尚需提高专线通道与数据网通道之间的保护能力。

（4）防范措施。

1）更改使用华为传输通道的交换机专线通道接口类型为 P2MP。

2）加强会议专业数通、传输专业知识学习、储备及应用。

3）结合公司会议系统技改，将核心交换机进行集群堆叠，进行网络重构及优化。

3. 因 IP 地址冲突而引起某公司会场掉线

（1）故障描述。某公司在会议进行时，突然画面黑屏，声音全无，会议终端掉线，导致某公司领导发言时，各县公司听不到发言，看不到会场画面。

（2）排查处置。故障发生后，会议保障人员第一时间启用备用设备，及时调整显示画面，联系县局会议保障人员注意会场纪律并告知主会场情况，一并将情况上报，并分析原因。

1）会议保障人员马上进行网络排查工作，对网线物理连接，交换机供电，设备原因逐个进行排查，并排除可能引起的故障原因，最后将问题原因定位到网络问题。

2）切断会议终端的链接，原会议终端的 IP 还在网络上处于活跃状态。

3）立刻更换会议终端的 IP 地址，并进行物理地址绑定，然后重新将主用终端重新呼入 MCU，问题解决。

（3）原因分析。会议保障人员技术水平和应急能力较差，对会议系统网络架构认识不充分，对会议设备的 IP 地址未进行合理规划，基础台账缺失。

（4）防范措施。

1）对会议设备的 IP 地址进行严格的管控，禁止其他网络终端使用会议 IP 段的地址。

2）重要会议安排网络运维人员进行现场跟会，加强会议保障人员网络知识学习，对于 IP 冲突，网络波动等网络突发问题的简单处理办法等措施。

4. 因 SDH 组网环境下抢夺生成树根造成网络中断问题

（1）故障描述。某公司采用行政系统召开早会时，主会场 MCU 等设备短时离线，随后恢复正常。

（2）排查处置。

1）会后排查交换机日志，确定故障原因为分会场某交换机在这个时间段开机；

2）进一步排查确定该交换机的 STP 生成树优先级为最高，与核心交换机抢夺生成树根造成生成树各节点身份重新计算造成网络中断。

（3）原因分析。SDH 网络传输过程中会透传二层网络的生成树协议，二层网络生成树的根没有排他机制，若某个交换机设置 STP 优先级为 0，则会抢夺生成树的根，若两台均为 0，则会互相抢夺根。网络中有高优先级交换机上线时，生成树会重新计算，过程中受影响交换机各端口会变为阻断状态。

（4）防范措施。变更行政专线网络的组网结构，在主会场行政专线核心交换机下新增一台交换机，用于隔离分会场生成树。其他配置不变，主会场行政专线STP隔离交换机与主会场行政专线STP隔离交换机的互联口关闭STP功能，同时要求分会场行政专线交换机上联SDH的端口关闭STP功能。

5. 因网线传输距离过远导致画面花屏、卡顿故障

（1）故障描述。在会前调试时，发现行政专线视频会议系统出现花屏、卡顿现象，声音正常；而网络视频会议系统一切正常。会议过程中，切换至网络通道收听收看，未影响会议正常召开。

（2）排查处置。

1）利用笔记本对网络通道进行测试，发现测试结果正常，但在连续进行大数据包测试时，会出现丢帧甚至断线现象，初步判断为网络通道问题。

2）更换会议室备用传输通道，仍未排除故障；随即对网络通道沿途设备进行了检查。

3）经排查，最终确定故障原因为机房到行政会议室距离过远，且未增加交换机而采用网线直连造成丢包情况。新增交换机后，专线视频会议系统恢复正常。

（3）原因分析。即使网线距离没超过100m，但是距离过长会导致网络运行不稳定，造成花屏、卡顿等现象。施工人员在布放该网线时，只粗略估算距离不会超过理论长度，还未充分论证和测试，造成网络丢包影响会议画面质量。

（4）防范措施。

1）在施工前要详细了解各项技术参数，对实际效果多加论证和测试。

2）要进一步提高会议保障人员业务和技能能力。

6. 因路由配置而引起的入会异常

（1）故障描述。某公司会议室一体化终端被呼入会议中，但未正常显示主会场画面，影响到该公司及相关地市公司无法收听收看会议。

（2）排查处置。

1）会议保障人员将一体化终端设备进行了重启，经与国网会议监控中心人员确认，在会议管理系统中可以看到该次会议，并在会场控制列表中可以找到

该公司及地市单位，显示已入会。主会场值机人员表示已下发主会场信号。

2）经分析，初步判断为该公司一体化 MCU 与上级 MCU 的级联关系上存在问题。会议保障人员进行了网络互通测试，使用 PING 指令测试与国网公司一体化资源池 SMC 的互通性，测试结果正常。同时，查看该公司一体化 MCU 的软硬件状态，未发现问题。

3）会议保障人员继续排查，判断一体化资源池中该公司 MCU 与主 MCU 级联存在问题。经过与国网会议监控中心证实本次会议主用 MCU 为国网其他省公司的 MCU，该公司会议保障人员将本地 MCU 关机，让终端注册到资源池其他 MCU 上，随即该公司及地市公司一体化终端可以正常收到国网公司主会场音视频信号。

（3）原因分析。该公司会议保障人员与技术人员对发生的现象进行分析，经测试国网其他省公司的 MCU 网络地址段与该公司的一体化 MCU 网络地址段不通，存在网络故障。所以出现终端正常入会但无法看到国网主会场画面的现象。

该公司通过对所使用的 MCU 进行 Tracert，发现网络在以下节点不通。如图 7 - 1 - 12 所示。

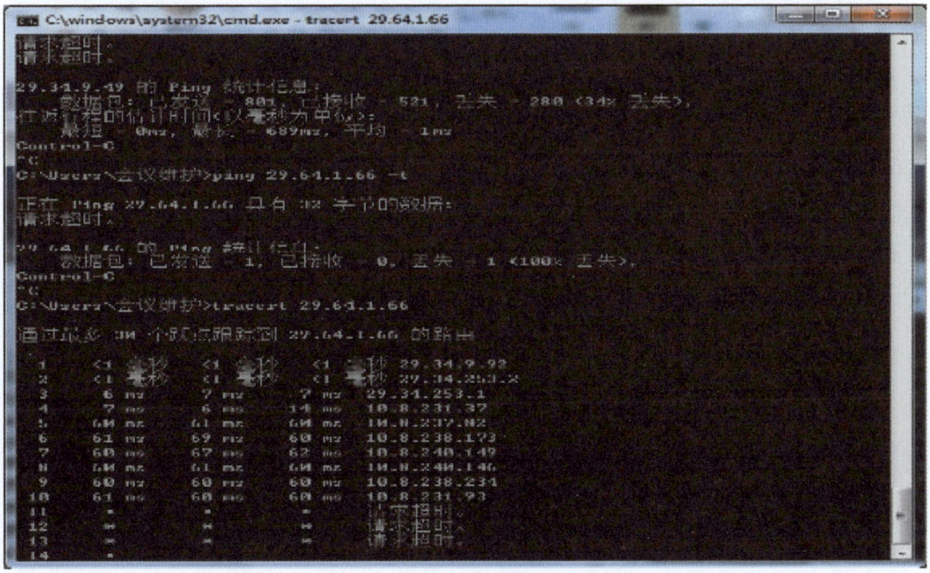

图 7 - 1 - 12　Tracert 结果

（4）防范措施。

1）加强会议系统网络规划及管理，对可能存在的网络隐患逐项排查。

2）加强人员培训，会议保障人员应熟知会议设备网络拓扑及网络设备情况，提高技能水平。

3）提升应急处置能力，会议保障人员应具备准确的判断力和果断的决策力，在出现故障后，要进行正确判断，并果断进行应急处置，把影响的范围控制到最小。

第二节　核心设备故障

一、MCU 故障

1. 因 MCU 智能流控功能导致部分分会场花屏

（1）故障描述。某省公司召开 90 方的 24 小时应急会商会议，在对所有分会场进行 10 秒轮询过程中，主会场突然出现画面卡顿，部分会场花屏。通过排查网络状态及 MCU 相关功能，将 MCU 智能流控功能关闭，恢复正常，故障处置完毕。

（2）排查处置。

1）保障人员通过 Web 页面登录出现花屏的分会场终端及主会场终端，检查网络状态，查看是否出现丢包及延时。

2）保障人员确认网络状态正常情况下，通过 SMC 登录 MCU，查看 MCU 的告警信息，确认 MCU 是否出现故障。

3）保障人员在确认 MCU 未出现告警，设备运行正常的情况下，检查组会的会议模板，确认是否开启了"自动降速"功能。

4）在确认组会模板未开启"自动降速"功能后，保障人员使用 SSH（Secure Shell，安全外壳协议）工具登录 MCU，检查设备配置情况，获取会议号及处理花屏会场音视频信号的 GPUA（General Process Unit A，通用处理单元单板）业务板 IP 地址，并登录检查，发现会议丢包信息，但丢包并不严重，不足以影响会场视听效果。如图 7-2-1 所示。

查看相关分会场的会议速率发现故障会场视频会议速率大大下降，低于会议定义的速率，出现花屏。如图 7-2-2 所示。

```
<MCU8660>mswt all

Self BoardId: 3  HostFlag: 0
```

```
========================================================================
Flow                      Board  Conf   Site    Rate    LostRate LostPkt
 500   Vid(0)-Rcv(0)-  GE(1)    3   1559     50   3577 kbps 0.0% 85  0
 501   Vid(0)-Snd(1)-  GE(1)    3   1559     50     35 kbps 0.0% 39  2
 502   Aud(1)-Rcv(0)-  GE(1)    3   1559     50     82 kbps 0.0% 23
 503   Aud(1)-Snd(1)-  GE(1)    3   1559     50     95 kbps 0.0% 0
 504   Rdc(2)-Rcv(0)-  GE(1)    3   1559     50      0 kbps 0.0% 0
 505   Rdc(2)-Snd(1)-  GE(1)    3   1559     50      0 kbps 0.0% 0
 508   Aud(1)-Rcv(3)-  GE(3)    3   1559  65535     95 kbps 0.0% 15
 510   Vid(0)-Rcv(0)-  GE(1)    3   1559     50   3601 kbps 0.0% 133 0
 511   Vid(0)-Snd(1)-  GE(1)    3   1559     50     36 kbps 0.0% 78  2
 512   Aud(1)-Rcv(0)-  GE(1)    3   1559     50     83 kbps 0.0% 29
 513   Aud(1)-Snd(1)-  GE(1)    3   1559     50     95 kbps 0.0% 0
 514   Rdc(2)-Rcv(0)-  GE(1)    3   1559     50      0 kbps 0.0% 0
 515   Rdc(2)-Snd(1)-  GE(1)    3   1559     50      0 kbps 0.0% 0
 518   Aud(1)-Rcv(0)-  GE(3)    3   1559  65535     95 kbps 0.0% 14
```

图 7-2-1　显示各会场码流信息

```
<MCU8660>conf rate 1559

List all site rate list of conf=1559
```

Site	CallR	Amc	Aud	Std	VidFc	AmcFc	PeakR	PeakS	AmPkR	AmPkS	VidR ···
50	3840_H264_720P	768	64	37760	35872	0	37760	37760	7680	7680	37760···
51	3840_H264_720P	768	64	37760	35872	0	37760	37760	7680	7680	37760···
52	3840_H264_720P	768	64	37760	35872	0	37760	37760	7680	7680	37760···
53	3840_H264_720P	768	64	37760	35872	0	37760	37760	7680	7680	37760···
54	3840_H264_720P	768	64	37760	35872	0	37760	37760	7680	7680	37760···
55	3840_H264_720P	768	64	37760	35872	0	37760	37760	7680	7680	37760···
57	3840_H264_720P	768	64	37760	1121	0	37760	37760	7680	7680	37760···
58	3840_H264_720P	768	64	37760	1121	0	37760	37760	7680	7680	37760···
59	3840_H264_720P	768	64	37760	35872	0	37760	37760	7680	7680	37760···

图 7-2-2　查看相关分会场的会议速率

5）保障人员确认故障原因为 MCU 的智能流控功能在故障会场终端出现丢包的情况下，自动将该会场终端的带宽减少，导致出现花屏故障。

6）保障人员关闭 MCU 的智能流控功能后，经过约 5 分钟时间，故障分会场恢复正常。

（3）原因分析。华为 VP8660MCU 中固化有"智能流控"功能，正常情况下为默认开启状态，在召集会议时，如果某会场属于接收方，则 MCU 在向该会场推送音视频码流时，智能降低获取该会场的码流，直至该会场被广播或轮询时恢复。"智能流控"一方面降低了对 MCU 和分会场终端的运算要求，减轻了 MCU 和终端的负荷压力；另一方面使会场侧带宽占用降低，节约带宽资源。

当在对所有分会场进行轮询操作时，由于"智能流控"功能默认为开启状态，而"智能流控"功能工作异常，则会出现在会议过程中主会场出现画面卡顿、花屏情况。经与厂家确认，"智能流控"功能工作异常，主要为本次会议前升级的软件版本导致。

（4）防范措施。

1）软件版本升级。将华为 VP8660MCU 软件升级至最高版本。同时注意后续视频会议设备软件版本升级时，要求厂家提供功能变化清单，对于默认启用的新功能，需经过多次现场测试后再正式启用，避免对日常会议产生影响。目前，案例中 MCU 软件已升级至最高版本，轮询操作时的异常现象消除。

2）功能关闭。由于该案例中的应急视频会议系统采用一级 MCU 部署方案，通道承载于省内数据通信网。网络带宽完全满足全网全速会议视频会议需求，因此无需考虑带宽占用问题，建议关闭"智能流控"功能。

2. 因 MCU 设备过热引起的会议频繁掉线故障

（1）故障描述。会议运维人员在调试时陆续收到县公司图像及声音卡顿情况的报告，随即发现市县应急视频会议系统异常，当时 MCU 采用的是 GK 组会模式，所有会场均发生严重马赛克并伴有掉线情况，之后又很快自动恢复，从开始的偶然现象逐渐过渡到频发现象，影响了系统的正常运行。

（2）排查处置。

1）故障发生后，运维人员检查 MCU 发现设备硬件正常运行，无告警指示，只是软件显示频繁掉线，且设备温度较高。

2）经咨询厂家得知该设备电源接线的卡口处有一个散热网，位置比较隐蔽，需要拔掉电源才能拆卸。

3）在拆卸掉该过滤网后发现封堵情况严重，在对其进行清洁后系统运行恢复正常，再无发生此类情况。

（3）原因分析。运维人员对所辖设备硬件结构不熟悉，没有定期开展滤网清洗，导致滤网封堵严重，造成 MCU 设备过热。

（4）防范措施。加强对运维人员技术培训，对所辖设备从硬件结构、工作原理、运维注意事项等方面进行培训及实操。在巡视计划中增加 MCU 过滤网除尘工作。同时，要加强对会议设备的监视、巡视工作。

3. 因 MCU 业务板故障而引起的部分单位接收会议信号有声音无画面的情况

（1）故障描述。某公司在"公司新版国民经济行业用电分类实施启动会议"会议中，发现接收声音正常、画面黑屏现象，其他单位收听收看正常。

（2）排查处置。

1）该现象由参会单位主动提出而被发现，全网 91 个单位参会，仅 2 个单位反映异常，判断为单点问题，保持会议状态。

2）及时联系总部工程师反映情况，提交终端输入口状态、通话状态等数据，并导出终端日志提供分析依据。

3）工程师给出结论为 MCU 3 槽位业务板出现概率性故障导致。于是将 8 槽位业务板与 3 槽位对调，优先保证常工作板卡的使用。新板卡到位后，恢复 8 槽位板卡使用，新板卡插入 3 槽位。

（3）原因分析。华为 9660 型 MCU 设备板卡故障。

（4）防范措施。在日常运维过程中，要提前做好 MCU 硬件板卡的储备。同时，要通过"集体培训＋自学"的方式，提升保障人员的运维水平，尤其对于 MCU、SMC 等核心设备的故障排查思路及方法，要熟练掌握以提升应急处置效率。

4. 因 MCU 软件运行发生错误而引起的无故发送辅流黑屏信号

（1）故障描述。A 公司召开"公司某年科技信通工作视频会议"。会议通过级联地市 MCU 形式召开，B 公司使用宝利通 MCU 参加会议。会议过程中，B 公司和下属县公司发现远端画面卡顿 20 秒后，自动恢复正常。随后，B 公司会场无故发送双流（黑屏信号），约 5 秒左右，自动恢复正常。而此时 A 公司主会场和其余地市仍能收到 B 公司发送双流（黑屏信号）画面，直至会议结束。

（2）排查处置。

1）会后 B 公司将 MCU 下属各终端断开连接，双流黑屏信号仍发送给省公司。A 公司将 B 公司 MCU 断开连接，才恢复正常，初步判断 MCU 系统故障问题。

2）厂家调取 MCU 日志发现，MCU 有重大告警，告警为"软件参数声明错误 ConfParty 文件：Conf.cpp.线路：10553，代码：1."。经厂家分析 B 公司 MCU 硬件正常，软件方面 confParty 文件运行发生错误，导致 MCU 主动向 A 公司发送双流信令。

3）针对故障 MCU，B 公司要求设备维保厂家将 MCU 进行文件修复，导入新系统文件进行替换，并对设备重新检测，反复调试，确保设备运行正常方可使用。

（3）原因分析。B 公司向省公司发送双流信令，但无画面发送，导致省公司本地画面黑屏。经厂家检测 B 公司 MCU 硬件均正常，软件方面 confParty 文件运行发生错误，导致 MCU 主动向省公司发送双流信令。

（4）防范措施。要做好核心设备的定期维护工作，做好数据备份。对于MCU，主控板、业务板要留有充足的备品备件，防止软硬件故障导致会议无法正常召开。

5. 因 MCU 板卡中 DSP 芯片异常而引起的部分分会场黑屏

（1）故障描述。某省公司在每周会议例行调试时，发现部分地市公司会场黑屏。

（2）排查处置。发现故障后，第一时间向部门负责人汇报，并进行原因排查。

1）所有黑屏会场重启终端，同时在 SMC 上结束会议并重新启会。部分会场仍然黑屏，且黑屏会场与第一次启会的黑屏会场不一致，排除终端和会管的问题。

2）再次结束会议并重新启会，部分会场仍然黑屏，且黑屏会场与上一次启会的黑屏会场不一致。重复多次挂会启会，每次随机出现黑屏的会场。

3）通过上述排查，怀疑是 MCU 板卡问题。禁用 MCU 所有业务板卡，每次启用一个业务板卡，并呼叫足够数量的分会场入会，使该业务板满载。发现当仅启用 2 号业务板卡时，部分会场黑屏。

4）找到故障板卡后，首先禁用 2 号板卡。由于 MCU 资源充足，禁用一块业务板不影响全省会议召开。同时联系华为公司更换故障板卡。

（3）原因分析。通过上述排查，定位为 2 号板卡中部分 DSP（（Digital Signal Processing，数字信号处理技术）芯片出现异常，导致无法正常编解码，故障原因为单板故障。

（4）防范措施。

1）加强每日对设备的巡视巡检，春检秋检期间对设备进行全方位检查，发现隐患及时消缺。

2）规范调试流程，做细例行调试环节，确保能够及时发现故障。

6. 因 MCU 运行时间过久而引起的会议音视频信号异常故障

（1）故障描述。某省公司在"安监部问询警示约谈会"进行中时，参会单位反映收不到声音，主会场轮巡画面中 2 家单位存在黑屏现象，影响会议召开。

（2）排查处置。

1）问题发生时，会议终端音频条显示正常，会控界面不显示音柱，其他状态正常。

2）同部门说明情况，确定在排除问题后再次确定召开时间。

3）结束当前会议，重启 MCU 后，重新发起测试会议，并观察信号状态，参会单位收听声音、主会场循环画面均恢复正常，判断为迎峰度夏值班期间 MCU 长时间不断电、不重启导致了程序假死现象所致。

（3）原因分析。在迎峰度夏期间，MCU 处于长时间 24 小时运行状态，未定期重启而导致系统运行异常。

（4）防范措施。在系统有长时间 24 小时值班会议状态下，每周结束会议 1 次，对 MCU 及会议终端进行重启，防范类似事件再次发生。

7. 因 MCU 系统崩溃而导致辅流不能发送故障

（1）故障描述。某公司在本地早调会会议进行时，发送辅流以后，MCU 显示分辨率格式不对，画面黑屏，声音正常，各县公司看不到主会场的发言材料，影响各县公司收看情况。

（2）排查处置。故障发生后，保障人员立刻切换了画面内容，用主会场画面暂时替换了辅流画面，并将情况上报。

1）会后重新建立主会场和县公司分会场的连接，重新按照公司早调会的流程发辅流，辅流画面还是不能显示，提示分辨率不匹配，出现黑屏现象。

2）对 H.239 辅流格式进行格式转换，重启 MCU 还未解决问题。再次对会议室的电脑分辨率进行调整，从 1440×900 到 800×600 之间的所有分辨率都进行了测试，分辨率依然不匹配。

3）联系设备厂家，对会议终端进行版本升级，对 MCU 也进行了版本升级，仍未解决。推断可能是因为设备过于陈旧，系统出现了故障，需要返厂进行系统重刷。考虑到视频会议较多，设备不能返厂维修，PPT（PowerPoint，幻灯片）通过主流来发送，暂时解决了问题。

（3）原因分析。原会议设备过于陈旧，设备运行不稳定。

（4）防范措施。

1）应定期梳理会议设备，对于老旧设备或者故障率较高的设备，应及时列支项目储备，做好充足的备品备件储备。

2）对于在运的设备，尤其是老旧设备，要加强巡视频次，随时做好应急预案及应对措施。

8. 因 MCU 中 DSP 芯片老化而引起的画面花屏故障

（1）故障描述。某分会场参加省公司工作例会，会议过程中出现花屏，声音正常。随后又再次出现花屏现象，运维人员立即配合处置，每间隔 5 分钟进行帧同步操作，图像恢复正常。

（2）排查处置。初步判断故障原因为传送画面出现帧丢失情况，主会场运维人员配合分会场运维人员，登录 MCU 控制后台，进行帧同步操作，图像恢复正常。

1）保障人员搭建了测试环境 7×24 小时测试并进行抓包（连续测试 75 小时后故障复现），同时，将设备、网络测试情况、日志等信息发送厂家工程师进行联合分析。通过故障复现网络抓包分析，发现存在时间戳错误，时间戳是对数据产生的时间进行认证，以时间戳确定数据在产生后是否出现时间序列错误，对数据包序列在时间上起到监测作用。时间戳的错误会导致部分数据包在时间上的排序出现混乱，对图像数据而言，会造成个别像素点的丢失或混乱。时间戳报错分析结果如图 7-2-3 所示。

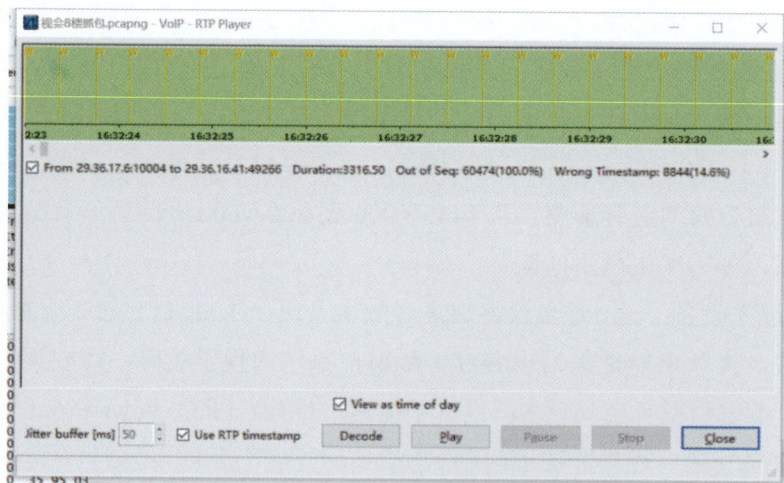

图 7-2-3　时间戳报错分析结果

MCU 发送的视频数据包出现时间戳错误，导致部分包序传输出现错误，出现花屏现象。因此，时间戳错误是花屏的直接原因。

2）影响时间戳的主要因素为网络环境（网络环境是否平稳无抖动）与 MCU 设备处理能力。分别对网络环境及 MCU 进行测试，分析如下。

① 网络环境分析与测试。故障复现期间，从分会场终端长 PING MCU 设备，网络延迟始终保持在 50ms 以内，网络整体状态良好，未发现异常。

② MCU 侧分析。视频媒体码流如图 7-2-4 所示。

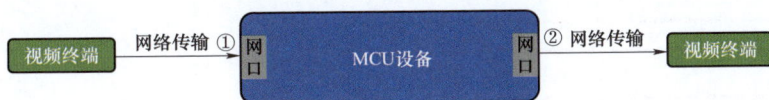

图 7-2-4　视频媒体码流

视频终端产生的视频媒体码流通过网络经过 MCU 进行编解码，再传输至另一会场视频终端。故障复现期间，同时在 MCU 设备上下游进行网络抓包。

在 MCU 设备上游，即① 处抓取视频媒体码流，发现经过 MCU 收到的视频码流未出现异常现象（如图 7-2-5 所示），说明 MCU 收到的视频码流正常。

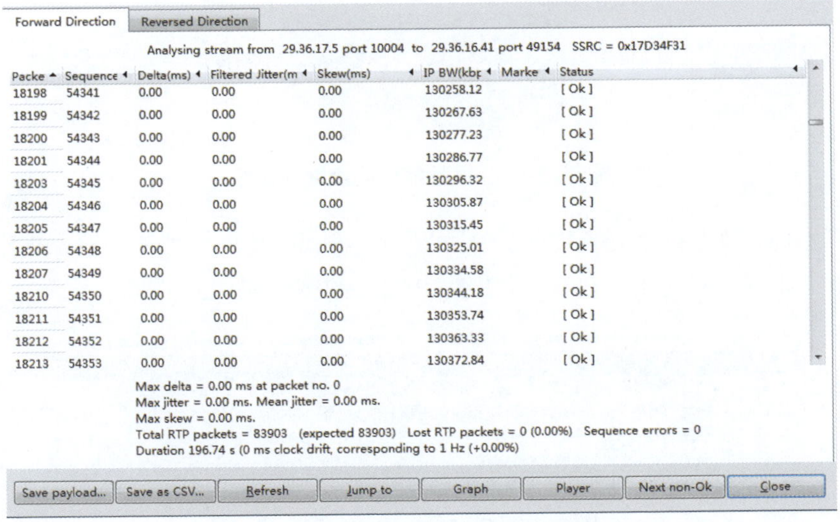

Forward Direction　Reversed Direction

Analysing stream from 29.36.17.5 port 10004 to 29.36.16.41 port 49154 SSRC = 0x17D34F31

Packe	Sequence	Delta(ms)	Filtered Jitter(m	Skew(ms)	IP BW(kbp	Marke	Status
18198	54341	0.00	0.00	0.00	130258.12		[Ok]
18199	54342	0.00	0.00	0.00	130267.63		[Ok]
18200	54343	0.00	0.00	0.00	130277.23		[Ok]
18201	54344	0.00	0.00	0.00	130286.77		[Ok]
18203	54345	0.00	0.00	0.00	130296.32		[Ok]
18204	54346	0.00	0.00	0.00	130305.87		[Ok]
18205	54347	0.00	0.00	0.00	130315.45		[Ok]
18206	54348	0.00	0.00	0.00	130325.01		[Ok]
18207	54349	0.00	0.00	0.00	130334.58		[Ok]
18210	54350	0.00	0.00	0.00	130344.18		[Ok]
18211	54351	0.00	0.00	0.00	130353.74		[Ok]
18212	54352	0.00	0.00	0.00	130363.33		[Ok]
18213	54353	0.00	0.00	0.00	130372.84		[Ok]

Max delta = 0.00 ms at packet no. 0
Max jitter = 0.00 ms. Mean jitter = 0.00 ms.
Max skew = 0.00 ms.
Total RTP packets = 83903 (expected 83903) Lost RTP packets = 0 (0.00%) Sequence errors = 0
Duration 196.74 s (0 ms clock drift, corresponding to 1 Hz (+0.00%)

Save payload...　Save as CSV...　Refresh　Jump to　Graph　Player　Next non-Ok　Close

图 7-2-5　上游视频媒体码流正常

在 MCU 侧下游②处抓取视频媒体码流,发现 MCU 送出的数据状态存在时间戳错误告警,经过 MCU 处理之后的视频码流存在异常,如图 7-2-6 所示。

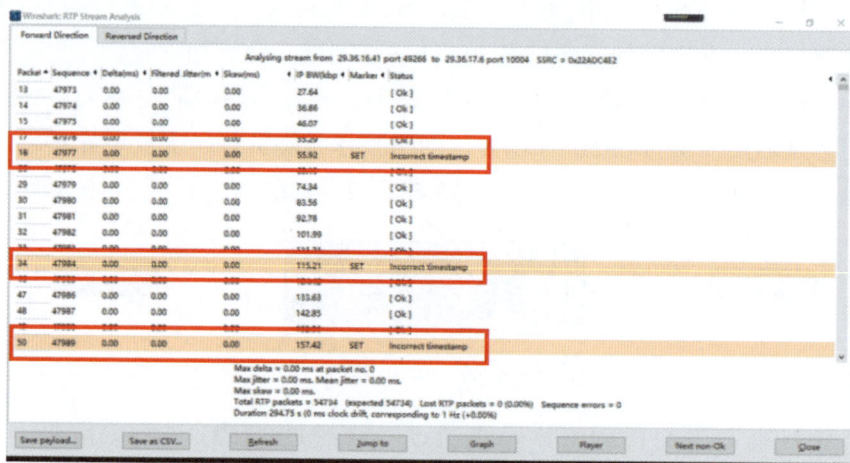

图 7-2-6　下游视频媒体码流异常

对 MCU 内部进行抓包分析,抓包后发现 DSP 芯片在进行视频码流处理后,存在数据包序列异常,其中,DSP 芯片主要用于 MCU 编解码,设备老化容易引起 DSP 处理性能下降,导致 DSP 概率性丢帧,从而引起编解码异常,造成时间戳错误。视频媒体码流处理路径如图 7-2-7 所示。

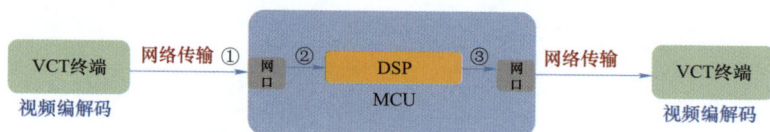

图 7-2-7　视频媒体码流处理路径

在 MCU 侧①和②处抓取视频媒体码流,发现 DSP 收到了 I 帧,未出现异常现象(如图 7-2-8 所示),说明 DSP 收到的视频码流正常。

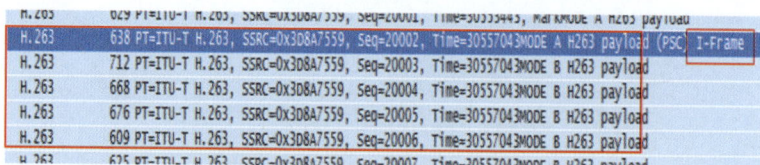

图 7-2-8　DSP 接收码流正常

在 MCU 侧③处抓取视频媒体码流，发现 DSP 发送的码流存在异常序号（序号异常表示码流不正常），说明经过 DSP 处理之后的视频码流有丢帧异常现象。如图 7-2-9 所示。

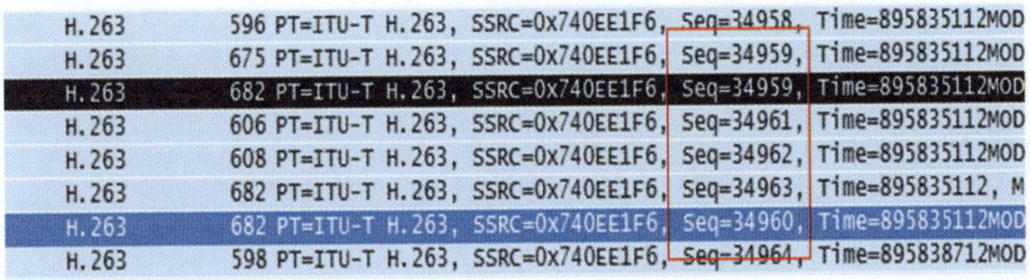

H.263	596 PT=ITU-T H.263, SSRC=0x740EE1F6, Seq=34958, Time=895835112MOD
H.263	675 PT=ITU-T H.263, SSRC=0x740EE1F6, Seq=34959, Time=895835112MOD
H.263	682 PT=ITU-T H.263, SSRC=0x740EE1F6, Seq=34959, Time=895835112MOD
H.263	606 PT=ITU-T H.263, SSRC=0x740EE1F6, Seq=34961, Time=895835112MOD
H.263	608 PT=ITU-T H.263, SSRC=0x740EE1F6, Seq=34962, Time=895835112MOD
H.263	682 PT=ITU-T H.263, SSRC=0x740EE1F6, Seq=34963, Time=895835112, M
H.263	682 PT=ITU-T H.263, SSRC=0x740EE1F6, Seq=34960, Time=895835112MOD
H.263	598 PT=ITU-T H.263, SSRC=0x740EE1F6, Seq=34964, Time=895838712MOD

图 7-2-9　DSP 发送码流异常

（3）原因分析。综合对网络、视频会议设备资料归纳整理，结合 MCU 运行近十年的实际情况，与原厂工程师研判分析，本次现象的直接原因为 MCU 中 DSP 芯片老化，造成数据处理能力下降，使 DSP 芯片产生概率性丢帧，引起编码异常，造成时间戳错误，使视频数据码流出现乱序、错序的视频包，现象上则表现为花屏。对视频会议的实时性观感造成影响。

（4）防范措施。

1）加强视频会议运行人员管理和应急演练，根据视频会议保障的特殊性，本着分秒必争的原则，制定主、分会场后台导播职责及故障处置规范，纳入会议电视系统设备及运行维护人员考核。

2）各类重要会议安排专人紧盯 MCU、终端等核心设备运行状态，各分会场接入导播系统，发现问题及时回馈，联动处置。

9. 因 MCU 媒体板卡故障而引起部分会场收看画面卡死

（1）故障描述。某公司在召开"某年省管产业会议"时，会前调试过程中，有分会场反映主会场画面卡死，省公司将问题会场重新断开后连接正常。会议开始后，部分单位又陆续反映主会场画面卡死，声音正常，直至会议结束仍未恢复。

（2）排查处置。

1）会后进行故障排查，发现出现问题的公司及下属县公司，都是 SMC 会议上最后入会的会场，初步判断为 MCU 资源不足，只保证声音传输。

2）经原厂工程师对 MCU 日志进行分析，定位为 MCU 的媒体板卡 4 发生故障。定位 MCU 故障后，立即安排厂家将 MCU 的故障媒体板卡 4 进行更换，经多次会议测试正常后方可使用。

（3）原因分析。公司使用的 MCU 型号为华为 VP9660，会议资源 120 方，共 4 张媒体板卡，会议资源占用先后顺序为媒体板卡 1、2、3、4。此次会议出现问题的会场都是最后入会在媒体板卡 4 上，媒体板卡 4 故障而引起分会场收看画面卡死。

（4）防范措施。定期对视频会议系统开展隐患排查，加强 MCU、视频会议终端等核心设备巡检。同时，要加强 MCU 等会议系统的硬件监测，发现问题立即启用应急措施。

10. 因 MCU 服务器故障而引起的会议中断

（1）故障描述。某市公司所属某县公司准备于 9:00 召开工作会议，主会场为某县公司行政会议室，分会场为各供电所会议室。操作人员于 8:00 左右登录服务器，在会管界面启动会议，正常召开会议开始调试。8:20 分左右，MCU 服务器的华为 SMC1.0 会议网管软件突然报错并退出。经重新启动会管软件，管理界面为空白，虽然各会场在某个会议当中，但会议管理界面没有任务相关会议信息，无法进行任何会议相关的操作。操作人员重启网管服务器和 MCU 设备，故障依旧存在，导致本次视频会议取消。

（2）排查处置。

1）故障发生后，运维人员对各终端状态进行排查，发现各分会场均在某个会议中。技术人员通过 IE 登录主会场终端，将会议结束。

2）将 MCU 和网管服务器重新启动，发现所有终端均重新被呼入会议。由此判断，华为 MCU 服务器根据故障前正在召开的会议模板，自动召集会议。但此会议无法看到相关信息，无法进行控制。

（3）原因分析。某县公司 MCU 型号为华为 VP8650，网管设备为联想台式机，网管软件为 SMC1.0 版本，投运时间为 2013 年 12 月。根据故障排查过程，运维人员判断此次故障的原因是网管服务器软件故障，网管软件模块损坏，导致网管软件相关控制界面无法启动，所以无法进行任何会议管理的操作。排除故障需重新安装服务器网管软件，经与供应商联系，此 MCU 已经超过保修期，且不再进行官方售后，需要请专业技术人员进行服务器网管软件的重新安装配置工作。

此故障的根本原因是，视频会议 MCU 和服务器运行时间较长，已经运行 8 年以上，已经进入寿命晚期。尤其是服务器网管软件，经过长时间运行，软件内部功能模板产生错误，导致整套系统瘫痪。同时，网管服务器没有进行系统备份，在故障发生后，无法快速修复到正常工作状态。

（4）防范措施。暂时停用MCU，对供电所的视频会议转为i国网会议方式，迅速开展MCU修复工作。某市公司针对此故障，已经要求其他县公司对网管服务器进行系统盘备份，在故障发生后可以进行系统恢复。

二、终端故障

1. 因终端误发双流而引起会议短暂中断

（1）故障描述。公司组织召开"峰会保供总结会"，某公司在分会场参会。会议过程中，保障人员发现与省公司连接中断，马上联系省公司请求重新接入会议，被告知其会场终端在向所有会场发送双流，已被省公司切断连接。

（2）排查处置。断开会场后，保障人员立即检查会场内设备，排查并确定可能引发双流发送的设备。排查发现，参会会场内有一台内网电脑平时作为发送双流使用，在会议过程中，有参会人员开启了该电脑，之后就发生了双流误发情况。检查终端后发现，该终端配置为PC（Personal Computer，个人计算机）连接时自动发送内容，导致电脑开机后双流自动上送。

（3）原因分析。

1）会议保障人员对会场内的情况缺乏有效监控，未及时阻止参会人员启用该计算机。

2）在会议开始前未对终端进行全面检查，未取消"PC连接时发送内容"的功能。

（4）防范措施。

1）组织所有会议保障人员进行操作培训，提高技能水平，明确会议调试、现场保障等有关要求。

2）调整视频矩阵设置，平时断开演示电脑与高清终端之间的连接通道，在需要演示时再重新连接。即使发生误碰或者设备异常状况，也可避免发生误送演示内容的事件发生。

3）在MCU上新建专用会议模板，严格管控双流发送权限，禁止无关单位随意发送双流。

2. 因终端音频解码功能异常而引起会场无法收听

（1）故障描述。国网信通部组织召开"第三届"青年创意创新大赛"启动会议"，会议采用一体化资源池会议系统召开。

会前接到主办方通知，要求将一体化终端输出视频信号通过大屏显示。保障人员完成一体化终端内部线缆改接后，将终端两个输出口改接至会场矩阵，通过矩阵将视频信号投切至大屏显示正常。并确认本地音视频信号正常。但此时已错过国网调试点名时间。会议正常召开后，会场内收听不到声音。

（2）排查处置。

1）保障人员通过网页登录终端，查看状态，发现终端音频输入无音柱。将终端重启后，收听收看正常，终端输入音柱恢复正常。

2）会后，保障人员将设备连线恢复到会前非正常状态，并与国网进行调试，发现收听收看正常。与华为公司售后工程师沟通，确定是终端音频解码功能异常，重启后可恢复。

（3）原因分析。国网资源池平台召开的会议，目前公司仅能通过华为一体机 RP200 来组会及参会。主办方临时增加会议要求，更改接线方式错过与国网的会议调试时间，无法提前判断会场收听效果，导致会议开始才发现会场无法收听，影响了会议的进行。

（4）防范措施。

1）增加华为分体式终端，接入矩阵，有效利用会场中的摄像头、功放、音箱、话筒、显示器，有效减少临时拆装的不稳定节点，提升系统的可靠性。

2）保障人员加强设备调试的完整性意识，务必确保每个环节都做到位，重视细节，认真总结故障原因及应对措施，提升自身的业务能力。

3. 因视频终端与会控服务器兼容性不佳而引起的无法收听主会场音频的故障

（1）故障描述。某市公司召开工作会议，各县公司正常入会后，可看到主会场画面，但无法听到主会场的声音。

（2）排查处置。

1）故障出现后，运维人员立即重启各分会场视频终端，故障依然存在。

2）在华为 SMC 2.0 系统内，重新组会，并修改会议参数内的视频协议、视频格式、音频协议后，恢复正常。

（3）原因分析。索尼视频终端在华为 SMC 2.0 系统内组会时，因兼容性不佳，需在系统内组会时将视频协议、视频格式、音频协议等三个参数进行设置，否则入会后，无法正常听到主会场声音，将视频协议设置为 H.264、视频格式为 720P、音频协议为 G.722_64K 后会议音频恢复正常。

（4）防范措施。会前要按照要求，开展系统联调测试。对于不同品牌型号的终端，要提前开展测试，对于会议参数要做好留存记录。

4. 因会议终端设备过热而引起视频会议中断

（1）故障描述。某公司由于设备问题异常停机，导致会议收听收看中断 4 分钟。

（2）排查处置。发现中断后，会议保障人员第一时间与省公司联系，同时对会议终端进行重启。设备重启后运行正常，音频、视频信号恢复，现场收听收看正常。

（3）原因分析。会议终端（思科 C40）由于开机时间过长，导致设备过热异常停机。

（4）防范措施。会议终端作为视频会议系统核心设备，每日下班后要关机断电。此外，在会议调试阶段，要对会议通道进行告警检查及设备功能测试。加大对会议系统及设备巡视力度，提高会议系统运行水平。

5. 因终端回声抵消抑制过度引起声音出现丢字及变调

（1）故障描述。省公司主会场点名某地市单位发言时，主会场及其他分会场听到发言单位有丢字和变调的问题。

（2）排查处置。

1）当发言单位和主会场对话交流时，双方话筒同时打开，出现丢字和声音变调问题频率较高，如果关闭回声抵消功能，开启音乐模式反复测试正常，未发现类似问题，但是偶尔会出现回声现象；开启回声抵消功能，关闭音乐模式测试偶尔问题复现。会议正常未出现中断，但会议效果受到影响。

2）与华为 400 客服沟通，进行问题现象反馈，同时提供了主会场终端日志给华为工程师进行分析；售后工程师答复反馈为终端日志无异常，并按照华为工程师建议重点排查了主会场及问题单位音视频系统连接方式排除了周边设备对系统影响的因素。同时对主会场及分会场进行持续音视频测试，双方同时进行了网络抓包等手段排除了网络原因。

（3）原因分析。根据排查推测原因可能为该终端版本与 MCU 版本不匹配，回声抵消功能抑制过度，造成了声音变调、丢字问题，尤其是当发言单位和主会场对话交流时双方话筒同时打开时，出现丢字和声音变调问题频率较高，如果关闭回声抵消功能，开启音乐模式反复测试正常，未发现类似问题，但是偶尔会出现回声现象；开启回声抵消功能，关闭音乐模式测试偶尔问题复现，建议华为对版本与对应终端进行测试验证，给予处理建议。

（4）防范措施。

1）加强会前调试。在日常会议调试过程中，维保人员对发言单位和主会场对话交流时，双方话筒同时打开对话，避免出现丢字和声音变调问题，争取在会前将故障消除。

2）加强地市及县公司会议保障人员管理及培训。避免出现异常不能及时处置的情况，定期开展会议系统培训，加强人员管理，确保会议过程中保障人员会场值守，出现异常及时处理。

3）出现该类异常时，将该会场视频会议终端回声抵消功能关闭，同时开启音乐模式可消除此故障。同时建议国网督促华为对视频会议终端及 MCU 版本进行优化匹配。

6. 因终端设备硬件故障而引起的主会场收看县区公司分会场画面模糊

（1）故障描述。某市公司在与县区公司开调度行政会议时，发现 C 公司会场画面模糊现象，影响市公司主会场对县区公司分会场画面的观看效果。

（2）排查处置。

1）发现问题后将故障情况汇报班长和告知 C 公司会议运维人员，C 公司运维人员立即对会议摄像头重新对焦后恢复画面清晰，但之后还是反复出现画面模糊情况。

2）会后市公司运维人员登录 C 公司的终端查看配置数据均正常，然后 PING C 公司的终端，偶有少量丢包情况，经判断，丢包属于合理范围内，不至于引起图像模糊情况，为进一步确定是否为网络问题，将 C 公司终端移至市公司测试，故障依然存在。确定该故障不是网络问题引起，故障定位为终端问题。

3）随即，C 公司联系华为售后更换一台新终端，经测试故障现象消除。

（3）原因分析。华为 TE30 终端设备硬件故障。

（4）防范措施。

1）准备相应的终端备品备件，发现故障及时处理，确保不影响会议进行。

2）日常加强会议运维人员技能水平，提高故障处理能力，按要求进行相应的应急演练。

7. 因视频会议终端编解码功能异常而引起的画面花屏故障

（1）故障描述。国网公司召开视频会议，某省公司数据网终端上送画面花屏并被踢出轮询。本次会议该公司无发言，未影响收听收看效果。

（2）排查处置。

1）会议过程中，接国网通知数据网 9039S 终端上送画面花屏且 MCU 持续向终端发出 I 帧请求。运维人员第一时间确认数据网 9039S 观看国网画面正常，并登录终端查看终端通话状态，接收视频、音频丢包基本均为 0，确认网络通道无问题，怀疑主用数据网 9039S 终端存在问题。联系国网请求添加备用数据网 TE50 终端入会，国网观察备用数据网 TE50 终端正常。

2）会后联系国网进行联调测试，两台终端入会画面均正常，故障无法复现；经与国网确认，会议开始后 2 分钟出现画面花屏并有持续 I 帧请求，踢出轮询后持续监测该终端，I 帧请求于会议开始后 11 分钟自动消失，即会议开始 2－11 分钟期间，数据网主用 9039S 终端画面异常，但于会议开始后 11 分钟自动恢复。

3）工程师对主用数据网 9039S 终端进行检查，9039S 终端日志无法读出有用内容，通过故障描述，判定为 9039S 终端编解码功能出现故障。

（3）原因分析。因在前期自测中发现 TE50 终端存在轻微丢包，担心影响会议效果，便将 TE50 改为备用、9039S 改为主用，未充分考虑到 9000 系列终端设备老旧、华为已停止技术支持等因素。在 TE50 终端出现丢包时，未充分排查通道隐患，造成老旧设备带病运行。

（4）防范措施。定期对终端运行日志、音视频功能进行查看测试，及时发现设备运行异常情况，避免因设备硬件故障导致视频会议中断或异常。

8. 因视频会议终端网卡故障而引起的画面花屏故障

（1）故障描述。某公司召开协议签约仪式，并通过行政会议系统给国网上送音视频信号，国网自行选看。会议过程中发现网络画面卡顿、声音中断，随后发现终端离线，迅速切至专线平台收看画面，未影响收听收看效果。

（2）排查处置。

1）通过笔记本电脑 PING 网络终端地址，网络不通。再 PING 网关地址，网络正常，故障定位在网络终端侧。

2）会后继续对终端进行排查，因网络不通，无法登录终端进行状态查看，只能重启终端。重启终端后，网络恢复正常。

3）观察 50 分钟后，终端再次画面卡住，网络不通，立即联系工程师进行咨询，怀疑会议终端硬件故障，需上门检测，确定故障部件。

4）经工程师检测，确定终端网卡故障，需返厂维修。

（3）原因分析。因视频会议终端网卡故障，造成画面卡顿、声音中断、通道中断。

（4）防范措施。

1）更换故障终端，购置新的终端替换原终端。并对新终端进行长稳测试，确保新投运的终端稳定运行。

2）加强人员培训和应急演练，特别是具有主备平台的行政、应急会议系统，提高会中任意平台故障下应急切换处置能力，缩短处置时长。

9. 因终端版本缺陷而引起的发言异常

（1）故障描述。某省公司组织召开会议。该会议调试期间共进行了 3 次长时间测试，音视频均正常。会议过程 a 单位汇报时出现音频丢字故障。

（2）排查处置。

1）会议开始后 1 小时 17 分钟，a 单位汇报过程中，视频会议音频系统出现连续断字现象，会议保障人员立即切换至音频备用保障会议。

2）会议结束后，会议保障人员立即开展排查，经现场替换测试、现象复现和技术分析，a 单位汇报出现连续断字现象是由于视频会议终端设备版本问题造成，进行版本升级后故障消除。

（3）原因分析。a 单位视频会议终端为华为 BOX600 型号，终端版本为20.1.103.SPC1，此版本终端回声抑制功能存在问题，将终端版本升级至20.1.103.SPC10 后，经测试丢字现象消失。

（4）防范措施。

1）核查现网运行华为 BOX600 终端情况，收集版本信息，组织升级终端版本至 20.1.103.SPC10，组织进行测试，消除丢字问题。

2）加强视频会议系统各设备的日常维护测试，持续开展视频会议保障应急预案协同演练，进一步提升应急处置能力。

10. 因终端设备芯片编解码缺陷而引起的视频会议图像渲染

（1）故障描述。某公司高清会议中，广播该省公司主会议室会场图像一段时间后出现渲染现象，通过切换摄像机信号刷新 I 帧之后渲染现象消失。网络测试和终端 Web 页面均显示无丢包。经华为工程师抓包分析及华为实验室进行现象重现后，更换华为 TE 系列视频会议终端后，渲染现象消失。

（2）排查处置。

1）现场会议导播人员在报告主办部室后，对镜头进行了调焦的操作，画面效果没有变化。

2）随后现场导播人员进行了摄像机信号的切换，切换后画面渲染情况消失。

（3）原因分析。

1）组网情况。如图7-2-10所示，某公司既存在华为9系列终端（其使用WW芯片进行编解码，后简称为W终端），也存在华为TE系列终端（后简称为T终端），整体通过华为全适配MCU（芯片与T终端相同）进行媒体交换。

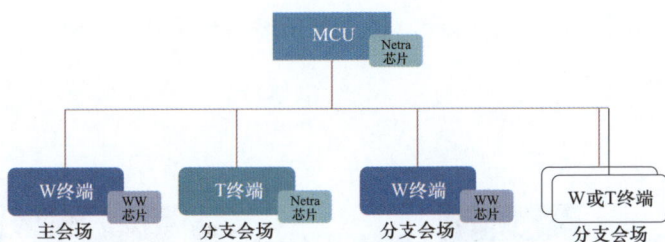

图7-2-10 某公司组网情况

2）会议模式。会议模式为广播会议，所有会场观看主会场画面。

3）现场及实验室复现分析情况。

如图7-2-11所示，华为实验室为了模拟该省公司的摄像机输入信号，通过工具将现场码流发送至T终端，T终端解码后，再通过视频线缆作为W终端视频输入，使得问题在深圳实验室得到了复现。

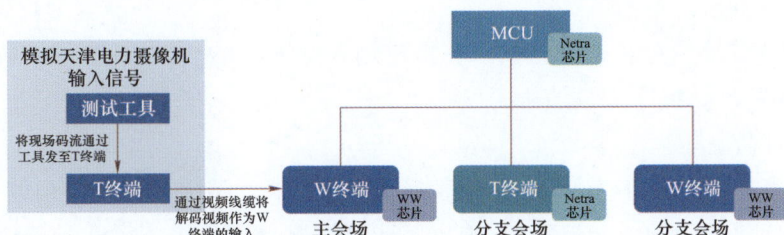

图7-2-11 现场及实验室复现拓扑

现象 1：如图 7－2－12 所示，W 终端会场渲染，TE 终端会场不渲染（W 终端芯片解码时引入渲染）。

此种情况，经过针对各个阶段的码流分析，确认为：W 终端编码后的 W 码流无问题，但经过 MCU 解码再编码后产生的 T 码流，W 终端解码时，就会出现渲染现象，而 T 终端解码无问题。

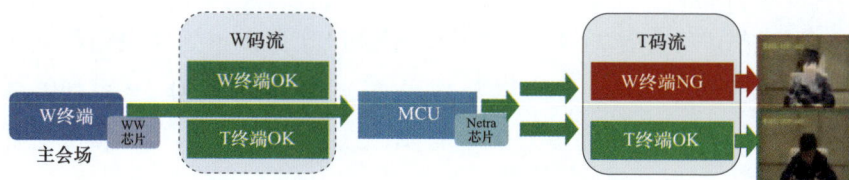

图 7－2－12　码流分析结果

现象 2：如图 7－2－13 所示，W 及 TE 终端会场均会产生渲染（W 终端芯片编码时引入渲染）。

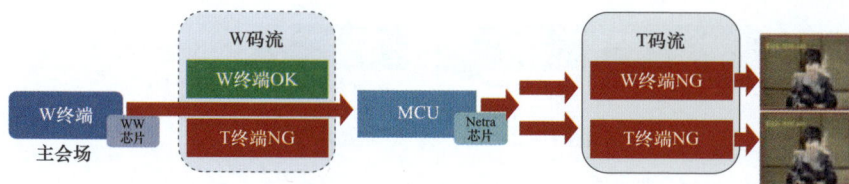

图 7－2－13　码流分析结果

此种情况，经过针对各个阶段的码流分析，确认为：W 终端编码后的 W 码流，W 终端解码正常，但 T 终端解码即产生渲染，MCU 使用与 T 终端相同的编解码芯片，经过 MCU 后的码流已经异常，无论 T 终端还是 W 终端解码均会产生渲染。

4）分析结论得出。

"WW 芯片"存在缺陷因素，在特定输入源下，"WW 芯片"的编码和解码缺陷被触发，导致产生了渲染。

（4）防范措施。

1）将该省公司华为 9039 终端替换为 TE 终端，消除现网渲染问题。

2）优化现网视频会议系统 I 帧刷新机制，隔离"WW 芯片"缺陷因素导致的渲染情况。

第三节　辅 助 设 备 故 障

一、矩阵故障

1. 因分布式视频矩阵输出与特效机输入设置不匹配而引起的黑屏故障

（1）故障描述。国网公司在与某公司进行连线时，发现某公司主用数据网终端（型号为华为 9039S）瞬间黑屏一次。经过运维人员对分布式视频矩阵输出和特效机输入设置进行修正后，某公司主用数据网终端黑屏现象消失，视频图像恢复正常。

（2）排查处置。

1）故障情况汇报。故障发生后，运维人员第一时间通过指挥系统向国网信通报告并同步报告通信处、参会方，在会后排查后形成故障分析报告提交。

2）应急处置。切换备用专线平台，会议正常召开。

（3）原因分析。

1）故障复现。通过长时间观测，发现故障现象为每隔一小时左右，终端黑屏一次。所有设备重启后，故障仍存在。

2）检查终端外接设备和线缆。主要对从摄像头至终端所有经过的线缆进行检查。主要包含摄像头外接 HDMI（High Definition Multimedia Interface，高清多媒体接口）线缆、网线、HDMI 转 DVI（Digital Visual Interface，数字视频接口）线缆等进行排查，并进行了两个同型号、同配置的摄像头置换，更换分布式视频矩阵编解码器和交换机网口，故障仍存在。

3）排查特效机设置。由于之前某公司和国网公司开会并没有使用特效机，没有出现过黑屏现象，通过对特效机（型号为罗兰 VR-50HD）进行检查，查阅产品手册发现特效机的输入口支持的设置为 1080P/59.94Hz，1080P/50Hz 等。某公司数据网终端视频信号走向如图 7-3-1 所示。

摄像头输出的 4K 信号通过分布式矩阵转换为 1080P/60Hz 的信号送给特效机，特效机将其转换为 1080P/50HZ 信号送给矩阵，最终转为 720P/50Hz 信号送给数据网终端。但是由于特效机罗兰 VR-50HD 的输入口实际支持的设置为 1080P/59.94Hz，初步判定分布式矩阵输出设置成 1080P/60Hz 与特效机输入设置 1080P/59.94Hz 信号不匹配导致画面隔一段时间黑屏。

4）后续故障处置。根据上述判断，某公司调整视频信号参数，将分布式矩阵输出设置为 1080P/50Hz，输入特效机的视频信号参数调整为 1080P/50Hz，避免分布式矩阵输出与特效机输入设置成 1080P/60Hz 时不匹配问题。经过观察，调整参数后未出现黑屏现象。后续值班期间，也没有观察到黑屏现象，故障得到解决。数据网终端视频信号调整后信号走向如图 7－3－2 所示。

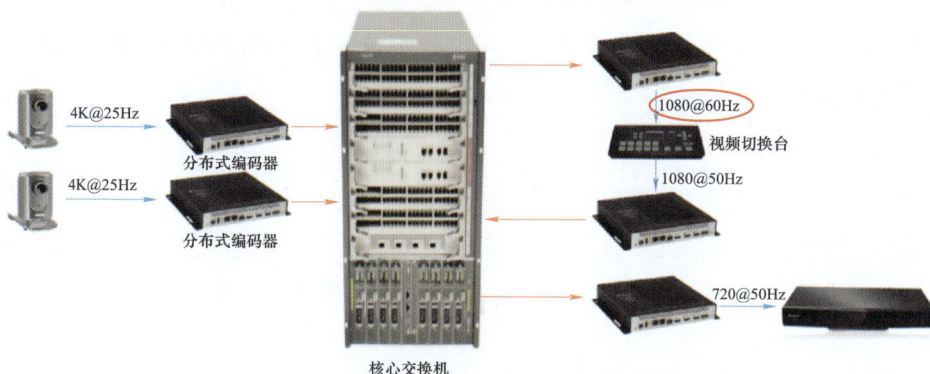

图 7－3－1　某公司数据网终端视频信号走向

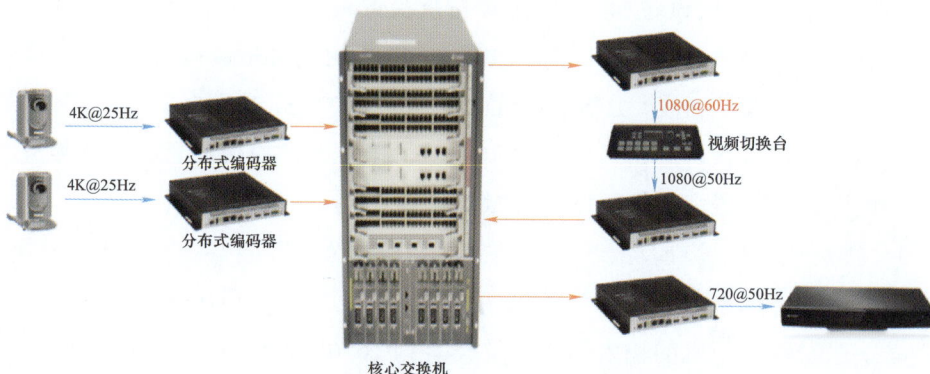

图 7－3－2　调整后数据网终端视频信号走向

（4）防范措施。

1）编制运维操作手册，形成标准化作业步骤。会前测试严格按照手册检查设备情况。

2）针对这种要长时间才能复现的故障，可以申请采购图形示波器等辅助设备，用于排查故障，分析隐患。

3）分辨率、频率等参数设置时，尽量减少中间转换，避免设备刷新带来的隐患。

4）特效机（型号：罗兰 VR－50HD）存在一定的缺陷，不能匹配支持1080P/60Hz 的场景，以后设置其他同类型设备时要注意查阅产品信息。

5）在故障的排查中，要借鉴以前的思路，过程中进行必要的记录，避免重复测试，有利于尽快定位故障。

2. 因矩阵板卡死机而引起的会场无声故障

（1）故障描述。某日下午，国网准时启动会议，有参会人员反馈 A 楼会场能看到国网总部的图像，但是听不到国网总部的声音。

（2）排查处置。

1）故障发生后 3 分钟，A 楼会场保障人员同时调大两台电视机音量依旧没有声音，排除电视机扩音故障。

2）随后 A 楼会场保障人员切换了备用专线通道收听，仍无声音输出，排除数据网通道故障。

3）省公司保障人员同步检查科研楼终端状态，终端有声音输出，排除省公司侧和科研楼终端故障。

4）故障发生后 9 分钟，省公司保障人员用电话终端拨入 4004，进入提前建立的电话会议 1000#，但国网声音未进入电话终端。

5）随即 A 楼会场保障人员分别对音频处理器、矩阵、终端三套设备进行了重启，故障仍旧没有排除。

6）A 楼会场保障人员将会议终端信号切换到会议室 a1 两台电视机上并开启声音，会场声音图像正常。

7）会议室 a1 音视频正常后，科研楼保障人员返回会议室 a2，对两台电视机进行关机重启操作后，声音图像正常。

（3）原因分析。会后排查发现两套终端共了矩阵板卡，初步判定为矩阵板卡死机而引起的无声故障。

（4）防范措施。将两套终端接入矩阵板卡进行分开，确保无共板卡隐患。

3. 因矩阵板卡故障引起中控无线 PAD 无法切换画面故障

（1）故障描述。某地市公司应急会议室在视频会议期间切换投屏画面时发现 PAD（Portable Android Device，平板电脑）点击无反应，画面无法切换，经临时处理后恢复正常；一周内同样故障再次发生，经运维人员与厂家共同排查后发现 SDI（Serial Digital Interface，串行数字接口）矩阵板卡故障从而引起画面无法切换，影响会场的正常收看。

（2）排查处置。该故障处理过程共分为以下三个阶段：

1）对会议室内无线网络、中控 PAD 进行排查。运维人员发现无线 PAD 点击无反应，检查 PAD 网络正常后，重启 PAD，发现问题依旧，即使用备用有线 PAD，从机房路由器至会议室布放明线应急处理，故障未能解决。

2）对 SDI 矩阵进出线及接线头进行排查。运维人员重新拔插 SDI 接线头后发现切换正常。初步判断接线头松动或接线不良，遂重新制作接线头后恢复正常。单后续会议中，视频调试出现同样问题，遂判断线缆故障，更换线缆后恢复正常，故障得到初步解决。

3）对终端设备及处理器进行排查。经更换线缆后故障时有发生，与设备厂家共同排查后发现 SDI 矩阵输出板卡故障，导致画面切换时通时断。

（3）原因分析。本次故障的根本原因在于 SDI 矩阵板卡故障。

（4）防范措施。

1）针对设备老旧无法及时更新换代的问题，运维人员应加强巡视，条件满足的情况下使用备品备件替换故障设备。

2）排查故障时，使用排除法和替换法，逐项替换可能有故障的硬件设备，确保排查无遗漏。

4. 因矩阵板卡损坏导致输出信号绿屏故障

（1）故障描述。某公司早例会主会场视频会议室会议桌东侧升降屏绿屏，影响主会场会议正常收听收看。

（2）排查处置。

1）会议运维人员对早会进行音视频调试，发现升降屏东侧绿屏，无法投画面，但西侧显示正常，对会议系统进行重启后，故障未消除（该路矩阵输出端口指示灯正常）。

2）运维人员对会议桌底的设备进行检查，并交换两个升降器分屏器输入口，发现西侧亮，东侧绿屏。

3）重启分屏器，故障未消除。此时，已临近早会开始时间，遂保持原状不变。

4）早会结束后，更换视频矩阵输出口之后显示都正常。

（3）原因分析。矩阵在启动后会对各个板卡的信号源进行协商，该板卡因故障未协商成功，导致该矩阵口不能正常使用。在早会前调试过程中，对矩阵进行过重启，但重启后依旧未协商成功（板卡接口显示正常，该现象导致无法及时判断出板卡存在问题），由此可判断为板卡损坏。暴露出以下问题：一是运维人员专业水平不够，无法及时发现问题。二是设备运行不稳定，存在较大运行风险。三是调试时间较短，无充足的时间完成故障排查处理。

（4）防范措施。

1）定期开展视频会议专项培训工作。

2）加强会议机房及会议设备巡查力度。

3）规范视频会议调试制度。

二、调音台故障

1. 因调音台声音回传而直接引起的会场回声故障

（1）故障描述。国网公司召集的某次会议过程中，根据会议议程，兄弟公司首先发言，本公司开始发言时，同步出现回音现象，此时国网公司切换三套系统发现均有回音，回音持续约1分钟。

（2）排查处置。

1）本公司发现会场出现回音后通过指挥系统向总部报告，总部建议降低本地扩声，但实施操作后，会场回音依然存在。

2）保障人员发现国网向J公司送音频信号的电话终端（会议的第二路备用方式）中有回声存在，故障发生后1分钟，根据预案紧急关闭电话终端切除异常外部输入，会场回音消失。

（3）原因分析。回声出现时，电话终端出现与主会场不同步的声音，切除后回音消失，故该声音应为造成回音的直接原因。疑似兄弟公司发言完毕后电话终端延伸吸音麦未做静音操作，将会场音响声音通过电话终端反送至本公司。本公司调音台上IN2路一个7&8按钮同时控制向国网的两路终端音频输出，按钮设置为按下状态，将国网电话终端接收到的不同步声音信号从两个终端同时返送给国网，是本次故障的间接原因。该操作造成了本公司送国网声音为本地会场声音和电话终端接收到的外部声音叠加，造成回声。

（4）防范措施。将调音台输出拆分成独立两路通过不同按钮控制，确保再次出现类似情况时可以选择性关闭异常输入。

2. 因调音台主电池缺电引起的调音台无法正常开机故障

（1）故障描述。某省公司在进行迎峰度夏应急演练彩排的准备时，发现调音台无法正常开机，断电重启多次，调音台显示界面均为白屏，调音台无法正常开机使用，影响到演练彩排的正常进行。

（2）排查处置。

1）故障发生第一时间，首先将故障情况报告班组长，随后将彩排需要用到的线路跳接至备用调音台，确保彩排的正常进行。

2）对发生故障的调音台进行故障的定位。因为是调音台无法开机，首先检查电源是否正常，将其他设备与该电源进行连接，设备可以正常开启，排除电源故障。

3）对进行开机操作后显示界面的白屏进行观察，发现是开机引导程序没有载入引起的白屏。暂时将故障定位为引导程序无法载入。

4）将调音台拆机检查，进一步确定故障原因。拆机后发现主板的所有指示灯全部不亮，确定故障原因为开机引导程序无法载入。

5）恰巧在前一周同地市公司的交流中得知，B公司调音台出现白屏现象，当时设备返厂维修，原因是纽扣电池没电导致，导致调音台无法开机。

6）更换纽扣电池后，将电池旁边的2个引脚进行短接，听到滴的一声后放开，随后对调音台进行断电重启，调音台可以正常开机。

（3）原因分析。数字调音台同台式机电脑一样，在内部都有一个纽扣电池作为引导的驱动，对可能引起该故障的诱因缺乏了解，导致没能提前更换电池，使得故障发生。

（4）防范措施。

1）确定各种故障的诱因有哪些，对可控的诱因进行定期的排查；对不可控的诱因，针对性的做好准备，在故障发生的第一时间进行针对性的处理。

2）同时在每年的春秋检修安排对数字调音台的电池进行更换，并每年春秋检过程中在群里告知各地市公司对数字调音台进行电池更换工作。

3. 因语音终端接入会议系统调音台而引起的音频系统回声故障

（1）故障描述。根据国网公司要求，将语音终端接入调音台形成一主两备语音备份系统。在会议调试过程中发现，与地市公司通过语音终端进行声音调试过程中，经常出现音频系统回声无法消除的问题，影响各会场的语音系统正常使用。

（2）排查处置。

1）语音终端接入调音台后，声音可以通过调音台进行控制，可以通过调音台接收远端声音输入，由于语音终端具有本地声音外扩功能，如果不对语音终端进行静音操作，声音可通过调音台再次回传至音频系统，进而导致系统回声。由于是电话会议系统，无法判断定位声音来源，只能在调试过程中通过主用系统同各家调试单位说明，不发言的单位注意关闭语音系统。

2）由于语音终端均通过 IMS（IP Multimedia Subsystem，IP 多媒体系统）系统拨入，××公司在会议调试期间会登录 IMS 的 MediaX 网元，俗名：IMS 电话会议网管系统，该系统有个功能可查看拨入用户的情况，如果有除发言单位外的进行发言会有电话号码提示，便可以准确定位声音来源，提醒对方及时静音。

3）IMS 电话会议系统网管操作页面如图 7-3-3 所示。通过网管可实时查看拨入该系统的参会方姓名、号码，并可对未静音的参会方进行静音操作，未静音参会方信息如图 7-3-3 红框内所示。

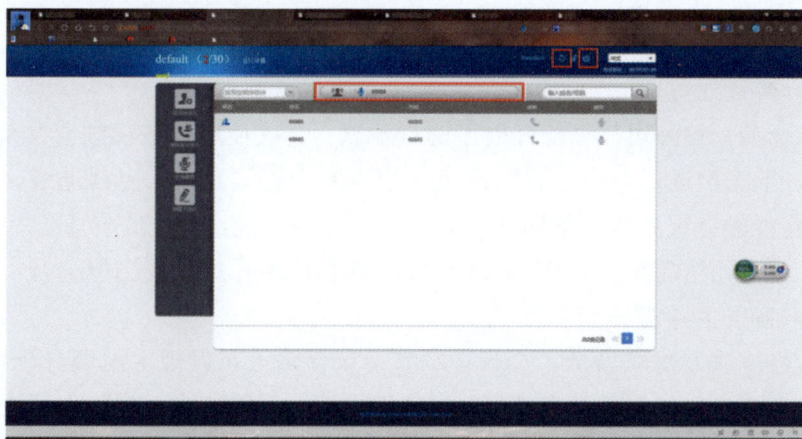

图 7-3-3　IMS 电话会议系统网管操作页面

（3）原因分析。由于各单位语音备份终端不是统一配置，缺乏相关方面的运维经验，使用前没有对语音备份终端使用做进一步规范。

（4）防范措施。

1）对语音终端使用做进一步标准化规范管理。

2）通过 IMS 网管对各单位的语音终端状态进行监测，准确定位声音来源，辅助会议保障，提高会议保障能力。

3）定期开展会议操作实战演练，以提高运维人员操作能力。

4. 因调音台故障而引起的爆鸣音

（1）故障描述。国网某省公司参加总部一类视频会议，某省公司领导发言开始大约 5 分钟后，本地会场声音突然发出爆鸣音，会场运维人员立即启用备用麦克风，3～5s 后恢复正常。期间，总部及其他会场出现短暂失音，总部运维人员及时切换备用后恢复正常。调音台连线如图 7-3-4 所示。

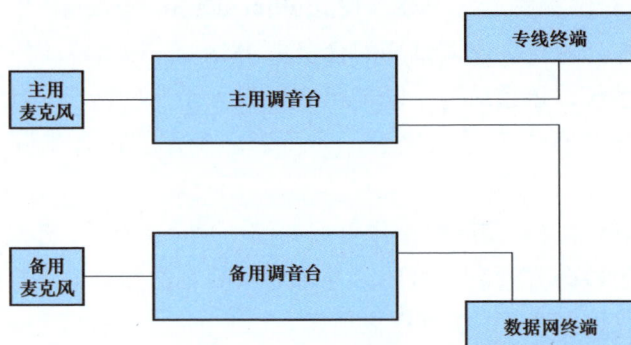

图 7-3-4　调音台连线

（2）排查处置。

1）会前，省公司与总部开展了两次测试，会议使用行政视频会议系统，专线通道、数据网通道及电话备用系统 3 套系统声音均正常，专线通道、数据网通道 2 套视频会议系统视频均正常。

2）省公司进行汇报发言 5min 后，本地会场声音突然发出爆鸣音，爆鸣音后会场声音发生异常。

3）会场突发爆鸣音后，会议控制室会议保障人员发现主用调音台第 5 路（对应发言麦克风）幻象供电灯灭，该路无电平，主用调音台保障人员立即将第 5 路静音。同时，另一名保障人员通过备用调音台切换备用麦克风进行声音输出，本地会场声音恢复正常。

4）主调音台保障人员在第 5 路 MUTE（静音）情况下，重新开关 48V 幻象供电按钮后，第 5 路幻象供电灯亮，麦克风电平恢复。恢复后为确保会场整体效果，备调音台保障人员将会场扩声逐步降低，主调音台保障人员将会场扩声逐步调高，直至会场声音完全恢复正常状态。

5）期间，省公司本地会场发言人麦克风本地会场无扩声，经启动备用麦克风扩声后，3～5s 本地会场恢复正常。

国网总部及其他会场收听某省公司上送专线终端的声音出现短暂失音，在国网总部迅速切换备用后主会场恢复正常；某省公司上送数据网终端声音、电话会议声音均正常。

（3）原因分析。会议结束后，运维人员对会议期间发生的现象进行故障还原，对麦克风、音频线、接头、调音台等进行分析发现，同一路更换麦克风、音频线均未复现原有故障；晃动接头连接点也未复现原有故障现象；对主用调音台幻象供电按钮重新开关，观察一小时后，重新复现爆鸣声。判断故障点为主用调音台第 5 路幻像供电按钮，位置如图 7-3-5 所示。

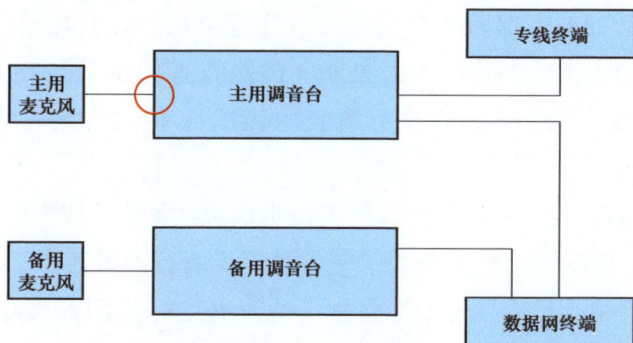

图 7-3-5　故障位置

调音台专线麦克风输入 48V 幻像供电故障点如图 7-3-6 所示。

图 7-3-6　供电故障点

通过反复测试判断故障原因为幻象供电按钮老化引发按钮接触不良。

（4）防范措施。

1）坚持一主两备的技术路线，降低突发故障对会议造成的不良影响。

2）加强会议机房及会议设备巡查力度；规范视频会议调试制度。

3）会议室定期开展应急演练，不断提升应急处置能力。

5．因调音台设置引起的视频会议分会场发言话筒啸叫

（1）故障描述。在"国网江苏电力某年安全生产工作务虚会"中，发生某公司发言话筒啸叫事件。

（2）排查处置。

1）前期调试情况。本次会议要求某公司发言且需要投送 PPT。11:30 左右，设备部送来 PPT，保障人员交接发言注意事项并让其提醒领导发言时两个话筒都要打开。12:13 分群消息要求 i 国网作音频备份。13:00、14:00 调试过程中均正常，期间一直在配合省公司调试 i 国网，均正常后等待会议开始。

2）现场处置情况。在进行会议的第一项议程"各单位依次汇报"中，某公司于 11 月 28 日下午 14:55 根据会议安排开始进行汇报工作。当领导同时打开专线话筒和网络话筒准备开始汇报时，话筒出现啸叫情况。保障人员第一时间拉低调音台总输出，啸叫声瞬间恢复正常，之后在领导发言过程中均未出现啸叫情况，直至领导发言完毕声音均正常。

（3）原因分析。

1）音视频系统示意图。音频系统连接如图 7-3-7 所示。

2）视频系统连接示意图。视频系统连接如图 7-3-8 所示。

3）会场声音设备布置图。会场声音设备布置如图 7-3-9 所示。

事后公司第一时间排查原因，分析后得出：调音台输入输出两端声音都较高，导致开话筒时出现短暂啸叫。一是会场功放布放过于密集易引起声音自激。二是为保证会议效果，保障人员与会前调高了调音台输入，会中调高了调音台输出，导致调音台两端声音都较高。三是会前依赖会议主办方向领导转述话筒注意事项，但沟通不到位，导致某公司话筒打开时，保障人员还未将调音台输出调低，引发啸叫。

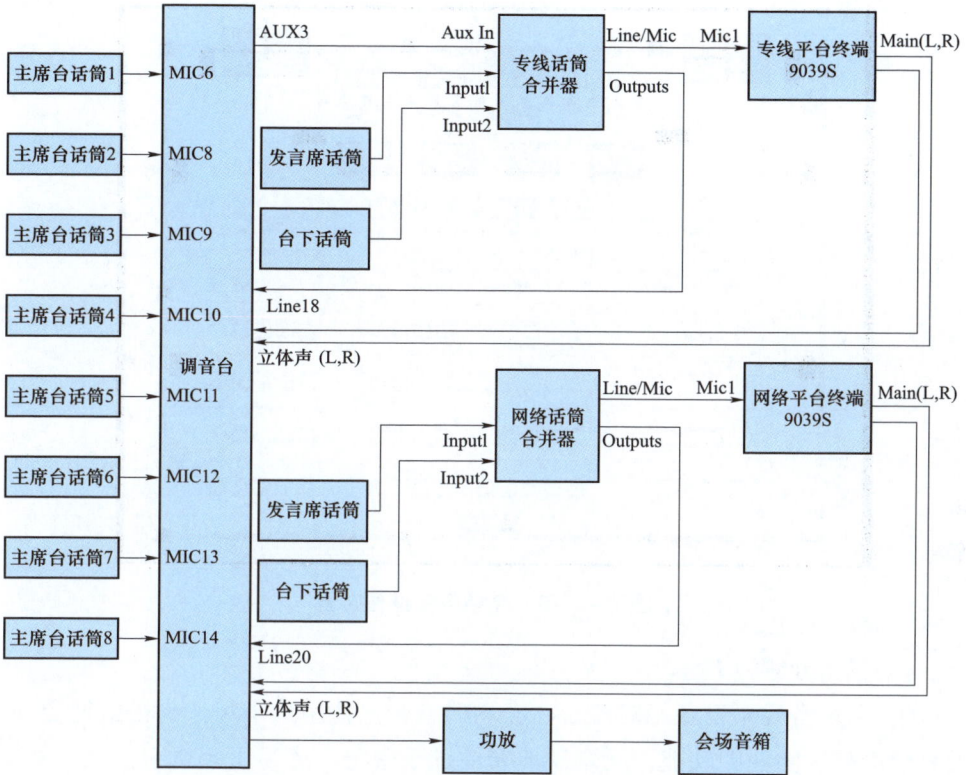

图 7-3-7 音频系统连接

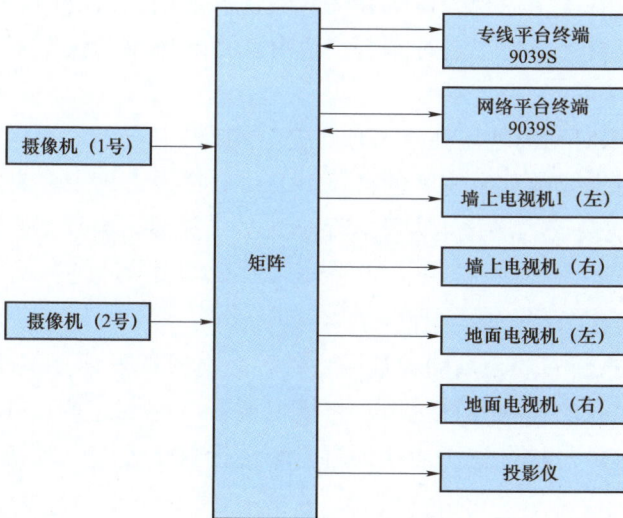

图 7-3-8 视频系统连接

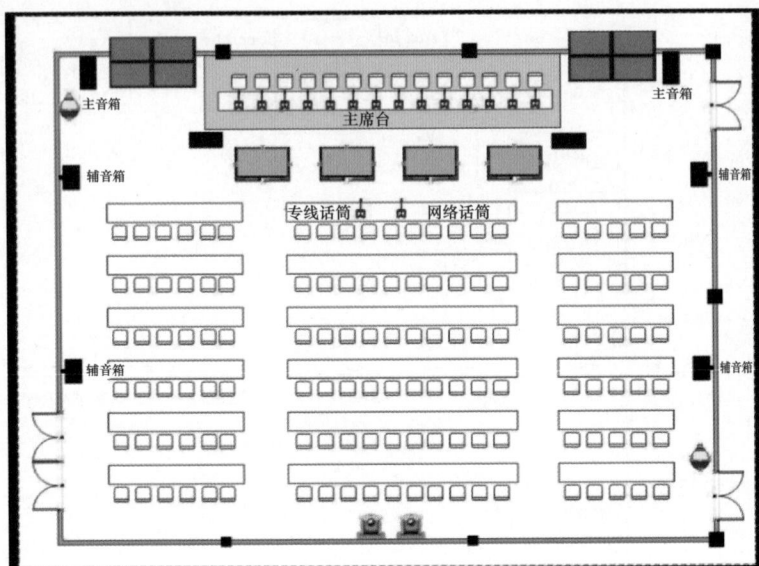

图 7-3-9 会场声音设备布置

4）暴露问题。

① 会场音视频设备相对落后。会场调音台已使用近十年，为模拟调音台，没有自动抑制啸叫的功能。会场功放布放过于密集，容易引起声音自激。

② 保障人员未及时关注会场动态，突发情况应急处理能力不够。开会过程中，保障人员没有密切监视、监听会场开会情况，根据会场动态及时调整调音台的操作；没有对会场情况进行预判，没有在上一家发言快结束时提前主动调整调音台输出。

③ 开会前未对话筒使用注意事项作充分沟通。开会前没有做好话筒使用注意事项提醒。对设置单独发言席的会议，公司有在发言席上贴有"话筒使用注意事项"，但本次会议为座位上发言，保障人员未提前与会议主办方对接人员沟通注意事项。

（4）防范措施。

1）更新并重新布局会场的音视频设备。全面梳理视频会议设备运行情况，立项对运行年限长的设备进行更换，将模拟调音台更换为具有自动抑制啸叫功能的数字调音台。与综合室沟通计划对会场进行整体改造，重新安排会场功放的布放位置。

2）增强对会场情况的实时监视、监听。加强保障人员培训，增加对快要发言时刻的关注。会场侧保障人员及时与音控室保障人员的沟通，及时将会场信息传达至后台。

3）落实会前沟通举措。对座位上发言的会议，会前及时提醒会议主办方做好沟通，并在发言座位上放置塑封发言提示卡。

4）增强保障人员对突发情况的应急处理能力。市公司每年组织县公司进行市县应急演练，提前针对不同突发情况进行预演积累应急经验。

三、摄像机故障

1. 因前置摄像头出现信号传输异常导致黑屏故障

（1）故障描述。某省公司召开的某省公司"管理提升年"活动会议，会议前某市公司与某省公司的视频会议保障人员测试本地音频视频信号正常，并保持正常状态召开会议。

会议期间，某供电公司会场前置摄像头传输画面信号异常，导致本地画面信号无法输出，某省公司无法接收某市公司分会场画面信号，其他摄像头信号传输均正常，且某市公司分会场接收发送其他信号均正常，会议现场收听收看效果良好，并能够保证某市公司发言、传输音频及发言画面信号等其他信号的正常传输。经排查，发现由于前置摄像头自身损坏导致故障产生，为不影响会议的正常召开，决定会议结束后进行更换处理。

（2）排查处置。

1）故障发生时，收到某省公司视频保障人员反馈视频信号出现蓝屏现象，某市会议保障人员及时排查原因，发现前置摄像头已断电停止工作。

2）进一步排查摄像头供电电源正常输出，电压合格。尝试重启后，发现摄像头输出画面抖动，有大量波纹，画质不清晰，且画面时断时续，摄像头重启超过五分钟后又自动断电停止工作。联系摄像头原厂技术人员分析原因，确认摄像头本体内部故障。

3）故障发生后24分钟，某市公司会场其他音视频信号均正常，会议第五项有某市公司发言，为不影响会议正常进行，决定会后进行摄像头更换处理。

4）会议结束后，某市公司运维人员用备用摄像头替换前摄像头，经调试画面正常，损坏摄像头待维修。

（3）原因分析。国网某供电公司五楼大会议室前置摄像头投入使用时间较长，内部组件老化是此次故障的主要原因。

（4）防范措施。

1）对视频会议系统进行技术改造，主要音视频设备增加冗余配置，实现双设备互为主备，保证在会议期间主设备出现故障时，备用设备能够正常输出。

2）加强设备日常维护检查，对于老旧设备增加调试和预防性试验的频次。

2．因摄像头未做接地而引起的上传声音出现杂音

（1）故障描述。某公司进行市县行政终端调试，发现本地会场上传声音有交流杂音，图像上传及收看、声音收听均正常，本地麦克声音也正常。

（2）排查处置。

1）故障出现后，通过监听音箱判断输入声音无噪声，调音台输出至终端的声音正常，怀疑是调音台至行政终端的音频线有问题，使用备用线替换后，噪声依然存在，在终端接口处测试音频，发现也没有噪声，排除调音台及音频线问题。怀疑终端状态异常，重新启动终端后，噪声依然存在。

2）查找音频故障的过程中，发现吊顶摄像机图像有轻微波纹干扰，更换摄像头连接线图像无改善，拔掉摄像头电源，市公司反馈噪声消失。

3）为了确认故障设备，经过多次拔插摄像头电源，发现打开摄像头电源故障就出现，关闭摄像头无此故障现象。

4）确认故障摄像头后，怀疑摄像头损坏，在更换摄像头的过程中，发现脱离吊架的摄像头恢复正常，噪声也消失。检查摄像头吊架，发现吊架是固定在天花板吊顶的吊筋上，摄像头通过固定螺丝固定在吊架上，与吊筋直接互连，摄像头未做接地。因而吊筋上感应到的交流噪声传递到摄像头，引发故障。将摄像头的固定螺丝与吊架进行绝缘、接地处理，重新固定摄像头，故障消失。

（3）原因分析。此次故障发生虽然为音频故障，但是原因却是摄像头的吊装引起的问题，由于吊架安装在装修吊筋上，由于其他装修原因，吊筋与电力线路有接触，将交流信号反馈到摄像头的信号端，视频会议终端的视频信号与音频信号处理的过程中将视频信号中的干扰信号加载到音频信号中，由此引起终端的上传声音出现噪声。

（4）防范措施。加强会议机房及会议设备巡查力度，各类设备、机柜按照相关要求接地，夯实会议系统安全运行基础；定期开展视频会议专项培训工作。

3．因摄像头刷新率与矩阵接口刷新率不一致导致的摄像头画面闪烁故障

（1）故障描述。会议调试期间，某市公司会议值机人员反映某县公司上传画面出现闪黑现象，经过本地观察确认为本地摄像头画面无规律性闪烁。此故

障将影响会议上传画面效果，影响主会场观看分会场画面效果。

（2）排查处置。

1）经本地图像排查确认，摄像机画面闪烁非会议终端问题后立即开展故障排查工作。初步判断为摄像机与矩阵线缆连接问题，经检查矩阵接口有无松动现象并重启矩阵问题未解决。

2）更换矩阵接口，将摄像机输入 DVI 插头更换至矩阵其他板卡接口后问题未解决排除矩阵板卡与接口故障可能性。

3）经与市公司值机人员联系分析判断存在摄像机刷新率与矩阵接口刷新率不符合导致画面闪烁的可能性后使用笔记本分别连接矩阵与摄像机查看设备配置，经检查后发现摄像机刷新率为 30Hz，矩阵接口默认刷新率为 60Hz。将摄像机配置与矩阵接口配置更改为一致（同 60Hz）后对摄像机画面进行长时间观察，问题未再出现。判断为摄像机刷新率配置与矩阵接口刷新率配置不一致导致故障发生。

（3）原因分析。摄像机为索尼 SRG－280HE，故障发生前出现过摄像机配置重置问题（表现于开机后画面由吊装模式变成正装模式），配置重置后导致刷新率恢复默认状态，最终造成刷新率不一致。

（4）防范措施。加强会议机房及会议设备巡查力度，不断夯实会议系统安全运行基础；定期开展视频会议专项培训工作。

4. 因摄像头老旧运行时间过长而引起的上传声音出现杂音

（1）故障描述。某公司在近期一次视频会议中，发生会议画面黑屏故障，影响了正在参加的会议。后经重启摄像头后，画面恢复正常，确认为是摄像头的原因。

（2）排查处置。

1）前期调试情况。本次会议在前一天进行的调试，调试过程中画面声音均正常。

2）现场处置情况。在会议开始前 10 分钟，发现送远端画面黑屏。立即排查摄像头，摄像头指示灯正常，重新插拔摄像头连接线，黑屏问题任然存在。再排查矩阵，发现矩阵切换网络跟专线画面为黑屏，切换至中兴时画面正常。跟所属市公司沟通后重启了矩阵，重启矩阵后，切换频道发现问题依然存在，但中兴画面存在缺色问题。随即重启了摄像头并重新插拔了连接线，缺色问题解决，送远端画面正常。

（3）原因分析。

1）本次会议调试时间为开会前一天晚上 5:30，调试完毕设备未关机一直运行至第二天下午会议，运行时间过长。

2）会议使用的索尼 Z330 摄像头至今已使用接近 10 年，设备偏旧，内部原件老化。

3）开会前保障人员未及时注意会场画面情况，使得本次会议出现问题未及时解决。

4）摄像头温度过高造成会场上传图像异常。在长时间运行、频繁开关等操作后设备老化严重。

（4）防范措施。

1）更换备用摄像头。会议结束后，将索尼 Z330 摄像头更换为备用华为 VPC620 摄像头，确保设备能正常的保障会议。

2）增强对会场情况的实时监视、监听。加强保障人员培训，增加对会场视频，音频的关注。

3）应配置必要的视频会议系统备品备件及专用仪器仪表，包括常用音视频线缆、音视频接头、摄像头、视频会议终端、话筒、色温仪、照度仪等设备，指定专人保管，定期加电检查测试，保证备品备件、专用仪器仪表的机械和电气性能符合技术指标要求。

四、话筒故障

1. 因话筒线缆损坏引起的噪声故障

（1）故障描述。某省公司组织召开变电专业第三批储备项目一体化视频会，会前调试期间发现一体化终端鹅颈话筒有噪声和断续现象。

（2）排查处置。发现问题后，由于正在会议中，马上将终端所带全向话筒启用，会议未受影响，待会议结束后处理。

（3）原因分析。会议结束后，对该话筒进行检查测试，发现该话筒由于经常抻拉造成卡侬公头与母头间存在较大缝隙，稍微一碰就有咔咔噪声或断续现象，重新焊接一新头故障解决。

（4）防范措施。在今后维护中要对设备进行全面检查测试，尤其是各种不经常碰的线缆接头、端子等，进行虚焊、配伍检查，及时发现隐患，及时处理。

2. 因会场环境无线频率干扰引起的无线话筒掉频故障

（1）故障描述。会议进行中，演讲人用主用头戴无线话筒走到 DLP（Digital Light Procession，数字光处理）拼接屏前方讲解时，会场话筒无声，会场音柱出现掉频噪声。故障发生后，更换备用手持话筒，使用正常。

（2）排查处置。

1）由于当时及时改用备用手持话筒，未造成较大影响，会议未中断。故障发生后，更换另外备用手持话筒，使用正常。

2）通过和厂家技术沟通，对会场无线频率进行扫描排查，找出最佳频率范围，对无线话筒主机和无线头戴重新进行设置，持续进行测试。无线话筒主机显示屏，头戴式麦克风在主机开启，话筒未打开情况下，主机屏幕显示无信号干扰情况。

（3）原因分析。运维调试人员对会场环境及设备性能不熟悉，未对会场环境及设备进行持续性测试，麻痹大意，以习惯性方式，对设备进行简单调试，未能及时发现会场有无线频率干扰问题，头戴式麦克风在主机开启，话筒未打开情况下，主机屏幕显示有信号干扰情况。

（4）防范措施。在会前调试过程中，详细了解设备性能及调试使用范围，做好应急预案确保出现异常及时处置。

3. 因话筒主机供电模块异常引起会场话筒失声故障

（1）故障描述。某日上午，某公司办公室在应急指挥中心会议室工作例会，会议以本地形式召开。会议召开前一天下午，会议保障人员对会场进行调试，一切正常。会议召开前 1.5 小时，保障人员进行会前检查、调试，发现中 1-23 至中 1-28 话筒无法正常使用。保障人员立刻进行应急处置，多次重启话筒主机，故障仍未消除。随后立即联系原厂技术人员，在其的远程指导下进行排查，主要对中 1-28 和中 1-23 话筒单元模块进行拆卸互换处理，15 分钟后，中 1 所有话筒恢复正常，右 2-1 至右 2-6 和右 4-1 至右 4-6 话筒做断电处理。本部工作例会正式开始时，声音系统正常运行。会议开始后 80 分钟，使用话筒时，会场所有话筒突然全部失电。临时使用 2 路无线话筒，话筒正常，会议顺利进行，同时保障人员在后台继续排查。会议第一议程结束，中场休息时，保障人员在原厂技术人员远程指导下，对话筒的供电线路进行调整，由主机的 A 口、B 口调整到 C 口、D 口并进行相应配置及系统重启，中间领导层圆桌位话筒恢复正常。第二阶段会议继续进行，话筒正常使用，直至会议结束。会议话筒连线如图 7-3-10 所示。

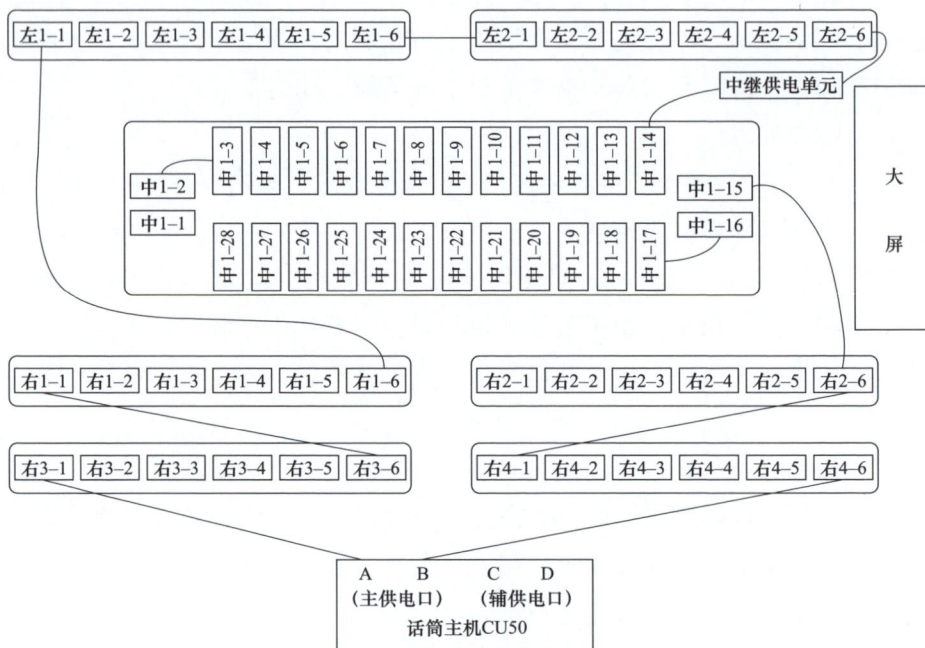

图 7-3-10 会议话筒连线

（2）排查处置。会后，信通公司召集了会议保障人员、原厂技术人员、集成商等进行问题排查，得出初步结论为：原先话筒连接方式为 2 路单向供电通信，由于话筒主机供电单元模块异常，供电电压不稳，最先导致部分话筒无法正常工作，最后导致所有话筒失电。故障警告（显示话筒减少）及故障警告（话筒供电灯和通信指示熄灭）故障相关详细信息如图 7-3-11 所示。

图 7-3-11 故障相关信息

（3）原因分析。该事件发生在会场话筒改造后一个月，话筒主机供电单元模块异常引起的故障。原有接线方式为一台话筒主机单向供电，必定导致供电压力紧张，会场话筒接线设计存在不合理性。

（4）防范措施。

1）针对话筒主机供电单元模块异常问题，更换原有异常主机，同时新增一台话筒主机。将原有的 2 路单向供电通信连接方式调整为 2 路环形双向供电通信连接方式。

2）提高调试标准，增加对声音系统的专项检查条目，并对所有话筒线路、连接方式进行隐患排查。每路话筒单元做电压测试，并做好测试记录，确保话筒供电可靠。调整后会议话筒连线如图 7-3-12 所示。

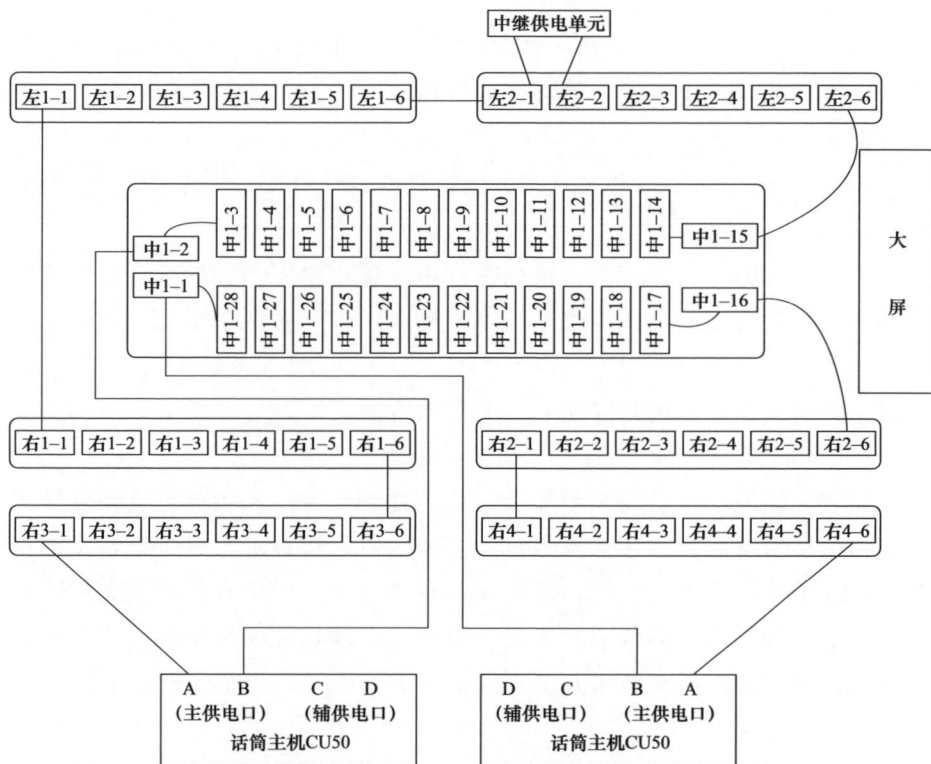

图 7-3-12　调整后会议话筒连线

3）新增 5 路无线话筒，作为会场有线话筒的备份。另外再新增一台话筒主机，做会场话筒主机的备用。

4）要求厂家技术人员对运维人员进行技术培训，特别是要提升应急处置方面的能力。

4. 因话筒咪杆故障而引起的会议杂音

（1）故障描述。在某市县公司行政视频会议召开时，会场出现了一阵持续时间不长的杂音，并伴有轻微啸叫。紧急处置并更换备用话筒，未影响会议召开。

（2）排查处置。

1）立即登录音频处理器，考虑到杂音时断时续，排除音箱故障。

2）检查输入源，当时的输入源只有话筒和县公司，把县公司的输入源项静掉后，发现杂音依然存在。逐个静掉当时没有发言的话筒，杂音依然存在，当对 8 号话筒静音时，杂音停止，再次打开 8 号话筒的声音，杂音出现，判定 8 号话筒出现故障。

3）紧急启用 6 号备用话筒。会议结束以后，检查话筒音频线两头的接口，看是否有松动或者虚焊现象，检查表明接口一切正常。更换话筒音频线，故障依然存在。

4）考虑可能是话筒故障，随即对话筒咪杆进行更换，杂音消失，替换故障话筒咪杆后，杂音再次出现。最终故障点确认并消除。

（3）原因分析。技术方面，话筒咪杆由于使用年限过长导致会议中突然出现故障；设备配置方面，由于每个发言人配有一主一备两个话筒，未影响会议召开。

（4）防范措施。定期开展视频会议专项培训工作。

5. 因音频处理器自身缺陷而引起的会场麦克风啸叫

（1）故障描述。某公司在参加应急会商视频会时，按照会议进程安排，轮到该公司进行情况汇报。在汇报人打开会场麦克风进行汇报时，会场发生声音啸叫，导致整个会场无法进行正常会议，后台技术人员将麦克风关闭后啸叫现象停止，重复操作后故障依旧。为最大限度保障现场能够正常收看收听某公司的视频和音频信息，后台技术人员不再贸然进行操作，直至会议结束。

（2）排查处置。

1）经会后技术排查，发现该公司主、备会议终端同时组会时，音频处理器未能有效隔离两个终端输出的声音，音频发生回路现象，产生自激，导致声音啸叫，此现象的产生根源在于音频处理器存在故障隐患。

2）由于日常视频会议均采用单视频终端进行组会，在此单机组会的情况下，音频处理器工作正常。但由于此次应急视频会议属重大应急保障会议，某公司会议中心在正式组会时采用双会议终端组网的方式确保各会议现场设备双备份，在此双机组网的模式下，音频处理器产生声音回传和自激，最终产生啸叫。

（3）原因分析。

1）编制现场应急处置措施，落实到每个值守人员熟悉处置过程，确保技术保障措施有效实施。

2）针对事先编制和演练好的预案进行现场备用设备、材料、人员的就位和状态确认，确保所有备用系统处于正常备待用状态。

3）针对现场音频处理器问题，设备责任部门制定设备升级和改造计划，提高音频处理能力。

（4）防范措施。

1）编制现场应急处置措施，落实到每个值守人员熟悉处置过程，确保技术保障措施有效实施。

2）针对事先编制和演练好的预案进行现场备用设备、材料、人员的就位和状态确认，确保所有备用系统处于正常备待用状态。

3）针对现场音频处理器问题，设备责任部门制定设备升级和改造计划，提高音频处理能力。

五、其他故障

1. 因地插信息盒音频接口脱焊而引起的话筒故障

（1）故障描述。某省公司在会议厅召开现场会议，所有发言人按双话筒（双话筒、双主机）布置，会议过程中，多个领导发言时，领导左侧话筒出现过指示灯熄灭 2 秒左右自动打开，导致发言人声音突然变小，影响会场收听效果。

（2）排查处置。

1）故障发生后，调音台保障人员将左侧话筒对应数字话筒主机 1 音量拉低，右侧话筒对应数字话筒主机 2 音量提升，以领导右侧话筒拾音为主，当左侧话筒出现故障时，保证会场音量不会有明显变化。

2）网管保障人员实时监测话筒指示灯状态，并记录话筒发生故障间隔时间，同时通知后台保障人员准备好无线话筒备用。

3）会议结束后，话筒及接线保持原状，安排人员首先检查话筒与话筒连线、地插接口及话筒主机之间连线，发现地插接口存在脱焊虚接。

（3）原因分析。因会议场景较多，会场话筒临时布置，话筒与地插接口插拔频繁，导致地插接口脱焊虚接。

（4）防范措施。

1）常态对会议室人工焊接的地插接口（音频、视频）进行打胶加固处理，避免插拔导致接口损坏。

2）加强设备巡检，定期对会议系统设备接口、线缆进行巡视检查，发现隐患及时处理。

3）模拟设备故障，开展应急处置演练，完善应急处置预案。

2. 因 HDMI 输入接口端子硬件故障而引起的会议过程中汇报电脑显示缺色

（1）故障描述。国网公司组织召开视频会议，某公司企协分会在会议室通过一体化会议终端参会，会议保障过程中出现汇报电脑显示缺色问题，影响公司正常汇报。

（2）排查处置。会议终端连接笔记本的 HDMI 输入接口端子硬件故障。

（3）原因分析。

1）没有针对一体化会议终端故障制定针对性的处置措施，应急手段不完备。

2）能与国网会议保障部门建立有效的协同保障机制，工作沟通不密切。

（4）防范措施。

1）建立故障结论校验机制，通过替换、排除、测试等方法对故障结论进行充分论证。

2）制定一体化会议终端故障的应急处置措施。

3）进一步明确在会前调试和会议保障过程中发生任何故障异常，无论保障人员能否及时解决，均应第一时间按照故障报送要求执行故障信息报送。

4）与设备厂家进行沟通，制定设备定期检测评估方案，定期开展会议设备检测，检测完毕出具设备检测评估报告。

5）对公司所有会场会议终端、显示屏、摄像机、拾音扩音等关键设备进行常态化排查，针对不同设备种类制定故障应急处置措施，全面提高会议保障质量。

6）对长时间运行的电视会议系统外部设备、线缆需定期进行检查测试，对超期服役的外部设备、线缆进行更换。

7）外部设备、线缆至少需有一套备用，在发生紧急故障时，能第一时间更换故障外部设备、线缆。

3. 因 UPS 蓄电池容量不足而引起的会议中断

（1）故障描述。某公司生产调度大楼第一会议室在参加公司内部会议时，因该大楼用电母线倒换电，会议室 UPS（Uninterruptible Power Supply，不间断电源）老化，电池失效，导致该分会场音视频设备掉电 3 分钟，影响会场收听收看。

（2）排查处置。

1）故障发生后，现场会议保障人员立即启用保持的电话会议链路，保障该会场正常收听会议内容。

2）汇报信通中心、办公室，同时立即会同物业排查会议室电源，发现为会场 UPS 设备老化，电池失效，在生产调度大楼 400V 母线倒换时，无法提供持续电源，导致该会场掉电。

3）倒换完成后，该会场重新上会。

（3）原因分析。

1）会场设备运维人员未定期进行 UPS 设备电池容量测试工作，针对设备老化现象未及时通过项目进行改造。

2）通信人员未通过办公室及时与物业等相关专业进行会议保障要求宣贯，在会议保障期间未暂停进行相关影响会议的检修工作。

（4）防范措施。

1）提升对空调、UPS 电源系统的重视度，加强 UPS 电源系统相关知识及操作的技能培训。熟练掌握 UPS 旁路开关的切换操作，熟悉蓄电池的各项参数，在故障发生时能够做到快速定位故障点且恢复。

2）加强会议室设备定期巡检。检查系统运行状态，特别是定期对 UPS 设备持续供电能力进行检测，对系统运行情况进行分析。

3）针对各会议室设备老化现象，及时通过项目进行改造，确保各音视频设备正常运行。

4）强化会议室设备缺陷整改。会议设备出现故障时，应立即上报，并提出消缺方案和时间节点。

5）加强会议保障工作宣贯，确保重要会议保障期间暂停通信及后勤类相关检修工作。

6）做好备品备件储备。根据会议室使用情况，及时储备足量备品备件。

7）切实落实应急预案，加强应急反应能力。完善应急措施，特别是 UPS

电源系统的应急措施，并将该措施打印成册，放置会议控制室，应急响应速度。

4. 因使用信号屏蔽器引起的本地会议音频异常

（1）故障描述。某公司在召开科信部年度工作会议时，发现主会场声音不清晰，影响会场的发言和收听。

（2）排查处置。会议发言时频繁出现个别语句收听不清晰、吃字现象，保障人员立即递送备用无线麦克风，仍无法消除故障。通过分析异常现象，保障人员初步判定音频异常原因为会场周围四台手机信号屏蔽器干扰麦克风无线信号导致，关闭会场全部手机信号屏蔽器后，无线麦克风声音恢复正常。

（3）原因分析。

1）会议调试保障期间，保障人员对新购置手机信号屏蔽器的技术参数未仔细分析，未及时发现会场部分无线麦克风收发频段处于手机信号屏蔽频器屏蔽范围。无线麦克风发送信号受到屏蔽器干扰，导致发言时接收器接收信号不稳定是造成此次事件发生的直接原因。

2）保障人员未能对会议引起足够重视，会前调试过程中未按照会议实际发言要求，同时开启麦克风及屏蔽器进行持续稳定性测试，是造成此次事件的另一主要原因。

（4）防范措施。

1）对公司各会议室无线设备使用情况进行排查，梳理采用无线技术进行信号传递的设备频率，比对信号屏蔽器频率干扰范围，确定信号屏蔽器不再对其他各类设备产生干扰影响。

2）公司二类及以上等级会议中，使用有线麦克风作为主用拾音设备，无线麦克风仅作为备用方式。

3）高度重视视频会议系统管理重要性，会议调试和保障严格执行视频会议相关规章制度，做好会议期间各类故障的应急处置，切实加强视频会议系统基础管理，避免再次发生类似故障。

5. 因音频处理器配置不当而引起的会议声音抑制故障

（1）故障描述。某公司因行政会议室改造，使用备用会议室参加省公司会议，同时将会议转发至县公司行政专线终端，在会前调试过程中，县公司反映转发图像正常，声音特别小。县公司收听省公司直连行政网络终端声音正常，不影响会议召开。

（2）排查处置。

1）在音频处理器上调节终端输入输出音量，本地声音能够明显变大变小，县公司收听声音无明显变化。

2）在音频处理器上对省专线终端和省网络终端声音进行切换，县公司收听声音无明显变化。

3）在音频处理器设置软件中观察输入输出声音设置及音柱，均显示正常。

4）会后，协调音频处理器厂家进行故障排查分析，最终发现由于音频处理器内设置多个设备共用一个噪声抑制模块，导致声音被抑制，重新设置多个设备分开用多个噪声抑制模块后，故障解决。

（3）原因分析。该市公司备用会议室安装 5 台会议终端，在音频处理器输出至 5 台终端音频输入的过程中，设置了噪声抑制模块，5 路音频均接入同一噪声抑制模块中，导致将正常会议声音判定为噪声进行抑制处理，造成市公司终端输入声音很小。随后将 5 路音频分别接至 5 个噪声抑制模块中，各路终端音频输入声音正常。

（4）防范措施。加强会议机房及会议设备巡查力度。

6. 因灯具老化而引起的视频会议分会场上传图像模糊

（1）故障描述。某省公司安全生产视频会议过程中，省公司调试人员反映某县公司上传图像模糊。

（2）排查处置。会议结束后，立即组织展开排查，市公司调试人员建会与该县公司调试人员从以下几个方面分析排查故障原因，故障所在第一会场视频接线方式如图 7-3-13 所示。

1）排查摄像机是否虚焦。排查发现摄像机聚焦模式为手动聚焦调整聚焦点发现图像更加模糊，排除摄像机虚焦问题。

2）排查矩阵接口问题。调试人员把摄像头到矩阵的连接头拔掉，检查连接线情况，将矩阵上摄像机输入口 9 路更换到 16 路（16 路原来为电脑输入口并且确认可正常使用），图像没有变化，排除矩阵输入口故障。

3）排查视频线故障。送入终端主流图像切换为电脑信号后，发现图像正常，排除矩阵至终端视频线故障。取一根摄像机至矩阵的视频备用线，更换后摄像机图像依然模糊，排除摄像头至矩阵视频线问题。

4）排查摄像机问题。取备用摄像头接入系统，摄像头图像仍模糊，将第一会场摄像头更换至第二会场，发现使用正常，图像清晰。排除第一会场摄像头故障。

5）排查会场环境。在设备原因排除完毕后，市公司调试人员向县公司调试人员询问会场环境情况，被告知会场灯具老化，布光不均匀。

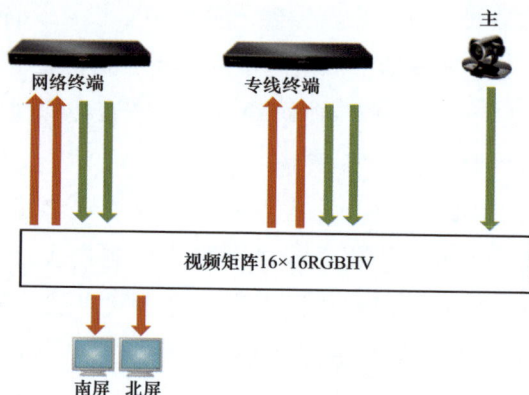

图 7－3－13　第一会场视频接线方式

（3）原因分析。该县公司第一会场使用圆管型灯具（使用年限超过 7 年），会场灯具老化，会场灯光达不到会议室照度要求且灯光分布不均匀造成本次故障。该县公司按视频会议系统会议室环境标准改造灯具，市公司调试人员后续跟进，改造后该县公司图像恢复正常，画面再未出现模糊问题。

（4）防范措施。

1）调试人员加强日常设备及会场环境巡视，提高问题意识，确保设备运行正常会场环境符合视频会议系统会议室环境标准，提前谋划相关项目或资金储备工作，做好会场设备备品备件储备工作。

2）要定期对设备、线路进行排查和清理，对于一些遗留问题一定要坚决清除，要做好保障工作。

7. 因电源故障而引起的视频会议终端离会

（1）故障描述。某日 14:33，某公司在资源池会议过程中，会场电源异常，导致所有设备断电，视频会议终端离会。现场紧急处理后 14:35 会场电源重新接入，14:36 视频会议终端重新入会，会场音视频信号能够正常上传。

（2）排查处置。故障发生后，保障人员对电源进行排查，发现存在电源故障。

（3）原因分析。会场地插老化接触不良，在插拔电源接线板的过程中造成瞬时短路，电源跳闸，导致会场所有设备断电。

（4）防范措施。

1）对各视频会议室电源地插进行逐一排查，对于运行时间较长的地插进行重新更换。

2）避免保障人员在会议调试保障过程中插拔电源地插的电源接线板。

第四节　人员操作故障

一、参数设置故障

1. 因电脑设置引起的 PPT 出现切边故障

（1）故障描述。某次会议，会前调试均正常，会议过程中发现远端 PPT 有切边现象，本端图像和 PPT 均正常。

（2）排查处置。

1）发现故障时，会议保障人员初步断定为播放 PPT 的电脑的分辨率问题，但会议已经召开，该电脑在会场内，保障人员无法进入修改。

2）后试图更改矩阵的分辨率，没有效果，只得等待会议结束后再进行排查。

3）会议结束后，经排查确定为电脑的分辨率与刷新率的问题。

（3）原因分析。该会议的会前一天及会前 2 小时均有组织调试，结果均正常，基层单位均确认收听收看正常，因此判断为调试后到开会前的这段时间有人动用过播放 PPT 的电脑。由于播放 PPT 的电脑放置在会议室内，为公用机，日常使用无法很好的管控。会后排查为有人开会前切换到另一台内网电脑播放 PPT。该电脑的分辨率与刷新率与调试使用的电脑的不一致，并且跟矩阵的刷新率也不一致，从而导致 PPT 切边，会后调整两台电脑分辨率和刷新率，使其与矩阵一致后，PPT 播放恢复正常。会议室内的大屏是由电脑直连输出，未经过矩阵进行切换，因而本地会场显示正常。

（4）防范措施。

1）将会议室的开会使用的电脑分辨率、刷新率设置均固定，用户不能修改。

2）完善作业指导书，把电脑的操作规范与操作要求编写到作业指导书中，明确规定电脑分辨率和刷新率参数，并做好会前巡视。

3）会议保障人员与会场电脑维护人员要保持有效协商沟通，针对随意切换电脑的行为要在双方保障人员知情下切换操作，切换后双方保障人员要检查设备是否正常使用。

4）加大管控力度，特别是调试后到开会前的这段时间。有人员动用电脑的时候，保障人员要在一旁观看，确保清楚做过哪些更改，判断这些更改是否会影响视频会议，做完相关操作后要再进行测试，确保万无一失。

2. 因误关闭 H.323 协议引起的未能入会故障

（1）故障描述。某公司召开部门视频会议，使用国网一体化终端参会。因会场占用冲突，参会部门计划在 A 会议室参会，需将会议室宝利通终端 GROUP 300 更换为国网一体化终端的 GK 号码，才能正常参会。当终端启动 GK 后，出现无法注册问题。

（2）排查处置。

1）会后致电国网技术支持，国网公司技术人员将 GK 服务器上原有注册信息删除，重新注册 RP200 GK 号码，终端注册成功。

2）进行呼叫会议测试，国网公司重新呼叫市公司一体化终端，可正常入会。

（3）原因分析。原终端已注册到 GK 服务器上，关闭终端 GK 号时，操作失误，关闭 H.323 协议，此时更换新终端启用 GK 号码（网闸），因原终端注册信息还在 GK 服务器上，参会终端无法通过变更终端 GK 号码的方法实现终端替换，需会议主席将原有会议列表中的终端移除，并重新添加（删除 GK 服务器上原有注册信息，重新注册 RP200 GK 号码）。否则会导致 GK 会议号冲突，无法参会。

（4）防范措施。固定使用 RP200 设备作为国网一体化会议终端。避免利用不同品牌会议终端参加国网一体化会议，减少设备兼容性风险。如需要启用别的终端 GK 参会，启用时做好登记。关闭 GK 时，操作是关闭 GK，而不能是关闭协议。

3. 因一体化终端设置问题引起的辅流音频受麦克风开关控制的故障

（1）故障描述。某公司使用一体化会议终端召开两个会场点对点读书分享会议，会议中临时用辅流电脑播放一段视频时，对方会场出现重音，发现本地全向麦克风没有静音。但关闭麦克风后，对方听不到辅流声音，故障影响对方会场收听辅流声音。

（2）排查处置。查看终端配置，发现音频开关控制模式选择的项目为所有音频输入，改为仅阵列麦克风时，辅流声音不受麦克风开关控制，正常收听正常，故障排除。终端配置如图7-4-1所示。

（3）原因分析。

1）由于会议前调试时没有充分考虑到会议中可能出现的各种情况，没有调试到位。

2）对终端设置中不同选项产生的影响不够明确。

（4）防范措施。

1）检查所有一体化终端声音控制方式，是否符合使用需要。

2）是每一次会议调试时，充分测试每一种会议模式音视频。

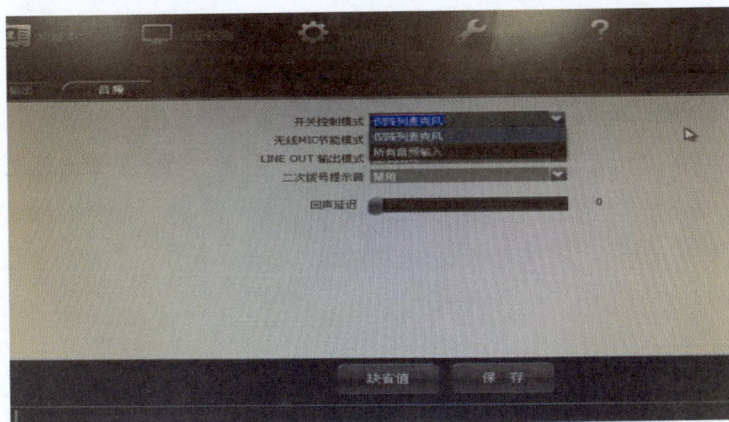

图7-4-1　终端配置

4. 因智慧屏会议系统配置错误引起的省行政会议无法入会故障

（1）故障描述。行政会议设备调试时，发现会议室统一配置的智慧屏设备无法入会。

（2）排查处置。

1）故障发生后，会议保障人员首先检查网络连接情况，华为智慧屏设备显示LAN连接正常，GK连接不通。

2）接着对网关进行PING测试，可以PING通国网一体化网关，但PING国网一体化SMC不通，会议保障人员疑为智慧屏配置IP地址配置成省行政数据网地址，更改IP地址后仍然无法入会。

3）将其他华为智慧屏与该网络进行连接，发现可以成功启会，确认该故障属于设备配置错误。

4）最后，再次登录华为智慧屏后台 Web 界面与其他华为智慧屏设置逐一进行对照，最后发现会议参数中"呼叫优先协议"为 SIP 协议（Session initialization Protocol，会话初始协议），修改为 H.323 协议后但是并未成功。在与华为 3 小时的沟通中，修改过很多参数，如 WIFI（无线网络通信技术）热点、教育模式等参数，均未果。最后一次在修改 H.323 参数并重启智慧屏后，可以成功入会。

5）会后专门多次找设备进行出厂恢复重新配置，发现并不是所有的华为智慧屏都存在此种情况，很多都是修改 H.323 协议保存后即可生效，但是唯独该智慧屏需要重启才能恢复。

（3）原因分析。此次入会失败的原因，一方面是智慧屏设备以及配置的限制，另一方面从技术角度出发，华为智慧屏为新上设备，也不是作为主要使用设备，很多参数并没有了解透彻。同时华为设备存在不同渠道，不同渠道的货也不尽相同，各方面的配置也不太一样，与软件的版本等都有关系。

（4）防范措施。智慧屏设备支持各类不同会议形式，可随时根据需求修改设备配置，同时根据参数设置对不同协议形式的会议进行支持。会议保障人员需要加强对新设备配置、操作的系统学习。熟练掌握智慧屏各种使用模式，提高分析故障、解决问题的能力。

5. 因电脑未设置静音而引起会场出现提示音的故障

（1）故障描述。某公司召开工作会议时，会上在公司主要领导讲话时有电脑提示音发声。

会中，有台备用电脑的一键式报表系统始终处于打开状态，打开的界面便一直处于计时的状态，到该界面下计时临近结束，出现了第一次"叮"声音。不久后，该界面下计时正式到时，出现了三声"叮"声，影响了会场领导的讲话。

（2）排查处置。

1）会后排查发现该提示音来源为备用电脑上一键式报表系统中部门汇报临近结束的提示音。该项提示音功能为办公室在 2016 年提出的需求，即增加每个部门汇报时间进度和临近结束的提示音，但实际在用的时候提示音这个功能一直是通过静音禁掉的，因此这几年都没使用这个功能。

2）出现了第一次"叮"声音。由于运维人员以前未遇到过该情况，一时无法辨知声音产生的原因。不久后，该界面下计时正式到时，出现了三声"叮"声，运维人员此时意识到该声音可能来自一键式报表系统，为汇报临近结束的提示音。运维人员通过调整电脑音量到最低完成静音。静音操作完成后未再出现"叮"音。

（3）原因分析。本次出现提示音的是现场的备用电脑，该台电脑作用为在主机出现故障的时候可进行备用替换。由于备机笔记本为会议专用笔记本电脑，该笔记本电脑在以往会议中也是一直静音的，在会前调试时，负责该备机电脑的运维人员确认一键式报表系统正常后，疏忽了进一步确认电脑的"静音设置"。

（4）防范措施。应制定调试保障单，将会前调试明细化，每次会议根据保障单的各项内容进行确认，做到万无一失。

6. 因电脑休眠设置而引起 i 国网会议显示画面黑屏

（1）故障描述。某公司视频会议系统 i 国网平台，由会场外网电脑通过 VGA（Video Graphics Array，视频图形阵列）地插接入矩阵，再连接会场显示设备。近期一次召开 i 国网会议时发现，在会议召开 1 小时左右，会场显示设备进入黑屏界面，影响了正在参加的会议。

（2）排查处置。

1）首先检查会控室监控画面，发现同样出现黑屏现象，初步判断是外网电脑出现故障。

2）检查外网电脑，发现电脑进入待机状态。重新输入密码后维持电脑状态正常至会议结束。

3）会议结束后，登录电脑－排查电源设置，进入设置介面－＞系统－＞电源和睡眠，发现电脑设置为接通电源情况下 1 小时后进入待机状态。如图 7-4-2 所示，运维人员将待机和睡眠时间修改为"从不"。

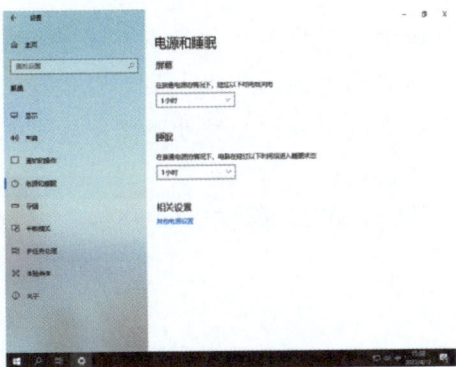

(a) 电源配置修改前　　　　　　　　(b) 电源配置修改后

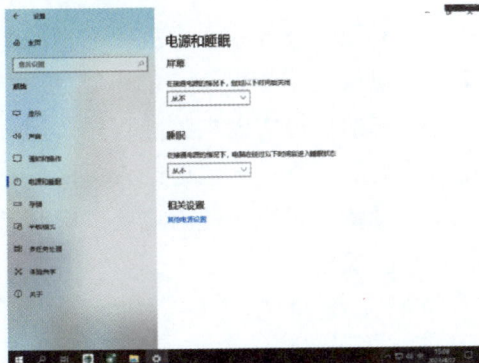

图 7-4-2　电源配置

4）修改之后，会议运维人员在 i 国网中建立测试会议，一个小时后系统再次进入待机画面，判断除系统设置外，还存在其他原因。

5）咨询信息运维人员，神州网信版 WIN10 系统为定制系统，其中待机和睡眠等节能功能被锁定不可被常规设置更改。如图 7-4-3 所示，获得一份神州网信版专用的"取消休眠"bat（批处理文件）文件。重启电脑后，会议运维人员再次建立测试会议，等待 3 小时后，系统画面一直正常，未出现锁屏现象，故障解决。

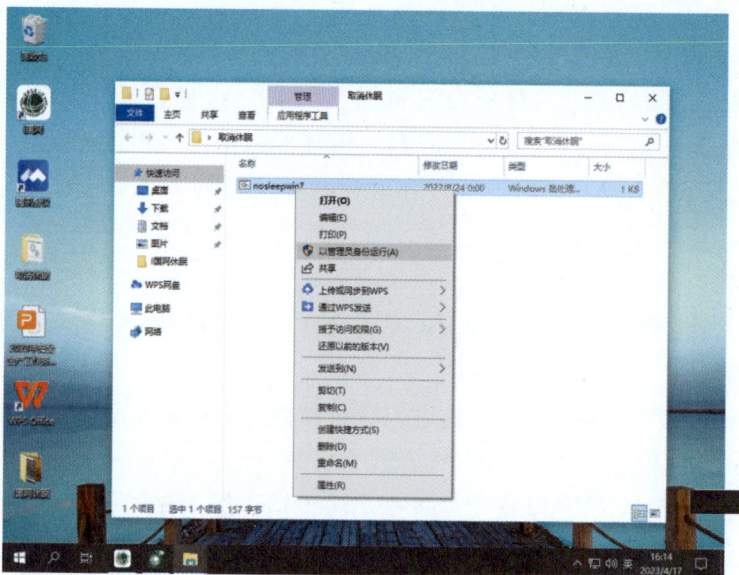

图 7-4-3 "取消休眠"bat 文件配置

（3）原因分析。本次故障产生的原因是运维人员只关注会议系统音视频质量，忽视承载 i 国网会议的电脑运维状况。会议召开前，运维人员未对电脑进行时长测试，仅考虑电脑能否正常运行，未考虑到电脑存在长期不操作会进入待机休眠的问题。会议运维人员今后将关注与会议相关的所有设备状态，严格落实新设备正式投入使用前要进行时长压力测试，不遗漏任何可能造成会议故障发生的现象。

（4）防范措施。

1）在日常运维过程中，需加强与信息等相关设备专业的沟通力度，提高会议运维人员的运行维护能力，敏锐识别设备故障原因，及时应对可能出现的任何问题，节约故障排除的时间，提高运维效率。

2）视频会议运维人员应加强视频会议系统设备日常运行管理，结合国调及公司的春检春查要求，贯彻执行巡检巡视机制，细化巡视内容，重视对会议系统所用的所用设备进行全面细致的检查，确保视频会议网络拓扑图与现场一致，定期对各设备系统进行测试，及时发现视频会议系统设备隐患，保障视频会议系统稳定可靠。

3）应加强并细化视频会议保障基础管理，监督相关工作人员按照运行维护相关规范定期对设备进行性能测试、功能验证，并做好记录。

二、误触碰故障

1. 因会议保障人员误碰终端遥控器麦克风静音按钮引起的发言无声音故障

（1）故障描述。某国网会议采用资源池会议系统召开，某省公司分会场由于会议保障人员周某误碰终端遥控器上"麦克风静音"按钮，并在会议进行中离开会议室，导致轮到其公司发言时，麦克风处于关闭状态，未能将声音上传至国网主会场。

（2）排查处置。会议保障人员接到参会人员电话立刻赶到某会议室进行处理，发现麦克风处于关闭状态，随即开启麦克风，重新发言后，声音恢复正常。

（3）原因分析。

1）会议保障人员误碰关闭麦克风，且未向参会人员交代开启麦克风的相关操作。

2）会议保障人员安全意识淡薄，认为资源池会议不需要人员实时保障，擅自离开会场。

（4）防范措施。

1）进一步加强视频会议保障值机工作管理，对资源池会议系统召开的会议现场放置用户操作手册，并确认会议保障人员已知晓。

2）要求会议保障人员在今后有发言或播放辅流的资源池会议过程中全程进行现场保障，不得擅自离开。

2. 因会场摄影人员踩踏会议摄像机线缆而引起画面白屏故障

（1）故障描述。会议期间某公司需要发言，在公司发言环节，专线画面出现闪动的现象，且发言结束后专线画面由特写镜头切为全景时，画面长时间为白屏。

（2）排查处置。

1）公司领导发言时，相关参会人员上前拍照，误入镜头，导致特写画面被遮挡。会议保障人员立即上前劝阻，期间工作人员在退场时，误踩两路摄录一体机线缆，导致专线特写画面闪动，全景画面白屏。

2）发言结束后专线画面由特写切为全景，画面出现白屏，发现问题会议保障人员立即进场，手动将两路摄录一体机线缆进行对调，确保会议正常进行。

（3）原因分析。会后，公司立即开展问题分析和排查工作。此次故障为会场主要设备区域防护不当引起的，参会人员上前拍照误入镜头、误踩设备线缆导致会议画面闪动、白屏。

（4）防范措施。针对不相干人员误入镜头，遮挡特写画面，且退场时误踩摄录一体机线缆，在会场中摄录一体机及其线缆区域设置警戒线，防止人员进入，并设置拍照指定区域，避免同类问题再次出现。

缩　略　语

VLAN（Virtual Local Area Network，虚拟局域网）

GK（Gate Keeper，网守）

MSTP（Multi-Service Transport Platform，多业务传送平台）

VRRP（Virtual Router Redundancy Protocol，虚拟路由冗余协议）

SDH（Synchronous Digital Hierarchy，同步数字体系）

ECI（Extended Channel Interpretation，扩展频道解释）

PING（Packet Internet Groper，因特网包探索器）

IP（Internet Protocol，网际互连协议）

PDH（Plesiochronous Digital Hierarchy，准同步数字系列）

SMC（Service Managment Center，业务管理中心）

DTS（Dispatcher Training System，调度员培训仿真系统）

STP（Spanning Tree Protocol，生成树协议）

VTP 协议（VLAN Trunking Protocol，虚拟局域网干道协议）

Web（World Wide Web，万维网）

LSDB（Link State DataBase，链路状态数据库）

DR（Designated Router，指定路由器）

BDR（Back-up Designated Router，备份指定路由器）

P2MP（Point-to-Multipoint，点对多点主站）

SSH（Secure Shell，安全外壳协议）

GPUA（General Process Unit A，通用处理单元单板）

DSP（Digital Signal Processing，数字信号处理技术）

PC（Personal Computer，个人计算机）

HDMI（High Definition Multimedia Interface，高清多媒体接口）

DVI（Digital Visual Interface，数字视频接口）

PAD（Portable Android Device，平板电脑）

SDI（Serial Digital Interface，串行数字接口）

IMS（（IP Multimedia Subsystem，IP 多媒体系统）

DLP（Digital Light Procession，数字光处理）

UPS（Uninterruptible Power Supply，不间断电源）

SIP 协议（Session initialization Protocol，会话初始协议）